THINK MORE

# 12 个经典心理学研究与批判性思维

贾里德 · M. 巴特尔斯（Jared M. Bartels）
威廉 · E. 赫尔曼（William E. Herman）
著
郭力平　曹　娟　何　婷
译

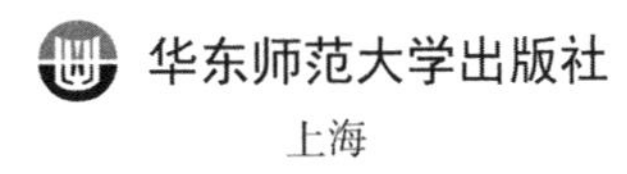

上海

**图书在版编目(CIP)数据**

12个经典心理学研究与批判性思维/(英)贾里德·M.巴特尔斯,(英)威廉·E.赫尔曼著;郭力平译.—上海:华东师范大学出版社,2021
ISBN 978-7-5760-1142-5

Ⅰ.①1… Ⅱ.①贾…②威…③郭… Ⅲ.①心理测验-通俗读物 Ⅳ.①B841.7-49

中国版本图书馆CIP数据核字(2021)第024397号



**12个经典心理学研究与批判性思维**

著　　者　贾里德·M.巴特尔斯　威廉·E.赫尔曼
译　　者　郭力平　曹　娟　何　婷
责任编辑　张艺捷
责任校对　郭　华　时东明
装帧设计　刘怡霖

出版发行　华东师范大学出版社
社　　址　上海市中山北路3663号　邮编 200062
网　　址　www.ecnupress.com.cn
电　　话　021-60821666　行政传真 021-62572105
客服电话　021-62865537　门市(邮购)电话 021-62869887
地　　址　上海市中山北路3663号华东师范大学校内先锋路口
网　　店　http://hdsdcbs.tmall.com

印 刷 者　上海盛隆印务有限公司
开　　本　787×1092　16开
印　　张　21.25
字　　数　364千字
版　　次　2021年3月第1版
印　　次　2021年3月第1次
书　　号　ISBN 978-7-5760-1142-5
定　　价　68.00元

出 版 人　王　焰

(如发现本版图书有印订质量问题,请寄回本社客服中心调换或电话021-62865537联系)

# 目 录

# 前 言

### 本书的写作目的、理念与架构

我们撰写这本书的目的是希望通过分析心理学中有代表性的研究和观点，帮助大学生形成批判性思维、提升科学素养。作为关注心理学教学的教育者，我们认为向学生提供与心理学话题、研究和理论相关的准确、完整和详细的信息至关重要。但是，在数十年的心理学教学过程中，我们发现心理学教科书对某些经典研究中特定内容的处理令人失望。正如贾里特（Jarrett, 2008）所指出的，心理学的历史“并不像其他科学学科那样建立在理论之上，而是建立在经典实验的基础上”（p. 756）。透过对此类研究科学价值的阐释，教科书作者向读者展现了该领域连贯的、引人入胜的历史，但也可能使这类研究显得神圣不可侵犯。学生会认为，这类研究不需要复制，也不需要批判。

viii

我们撰写这本书，一方面是为了探索这些研究的方法，另一方面是为了利用这些研究来教授学生批判性思维技能。这种认知技能在心理学课程中经常被忽视或低估。虽然我们批判性地探讨了一些经典研究的科学价值，但在我们看来，这些研究的奠基性和重要性并没有因此而削弱。事实上，我们将引导读者阅读那些指出了经典研究中不足之处的研究，并从方法上、理论上，以及在某些情况下从伦理上更全面地审视这些研究。从这个意义上来说，这些经典的研究也许更应该被视为获取新知识的鹰架，而非仅仅是巩固了心理学的根基。

这本书所包含的具有争议性的研究和理论涵盖了广泛的心理学研究主题和观点，包括意识、发展心理学、学习、记忆、社会心理学、动机和情感，以及精神病理学。由于人们的态度倾向经常与客观分析相冲突，所以公正地评估有争议的研究是一项挑战。在面对与自己固有观点相悖的证据时，我们往往倾向于坚持自己的信念，甚至扭曲或否认我们看到、听到或者读到的东西。因此，课本上经常涉及的研究往往很少被批判，这导致在出现矛盾或困惑时，我们会忽视这些研究的局限性和缺陷。其他阻碍批判性思维和科学素养技能发展的因素还包括无处不在且具有吸引力的伪科学，这些伪科学有效地利用轶事、科学化的语言以及一些乍一看似乎是科学的方法来误导读者。我们往往对自己的个人直觉和生活经验过于自信，却没有意识到自己决策过程中的许多偏差和错误，包括确认偏误、启发式或心理捷径、逻辑谬误，以及糟糕的统计推理。

元认知是心理学认知观的一个重要发现，它是人类能够进行思考、推理和纠正自身思维过程的前提。与之相关的概念——自我调节能帮助我们从错误中学习、调适心理并让学习和生活的改善成为可能，从而让我们变得更具适应能力。想象一下，你带着一套思维工具来到大学校园，准备检查你之前学过的知识并建立新的知识和技能。之后，你将努力向你的技能中添加新的智力工具，并对那些已有的认知技能的有用性进行评估，以便对其做进一步改进、调整和完善。

斯莫林(Smolin, 2006)提出："科学不是发明出来的。而是随着时间的推移，我们发现了一些能将物理世界带入我们理解范围内的工具和习惯。"(p. 298)我们有意识地选择关注批判性思维这一"工具和习惯"。

正如阿尔伯特·埃利斯(Albert Ellis)等心理学家所认为的，人类具有既能逻辑思考又能理性思考的生物潜能，它既能引导成长和(自我)实现，又能导致不合逻辑和非理性的思考。鉴于这些潜在的非逻辑导向障碍的存在以及批判性思维的重要性，本书的每一章都会包含批判性思维工具("批判性思维工具"部分)以及旨在发展元认知技能的"问题导入"，这些技能对于批判性思维者而言是必不可少的，而"重点阅读"材料将向读者提供所讨论的研究或观点的文献资料来源。此外，每一章还将提供这项研究或理论的概述("研究背景")，包括另外一个部分("当前思考")，帮助读者思考研究何以会"过时"，以及当代研究如何证实或未能证实这些发现等问题。针对每一项研究或理论，本书将提供一个批判性思维部分，涉及方法和理论，以及前面所提到的认知偏差和逻辑谬误等问题。每一章最后，我们将讨论研究的发展方向("研究展望")，以及这些研究和观点如何促进我们对作为一门科学的心理学的理解。

欧文·科奇(Irving Kirsch)是安慰剂效应和抗抑郁药物的研究者，我们将在本书第12章中介绍其有争议的研究，她给学生提出了以下建议："我做老师很多年了，我的经验是，最好的学生都是批判性思维者……批判性地思考，保持开放的心态，寻找不同的观点，多看看数据。”我们同意科奇的观点，并希望这本书能够帮助读者培养这种思维方式。

# 致　谢

真诚感谢为本书提供过宝贵修改意见的同事们和朋友们，特别是凯莉·加德纳(Kelli Gardner)、吉姆·内维特(Jim Nevitt)、奥尔登·克劳乌达(Alden Klovdahl)、布莱恩·赫尔曼(Bryan Herman)、克莱尔·斯塔尔斯(Claire Starrs)、迈克尔·蒂尔索(Michael Tissaw)、阿琳·史迪威(Arlene Stillwell)、希瑟尔·比彻姆(Heather Beauchamp)和杰米·多伊卡(Jamie Dojka)。此外，还要向帮助我们获取大量原始文献的苏珊·亚伯拉罕斯(Susan Abrahams)表示感谢。

非常感谢之前的责任编辑保罗·史蒂文斯(Paul Stevens)，正是他对这本书的肯定和努力使本书得以成型。也非常感谢现在的责任编辑卢克·布洛克(Luke Block)在本书出版过程中的耐心、支持与指导，他的帮助对本书的出版至关重要。此外，我们也非常感谢史蒂芬妮·法拉诺(Stephanie Farano)对本书的支持与帮助。

在此，贾里德想特别感谢家人的关爱与支持——妻子弗兰纳里(Flannery)；孩子奥古斯特和祖德(August & Jude)；父母马文和杰姬(Marvin & Jackie)；哥哥一家人，乔丹、香农、布莱恩和布雷登(Jordan, Shannon, Brian, & Brayden)。没有家人的关爱与支持，也就没有本书的问世。

# 作者简介

**贾里德 · M.巴特尔斯（Jared M. Bartels）**，2008 年于孟菲斯大学(University of Memphis)获得教育心理学博士学位，随后，在明尼苏达大学罗切斯特分校(University of Minnesota Rochester)的学习创新中心(Center for Learning Innovation)做博士后工作。现在，是位于密苏里州自由镇的威廉朱厄尔学院(William Jewell College，Liberty，Missouri)的一名心理学助理教授。研究兴趣包括：成就动机与自主学习、心理学史和临床神经心理评估。学术成果包括：一本社会心理学教科书、著作中的部分章节、书评，以及在众多学术期刊上发表的研究成果等，这些期刊包括《学习与个体差异》(*Learning and Individual Differences*)、《老龄化、神经心理学与认知》(*Aging，Neuropsychology and Cognition*)、《心理教育评价》(*Journal of Psychoeducational Assessment*)、《人格与个体差异》(*Personality and Individual Differences*)，以及《心理学教学》(*Teaching of Psychology*)。目前，与妻子和两个儿子居住在密苏里州的蓝泉(Blue Springs，Missouri)。

**威廉 · E.赫尔曼（William E. Herman）**，纽约州立大学波茨坦学院(State University of New York-Potsdam)心理学荣誉教授，1987 年于密歇根大学(University of Michigan)获得教育心理学博士学位。研究兴趣包括：考试与表现焦虑、成就动机理论、价值观发展、道德发展、人类记忆、学习理论、优质教育以及教师教育知识的实践转化等。曾获数项教学荣誉，发表学术作品近 50 篇，包括研究报告、著作的部分章节、书评和可检索数据库中的会议报告，这些数据库包括PsycINFO、ERIC、教育索引(Education Index)、历史文摘(Historical Abstracts)等。在 40 年的全日制大学教学中，积累了丰富的国际教育经验：曾两次获得富布赖特学者奖(Fulbright Scholar Award)(1993 年在俄罗斯；2011 年在泰国)，在中国台湾教授夏季研究生课程（1989—1993 年），在波茨坦大学（University of Potsdam）教授教育和心理学课程，在英国、波兰和罗马尼亚等国家的高校进行过学术报告和演讲。

# 第1章 批判性思维导论

批判性思维是什么？批判性思维为什么重要？我们应该如何学习批判性思维？



仔细地分析、批判性地评价思想、观点、理论与主张的能力对于改善我们的个人生活和集体生活非常重要。人们对科学和科学家的质疑，全球变暖等公共政策领域的政治分歧，以及充斥着各种虚假新闻的媒体报道，困扰着我们当前的生活。在政治家、科学家、预言家、媒体和许多其他利益相关者之间的冲突所带来的混乱中，如何从心理学、科学方法本身和日常生活的科学领域中找到有意义的信息是当务之急。受到歪曲、误解和操控的信息直接威胁着我们的自由思想，影响着个人和集体的决策能力，甚至威胁着我们健康的生活方式。

批判性思维是指使用当前的研究范式去揭示真理的另一面。这一传统有着悠久而传奇的历史。早在一个多世纪以前，约翰·杜威(John Dewey)就反对通过背诵去学习，并将与死记硬背截然不同的方法称为反思性思维："能动、持续并细致地思考任何信念或被假定的知识形式。"(Dewey，1910/1998，p. 6)作为美国著名的教育哲学家，杜威在他的名著《我们如何思维》(*How We Think*，Dewey，1910/1998)中进一步阐述了反思作为一种"思想洞察力"，包括归纳和演绎推理、谨慎地判断、活跃地想象、积极地学习、应用知识和证据作出充分的判断等几个方面的内容。

当前，批判性思维存在多种定义，但在寻求一种更现代、更统一的理论范式时，我们采用约翰·杜威的观点。对于一个有思想力的人来说，一个潜在的真理有待于对不同观点进行仔细地、批判性地审视。无论是新的观点还有已有的观点，都需要通过公众讨论和科学验证来不断地修正。这一过程不能受到潜在或显性力量的干扰，因为这些力量希望维持现状，维护那些未经证明便成为真理的古老传统。

就在十多年前，霍华德·加德纳（Howard Gardner，2006）在其颇具影响力的著作《迈向未来的五种心智能力》（*Five Minds for the Future*）中提出，对于未来的职业人士、教师、家长、政治和商业领袖、培训师以及那些重视尖端认知技能的人来说，条理性思维、综合性知识、创造力、尊重个体差异以及伦理关怀是做出负责任的决策的核心。随着可获取的知识爆发性地增长，能够像某个领域的专业人员一样思考但又能综合跨学科的信息显得尤为重要。那些最能满足未来需求的人具备一种科学的思维方式，这使得他们能够分辨相关的事物与不相关的事物，分辨真实准确的证据与伪劣的证据，分辨科学与伪科学。

我们认为，批判性思维者具有以下特征：

| **批判性思维者会——** | **批判性思维者不会——** |
| --- | --- |
| 大胆地质疑存在的真理 | 相信别人未经检验的判断 |
| 基于证据的合理性和存在性，作出逻辑判断与个人判断，并进行事实检验 | 即使是在面对强有力的证据时，也固执地坚持自己的立场 |
| 能够自主地进行决策 | 屈服于他人所提出的理论 |
| 能够接收来自持相反观点的人的挑战，但如果证据支持相反的立场，也愿意改变自己的想法 | 采取“面子”重于“真相”的死不悔改的姿态 |

能够支持这些批判性思维行为的学习条件会让我们联想到咨询师和治疗师在为客户进行治疗时所创造的环境：理性地思考、基于证据的决策、自主、良好的自尊、自我评估，并意识到自己的长处和不足。

有些作者探讨了为什么批判性思维难以教授的相关问题。威林汉姆（Willingham，2007）在解决这个学习难题方面做了典范性的工作，他指出了以下三个方面的原因：（1）思维往往不能从一个领域（学科领域）转移到另一个领域；（2）学习往往注重表面而不是深层的知识的理解；（3）对一个领域进行批判性思考需要该领域知识的积累。因此，批判性思维并不是一种需要学习的“技能”。不过，元认知策略可以增加习得批判性思维的机会，但是这种元认知的前提是必须在相关领域具备丰富的实践知识。

威林汉姆（2007）特别谈到了科学思维，他说：“证据表明，仅能够进行推理是不够的，重要的是认识到在何时进行科学推理；在看起来相似的问题上，成人会使用适当的推理过程，儿童则不会。”(p. 14)这表明，我们不仅需要教授元认知技能，即针对特定的学习领域提供大量的元认知技能和深层知识结构的练习，还需要教授“何时”、“何地”以及“为什么”我们需要使用某些策略来解决科学问题。　3

由于教师们在正式学校教育早期就开始教授一些科学理论，所以一些人认为学生进入大学时就已经掌握了大量的科学知识，能够重视科学并且会像科学家一样思考。不幸的是，我们发现情况并非如此。心理学和其他科学一样，依赖于科学方法，需要设计实验研究范式来探索问题并使用统计学来支持或推翻假设。任何学习心理学的学生都必须以了解科学家如何思考和开展研究作为起点。

**你如何看待科学?**

仔细想一下，你是否同意下列说法。你为什么同意或者不同意这样的说法?

1. 科学家不会批判其他科学家的工作。
2. 人们不需要了解科学，因为它不会影响人们的生活。
3. 对于科学家而言，重要的只是思考，而不是他们对某些事物的感受。
4. 科学有助于解决日常生活中的问题。

美国自然科学基金会(National Science Foundation, NSF)资助开发了针对 K－12 儿童，包含 40 个项目的调查工具——《我对科学的态度》(*My Attitudes Toward Science*，MATS)，以上 4 项就取自这一调查(Hillman 等，2016)。这些调查项目提供了一个探索个人对科学相关问题的理解的宝贵机会。在现实的科学世界中，科学家们确实会在研究结果发表之前和之后，在方法、抽样、理论的操作性定义、所采用的统计方法、结果的推广性等方面对其他科学家的工作展开批评。一个真正的科学家应该尽量避免因为不喜欢他们所见过的某个自视甚高的学者，或者因为某个学者可能是在与自己观点相反的学校或大学任职而对其进行批判。就像在其他生活场景中一样，小小的嫉妒和竞争是科学世界的一部分，因此分歧和争议是不可避免的。第 3 个项目强调了认知推理的重要性，这是任何科学家所必须拥有的，但关键是要记住，每一个科学家都是一个拥有情感、价值观和信仰体系的人，在工作中这些情感、价值观和信仰体系也许会导致偏见。第 4 个项目让人们对科学充满希望，相信科学可以解决日常问题，使这个世界变得更美好。

心理科学对我们的生活产生了实质性的积极影响(Zimbardo, 2004)，然而，对　4

心理学的研究和对这一领域的误解可能会削弱我们对其贡献和实际作用的认可。不幸的是，在现实情况下，科学也可能使这个世界变得更加混乱和危险，并导致新的、尚不可预见的挑战性问题出现，而在一开始这些问题并不能被察觉到。

科学家学习如何提出问题，从而进行可检验的实验或研究，这些实验或研究最终可能支持所陈述的假设，也可能不支持所陈述的假设。有时，以独特或不同的方式提出问题可以促进思考。最近，本书的一位作者无意中听到一个学生向他的朋友，一位临床心理学教授提问："你相信卡尔·荣格(Carl G. Jung)的集体无意识理论吗?"刚入门的学生经常会以这样的方式提出类似的问题。

然而，学习心理学理论不应该像信仰宗教一样去对一种理论、方法论，或者预期的结果表现出一种不假思索的、奴性的信仰。因此，一个更好的问题是，"荣格的集体无意识概念是否符合现有的临床数据，并且有助于更好地理解病人的行为?"

作为一个批判性思维者，你必须能够从虚构中分辨出事实，从参差不齐的科学理论中分辨出好的科学理论，同时能够提供一个逻辑解释来支持你的决定。有时，如果分歧的范围建立在一个可理解的但不统一的哲学或其他形式的基本假设上，我们就需要认可这种差异的存在。当你在后面的章节中读到有关对于某个心理学领域的误解、混淆和有争议的内容时，我们可以从诺贝尔奖和普利策奖获得者、文学作家欧内斯特·海明威(Ernest Hemingway)的文学艺术中汲取营养。我们相信，无论是读者、作家还是理性的思考者，都是时候接受海明威的建议了，以便把麦子从麸皮中分拣出来，把真理从谬误中分拣出来(Plimpton, 1958)。

> 一个好作家最重要的能力是有一种深入骨髓的、坚定不移的，分辨出糟粕与精华的能力。
>
> ——海明威

当你阅读接下来的章节时，我们希望你能够使用每个章节提供的批判性思维工具，目的是发现海明威称之为可能是"胡说八道"的东西。我们希望每一章都能够对你的所学发起挑战，并促使你对自己提出以下问题："我为什么相信这是正确的?"我们希望你能够对研究的证据质量、理论观点或与公共政策相关的论断提出质疑。当你越来越能对心理学领域内存在的争议或争论点进行细致的检验时，就意味着你在思考问题时会越来越像一个心理学家。如果本章的目标已经达成那就意味着你正在批判性地考虑我们的建议，并且已经迫不及待地想要在接下来的内容里读到那些在心理学领域存在争议的话题。

# 第 2 章　约翰·华生和小阿尔伯特实验：恐惧如何产生？

主要资料来源：Watson, J. B., & Rayner, R. (1920). Conditioned emotional reaction. *Journal of Experimental Psychology*, *3*, 1 - 14 (Reprinted in *American Psychologist*, *55*, 313 - 317, 2000).

## 本章目标

5　本章将帮助你成为一个更好的批判性思维者，通过：

- 理解约翰·华生(John B. Watson)经典实验的关键细节
- 比较行为主义与其他现代学派有关恐惧症病因的观点
- 了解历史上缺乏对实验中人类被试保护的现象
- 思考如何将行为主义理论的研究结果与新的认知理论进行融合
- 从研究结果可推广性的角度评估样本的特征

### 导入

思考约翰·华生在 1930 年提出的如下论断：

给我一打健全的婴儿，一个由我支配的环境，让我在这个环境里养育他们，我保证可以按照我的意愿将其中任何一个婴儿训练成医生、律师、艺术家、商业巨头以及，当然，甚至是乞丐或小偷，无论他自身的才能、倾向、能力如何，也无论他的祖辈是何职业、种族。

这段话是行为主义学派的经典论断，它表明环境塑造了人的发展。即便非心理学领域的人也很容易看到这一"真理"。你所成长的家庭、上过的学校、学校中老师的特点、你所处的朋友圈子，以及你人生中的机遇形成合力，决定了你在这个世界上的角色。然而，这一论述对外部因素的强调会弱化内部因素的重要性（除非我们将这一论述限定在"健全"这一标准中），很显然，智力、独立性、自由选择以及其他内在因素也很关键。

6

我们可以注意到华生措辞的科学属性，如**经验性的（empirical）**（一打健康的婴儿）和随机性的（从中任意选择一名婴儿）。另外，训练和教育与学习之间又存在什么区别？许多人认为通过训练，人类、动物甚至机器人能够完成特定的日常工作，但是要接受像医学和法律相关的专业训练需要人类特有的认知技能，例如道德与伦理判断能力、创造力、决策力以及换位思考的能力。我们是"训练"一位艺术家还是帮助他发现自己看待和理解世界的独特方式？如果华生关于环境决定我们成为什么样的人（甚至是乞丐和小偷）的信念是正确的，那么我们又该如何解释人们在生活中的处境以及他们所作出的选择？就像音乐剧《西区故事》（*West Side Story*）中的一句歌词所说，也许少年犯们仅仅只是害了"社会病"。

## 研究背景

只要翻开心理学的入门书，你一定能找到约翰·华生和他的研究生助理罗莎莉·蕾娜（Rosalie Rayner）共同完成的、精彩的小阿尔伯特实验。在阅读有关小阿尔伯特的实验后，假如在教材的作者没有说明的情况下，很自然地，我们会去想在小阿尔伯特身上可能会发生什么。他是否会成长为一个害怕动物的大人？进一步了解这个研究也会带来其他问题，如：阿尔伯特是否真的患上了恐惧症？这个实验是否符合伦理？这个实验仍然有意义吗？心理学家已经对恐惧症有了更深入的了解并研究出了一系列在实验室准确测量恐惧症以及在临床上进行治疗的方法。因此，除了提出在小阿尔伯特身上发生了什么以及有关研究方法的问题之外，这一章同样会思考如果在今天进行小阿尔伯特实验又会是怎样的情形。

在进行小阿尔伯特实验之前，华生（1913）就已写下希望将心理学变成更加客观的科学的愿望，这就要求这一领域从关注意识转变为重视行为，从运用**内省**

(introspection)这种不够准确的方法转变为观察和记录可观测的行为。就情绪方面来说,华生挑战了当时盛行的"情绪是天生的"观念,他认为情绪是在出生后的头几年中形成的。情绪反应是学习的结果,因此情绪是可以被改变和调整的。华生和蕾娜(1920)希望在他们对小阿尔伯特进行的研究工作中回答下面三个问题(Harris, 1979):是否能够通过条件反射建立婴儿对某种动物的恐惧?这种恐惧是否能够迁移或泛化至其他动物或物品?这种恐惧是否能够持续?华生和蕾娜在小阿尔伯特 9 个月大时开始对他进行研究。最初,他们向小阿尔伯特依次展示一只白色的老鼠、一只兔子、一条狗、一只猴子、面具、棉花以及燃烧的报纸。正如华生和蕾娜所预期的那样,在他们的记录中这些物体都没有激起小阿尔伯特的恐惧反应,这一点十分重要。接下来,就要通过条件化过程让小阿尔伯特惧怕小白鼠。如图 2.1 所示,**经典条件反射(classical conditioning)**涉及对一个中性刺激(neutral stimulus, NS)与一个非条件刺激(unconditioned stimulus, UCS)进行配对。通过反复地配对,中性刺激与非条件刺激之间建立起联结。由于这种联结,中性刺激能够触发个体在面对非条件刺激时相同的反应。

7

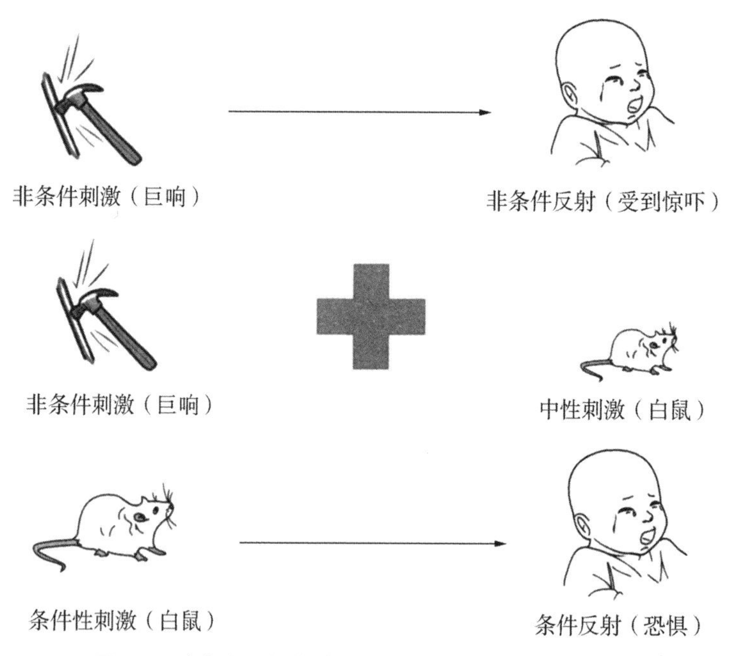


图 2.1 建立小阿尔伯特对白鼠恐惧反应的条件化过程

当小阿尔伯特 11 个月大时，在他尝试接近一只白鼠的瞬间，研究者用锤子敲击一根金属棒。这一过程被重复一次，小阿尔伯特似乎两次都受到了惊吓，尽管他并没有哭。一周之后，研究者仅呈现白鼠给阿尔伯特，他看起来很犹豫，表明虽然此时他还没有表现出恐惧，但是这种条件化并非是“毫无作用”的（p. 314）。紧接着华生和蕾娜又同时呈现了三次白鼠和巨响的刺激，之后再次将白鼠单独呈现，这一次小阿尔伯特开始抽泣并表现出抗拒。接下来，他们两次同时呈现白鼠和巨响，再让白鼠单独呈现，在经历总共 7 次同时呈现白鼠和巨响的刺激后，这一次阿尔伯特的反应变得强烈起来。华生和蕾娜（1920）记录道：

8

> 白鼠出现的瞬间婴儿就开始哭泣。与此同时，他快速将身体转向左边并倒向左侧，用手和脚支撑起身体后爬行远离白鼠。他爬得太快了，以至于在接近桌子边缘的时候才被抓住。

在建立起情绪反应的条件反射后，华生和蕾娜开始转向第 2 个和第 3 个问题，即有关条件反射泛化和恐惧持续情况的问题。5 天后，他们向阿尔伯特呈现了白鼠，尽管他没有大哭，但是他开始抽泣并尝试躲避老鼠。接着，华生和蕾娜向他呈现了一只兔子和一件毛皮大衣，这些物品都让小阿尔伯特哭了起来。他们又依次呈现了棉花、狗以及两位观察者的头发。有趣的是，华生的头发和他配戴的圣诞老人面具都激起了小阿尔伯特的消极反应。又过了 5 天，当他们再次将白鼠呈现给小阿尔伯特时，他不再表现出格外的不安。面对兔子时的消极反应也不像第一次条件反射建立后那么强烈。

接下来，华生和蕾娜（1920）将小阿尔伯特带到另一个房间（非条件反射建立的房间）以观察恐惧是否发生了迁移。在新的环境中，狗让小阿尔伯特产生了最强烈的反应，而华生和蕾娜笼统地将该现象归纳为恐惧发生了迁移。恐惧的持续性是华生和蕾娜最后测试的内容，实验在小阿尔伯特近 13 个月大时进行（在前次实验约一个月后）。华生和蕾娜的结论是小阿尔伯特的反应表明恐惧能够持续并且推断即便小阿尔伯特无法再继续参加实验，这种恐惧肯定也会持续存在。这个测试不仅标志着小阿尔伯特实验的结束，也标志着华生学术生涯的终结（Samelson，1980）。由于华生与蕾娜（他的研究生助理）之间传出绯闻，他经历了一次高调的离婚，也被迫辞去了他在约翰 · 霍普金斯大学的教职（Hunt，1993）。

## 当前思考

尽管这一实验有着故事性的历史并在心理学导论的教材中占据突出地位，但许多批判者（例如，Paul & Blumenthal，1989；Samelson，1980）在对小阿尔伯特实验的相关文献进行仔细研究后，认为这一实验本质上是一个有趣的但是缺乏解释性的**预研究**（pilot study）——在深入研究之前所进行的初步研究（Smith & Davis，2013）。事实上，华生和蕾娜在他们的结论中也承认了这一点："在霍普金斯进行的实验处于未完成的状态，对其进行验证是不可能的。总体而言，它就像心理学众多的小实验一样，仅仅能够被视为展现可能性的初步尝试，而不是一系列具体的、可用的结果（p. 493）。"

9

此外，尽管在一些案例中恐惧症患者能够回忆起一段不愉快的经历从而证明恐惧是习得的，但是对不同恐惧症的研究表明恐惧的形成并非一定能够追溯到这样一段条件反射建立的经历中（例如，Poulton 等，1998）。如果不是通过条件化过程，那么应该如何解释恐惧症的形成？这种恐惧可能由于对父母的模仿或受到媒介的影响而间接形成（Doogan & Thomas，1992）。如果某种恐惧与进化相关（例如，害怕蜘蛛而不害怕牙医），这种恐惧会在我们第一次遇到这种刺激物或处于某种环境时就有明显表现，它会随着刺激的反复出现而消失（Menzies & Clarke，1995；Poulton 等，1998）。而恐惧症或非理性的恐惧则更有可能在有基因缺陷的个体经历一般心理压力而非与激发恐惧的刺激或环境的特定遭遇时形成（Menzies & Clarke，1995）。近期的研究表明，患恐惧症的倾向性可能是由父母传递给孩子的，这种传递通过改变后代神经系统结构和功能来实现（Dias & Ressler，2013）。

当代变态心理学的观点倾向于通过**素质—应激模型**（diathesis-stress model）和**生物心理社会模型**（biopsychosocial model）来解释基因易感性和环境应激源之间的关系。在素质—应激模型中，素质指的是某种易感性（如神经质的人格特征），仅有这种易感性本身并不会导致紊乱（Zuckman，1999）。但是，它会降低引发特定心理压力而导致紊乱的耐受阈值。总而言之，现在许多临床医生在解释精神疾病的成因时更倾向于综合考虑基因、心理和社会等各个方面的影响因素，结合不同理论和治疗方案来进行诊治，而非偏信一家之言(Comer, 2015)。但值得注意的是，经典条件反射和行为主义的方法仍是现代治疗手段中的一部分。事实上，基于行为主义原则的治疗方法是最为有效的手段之一(Chambless 等，1998)。

## 应用批判性思维

### 逻辑谬误

让我们重新回到本章开头所提到的那段经常被引用的华生的论断。面对社会对基因遗传学说的青睐，华生(1930)为他的行为主义心理学派进行了辩护。基因遗传学说认为人们之所以成为医生、律师、艺术家、商人、强盗或小偷是由基因遗传决定的。华生指出无论一名罪犯是来自“家教良好的”家庭(“我们已经尽力培养他了，但他还是和他的祖父一个样”)或者是犯罪世家，遗传的作用都得到了认可，而环境的作用却被忽视了。因此，他给出了如下的论断：

10

> 给我一打健全的婴儿，一个由我支配的环境，让我在这个环境里养育他们，我保证可以按照我的意愿将其中任何一个婴儿训练成医生、律师、艺术家、商业巨头以及，当然，甚至是乞丐或小偷，无论他自身的才能、倾向、能力如何，也无论他的祖辈是何职业、种族。**我承认这可能言过其实，但是相反观点的拥护者们已经这样做了几千年**。(p. 104)。

注意被标记出来的句子，在章节开始的引文中它并没有出现。如果我们在网上搜索华生关于一打健康婴儿的论断，我们能够找到除了这句话之外的前面所有的文字。这句话虽然短但是却十分关键，因为它为华生的论断提供了语境。**语境去除(contextomy)**(断章取义，脱离语境引用的谬误)通常会在忽视语境而导致引文原义被曲解时发生(Bennett, 2015)。就像艾布拉姆森(Abramson)(2013)所说，华生关于“我可能言过其实”的说法改变了这段引文的含义。在去除语境的情况下，这段引文使得行为主义学派被当成是极端环境决定论者而饱受诟病(例如，Hunt, 1993)。而在有这句话对前文华生的论述提供语境支持的情况下，很显然华生相信遗传学说是缺乏实证支持的，而他令关于一打婴儿的论断像遗传学说一样大胆且空洞，可能是有意为之。

重点阅读：Hunt, M. (1993). *The story of psychology*. New York: Anchor Books.

## 批判性思维工具

### 错觉相关

**问题导入：我是否已经考虑到了所有不符合预期规律的情况？**

就像之前提到的那样，一些患有恐狗症的人（大概就像小阿尔伯特那样）能够告诉你一段童年时期他们与狗相关的创伤遭遇。例如，作者本人的一个兄弟就有这样的恐狗症，而这一症状能够追溯到他在童年时曾经遭到狗的袭击。基于这个兄弟的亲身经历以及他所目击的其他类似事件，不难理解作者会得出这样的结论，即恐惧症是由与狗相关的可怕的创伤经历导致的。然而就像我们在本书中将多次指出的那样，这种**轶事证据**（anecdotal evidence）是存在偏差的。所幸的是，有研究表明患恐狗症的人往往会汇报他们的恐惧来自之前与狗相关的消极经历。但是在我们得出行为主义理论能够用于解释恐惧症成因（如小阿尔伯特实验所示）的确定结论之前，我们需要再次思考所发现的**相关关系**（correlation）：

11

恐狗症与先前可怕的经历存在正相关关系：患恐狗症的人会回忆起与狗相关的创伤经历。

还有哪些情况值得我们考虑，你可能会问……

为什么有些患有恐狗症的人却没有与狗相关的创伤经历？

在这种情况下，仅考虑前一种相关关系（患恐狗症的人且能够回忆起消极的经历）会将我们引向错误的结论或**错觉相关**（illusory correlation）。研究表明患恐狗症的人和没有患恐狗症的人在其所汇报的遭到袭击的事件上并没有差异，换句话说，没有患恐狗症的人和患恐狗症的人回忆起的受到袭击的次数差不多（Doogan &

Thomas，1992)。

我们也需要考虑以下情况：

患有恐惧症的人却没有遭受袭击的经历。

正如先前所说，有研究追溯到的恐惧症的成因并非习得或条件化。相反，多种模型都强调恐惧的进化基础，且会受到基因、人格特征以及社会因素的共同影响。

## 方便样本

**问题导入：样本的哪些特征可能影响研究结果?**

小阿尔伯特实验中只涉及一名被试，试想如果有若干名小阿尔伯特参加华生的实验又会发生什么呢？如果说小阿尔伯特的母亲是华生所在学校医院里的一名护士，那么这样的样本会被视为**方便样本**(convenience sample)。在心理学研究的语境中，"方便"这样的词汇往往隐含着消极的含义。当然仅从获取样本的难易程度来评价样本的质量未免过度简化，但是忽视方便样本的影响并不是一个批判性思维者应有的特征。因此，我们应该这样提问：

我们是否有理由相信研究结果只在样本身上成立而无法推广到其他人群?

12

换言之，我们需要考虑研究内容、情境以及其中某一变量是否会影响研究结果。我们是否有理由相信如果使用大学生作为研究样本，结果会出现偏差(Henry，2008；Sears，1986)？大学生和普通人在自变量 x 上是否存在差异？

阅读以下两项研究，思考：如果仅有大学生被试参加实验，你会对哪个研究更有顾虑？

| 研究 1 | 研究 2 |
| --- | --- |
| 探究电影是否影响政治态度的实验室研究。参与者被随机分配到两组，一组观看无政治内容的电影（控制组），另一组观看暗含有政治内容的电影（实验组）。结果表明实验组的被试更容易表现出政治信仰方面的改变。因此，人们的政治态度会受到电影的影响。 | 探究杂志印刷风格和外观是否会对读者情绪及内容回忆能力产生影响的实验室研究。参与者有20分钟的时间阅读一本正常印刷（控制组）或印刷不良（实验组）的杂志。结果表明实验组无论在情绪上还是内容回忆上的表现都明显更差。因此，不良的印刷会抑制情绪和对内容的回忆。 |

如果你认为是研究1，那么你已经辨认出更容易受到样本偏差影响的研究，原因如下：

青少年尚未形成稳定的政治态度，因此更容易改变立场（Sears，1986）。

长时间生活在校园环境中，青少年更习惯于服从和从众（Sears，1986）。

探究基本的认知加工过程，如记忆和感知的研究（即上述研究2），不容易受到样本偏差的影响（Rubenstein，1982）。

在一些研究中样本的特征和代表性是非常关键的（例如，民意调查），而在一些研究中样本本身并没有那么重要（例如，为了证伪某一个理论，Landers & Behrend，2015）。尽管如此，研究者仍需考虑大学生被试的特征对要验证的变量带来的可能影响，如大学生自我认知和身份认知的不成熟（Sears，1986）。如果研究者希望采用更加多元化的样本，近年来则出现了一种同样便利的操作。类似亚马逊开发的Mechanical Turk（MTurk）众包平台，让参与者能够完成包括心理学实验在内的多种任务。众包平台的参与者来自100多个不同的国家，许多用传统样本完成的实验都通过这种众包平台进行了重测（Berinsky，Quek，& Sances，2012）。但是，无论是方便的大学生样本，还是MTurk众包平台获取的样本，又或是小阿尔伯特样本，都存在伦理上的风险。批评者指出了对三种样本易受侵害的担忧。MTurk众包平台的参与者得到的报酬十分微薄，社会上将这种平台称为"血汗工厂"（Cushing，2013）。对大学生样本来说也有同样的顾虑，这些学生往往为了得到学分参与实验而且通常不会得到报酬（Rubenstein，1982）。此外，考虑

13

到小阿尔伯特的母亲只是受雇于华生所在学校医院的乳母，并且她仅能从儿子参与的实验中获得很少的报酬，因此其也可以被视为弱势群体(DeAngelis，2010)。

总而言之，"使用了方便样本"和"需要更多样化的样本"通常是反射性(下意识)的思考而非对一项研究的批判性的反思。我们必须明白的是，在科学领域中有偏差的样本是普遍存在的现象，但数据的好坏与数据获取的难易程度并不是同义词。作为批判性思维者，我们需要考虑的是样本的特征以及调查的变量。

## 重新审视研究方法

小阿尔伯特实验是个案研究吗？从表面上看似乎如此，因为它只涉及对一个被试的评估。尽管个案研究是描述性的，但是小阿尔伯特实验的确涉及对实验处理方式(在这个案例中为对恐惧的条件化)效果的系统考察，因此，也可被视为一个**单一被试设计**(single-case design)(Christensen，Johnson，& Turner，2014)。在多被试的实验中会采用比较**实验组**(experimental group)和**控制组**(control group)的方式来评估实验处理的效果，而在单一被试设计中，比较的是该被试接受实验处理前后的行为表现。在 **ABA 单一被试设计**(ABA single-case design)中会在对被试进行实验处理前测量其行为(A)，在这个案例中就是小阿尔伯特对白鼠或白兔等物品的反应。之所以这样做是为了建立**基线期**(baseline)，也可理解成通过记录干预或处理前的行为形成一个对照组。接下来，引入实验处理(B)，在这个案例中就是将巨响与白鼠的出现进行配对；最后，移除巨响这一实验处理，再次对小阿尔伯特对白鼠、白兔等出现时的反应或行为进行测量。如果我们试想华生和蕾娜直接通过条件化让小阿尔伯特形成对白鼠的恐惧，并测试他对毛皮大衣、白兔和面具的反应(没有对基线期情况的记录)，这时我们就能看到 ABA 实验设计的重要性：假如小阿尔伯特对上述所有物品都表现出恐惧反应，我们能够得出华生的实验是合理的这样的结论吗？也许是合理的，但也有可能是小阿尔伯特在实验处理之前就已经恐惧这些物品(也许他已经有过相关经历，也有可能是物品的新异性会导致恐惧)，这种情况下，即使没有经过实验处理，小阿尔伯特也会作出恐惧的反应。

14

尽管小阿尔伯特实验在方法论上看起来是合理的，但在实施上却存在着不一致甚至是混乱。例如，对两名观察者和华生本人头发的测试。实验中并没有进行小阿尔伯特对头发反应的基线期的观察。此外，小阿尔伯特仅仅只对华生的头发而没有对两位观察者（身份不明）的头发表现出消极反应。问题就在于这些处理为实验引入了**混淆变量**（confounds）。这些成年人的性别或与性别相关的特征是否可以解释这一实验结果？也就是说如果两名观察者都是女性，小阿尔伯特反应的差异是否可以部分解释为他对男性和女性有不同的反应。小阿尔伯特害怕华生也有可能是因为华生在呈现物品时通常表现出攻击性，最明显的就是呈现圣诞老人面具的时候（Harris，2011）。

这也带来了另外一个问题：测试、观察和行为记录均由华生本人完成。其中的问题是显而易见的。为了提高研究的内部效度，现在的研究者通常会让两位不知晓实验假设以及被试分组情况的研究助理来观察和记录行为。之后研究者通过比较两份观察记录的一致性情况来确定恐惧是否得到了准确的测量。但是，就像我们即将在“现在如何进行小阿尔伯特实验?”这一部分会讨论到的那样，现在的研究者可能不会仅仅依靠观察来测量恐惧。最后，在研究的设计上，时间也是核心。研究者希望降低除实验处理外其他可能因素对实验结果的解释比例，在这个研究中指的是条件化。小阿尔伯特对各种刺激物反应情况的基线水平是在他 9 个月大时测量的，而条件化在近 2 个月后，也就是他 11 个月大时才进行。这个实验时间的问题出在哪里呢？年龄差异越大（尤其是在幼年时期），小阿尔伯特对刺激物的反应就越有可能受到自身经历和发展变化的影响。这两个对内部效度带来威胁的因素分别为**历史**（history）和**成熟**（maturation）（Smith & Davis，2013）。弗里德朗德（Fridlund）和同事们（2012）发现 2 个月的延迟可能是受到实验时机的影响，圣诞节的假期也许能够解释实验的中断。其中一个假说是小阿尔伯特在百货商场里被圣诞老人惊吓的历史或经历而不是条件化的实验处理影响了小阿尔伯特对面具的反应。尽管没有证据能够证实这一假说，但时间间隔越长，越难确定是实验处理而非**无关变量**（extraneous variable）导致了实验结果。

15

## 华生真的制造了恐惧症吗?

当我们第一次在一本权威的心理学入门教材中读到小阿尔伯特实验时，很显然我们会认为华生和蕾娜成功地通过条件化让小阿尔伯特产生了恐惧。然而许多批评者却认为这一结果并不令人信服（Beck，Levinson，& Irons，2009；Harris，1979；Jarrett，2008；Paul & Blumenthal，1989；Samelson，1980）。他们的质疑一部分是由于实验在方法上的缺陷，另一部分也与华生观察记录的不明确有关。

贝克（Beck）和同事们（2009）将小阿尔伯特条件化处理后对白鼠的反应形容为"华生将其理解为恐惧"（p. 606），这就很明显地指出了客观测量方法的缺失。显然，小阿尔伯特的行为是不一致的：他并不总是抗拒动物或刺激物，他也并非总是哭泣或沮丧。尽管在数次白鼠和巨响的配对后，小阿尔伯特对白鼠有着强烈的消极反应，且在5天后对兔子、华生的头发以及圣诞老人的消极反应强烈，但是他对其他物品的反应却并没有那么明显。例如，在第一次条件化操作的5天后，也就是经过了7次白鼠和巨响同时出现的条件后，小阿尔伯特哭了起来，抽泣着远离老鼠。然而又过了5天后，小阿尔伯特的反应太过于温和以至于华生决定再对小阿尔伯特进行一次呈现巨响和白鼠的操作。在经历了8次白鼠和巨响共同呈现的条件化过程后，小阿尔伯特被带往不同的房间，研究人员单独向他呈现了老鼠。华生和蕾娜（1920）这样描述了他的反应："起初他没有立刻表现出恐惧。但是他举起双手，远离白鼠。没有想要接触白鼠的表现。"（p. 315）类似地，狗起初并没有激起小阿尔伯特的任何反应，直到它在离他面部6英寸（约15厘米）的地方开始吠叫。然而华生和蕾娜则声称恐惧成功迁移了。31天后，他们再次向小阿尔伯特呈现了圣诞老人的面具，但小阿尔伯特只在被强迫触碰面具的时候才表现出了沮丧。

华生假定小阿尔伯特已经形成了对白鼠的恐惧并将恐惧迁移到了其他毛茸茸的物体上（Watson & Rayner，1921）。然而小阿尔伯特行为反应的整体剧烈程度却表明在他身上并没有形成恐惧症（Hobbs，2010）。恐惧的泛化也缺乏证据——小阿尔伯特对狗的最明显的恐惧反应发生在狗在他面前吠叫之后，而且他对头发的恐惧反应也不尽相同。此外，小阿尔伯特对狗和兔子的反应也不能被视为严格的泛化测试，因为这两种动物也曾与响声进行过配对（Harris，1979）。另外一个值得注意的问题是华生和蕾娜与小阿尔伯特的接触，同样也为他们通过条件反射建立恐惧以及这项实验说明的条件化功能的结论蒙上了阴影。华生和蕾娜(1920)记录道：小阿尔伯特经常会吮吸手指，这一动作似乎会阻碍条件反射后的反应。因此，他们必须常常"在获得条件化反应之前将手指从他的嘴巴里拿出来"(p. 316)。华生和蕾娜当然可以假定小阿尔伯特的负面行为是条件反射建立后的反应，但要是这种条件反射没有发挥作用呢？是否有可能只要阻止小阿尔伯特吮吸手指他就会表现出负面的反应？将手指从小阿尔伯特的嘴巴里移除可能导致了部分的负面行为(Cornwell, Hobbs, & Prytula, 1980; Paul & Bluementhal, 1989; Samelson, 1980)。华生的实验也激发了一系列**重复实验(replication)**的尝试，但均以失败告终(Bregman, 1934; English, 1929; Valentine, 1930)，不过这些实验在方法上也有明显的缺陷(Field & Nightingale, 2009)。

16

## 小阿尔伯特实验符合伦理规范吗？

要回答小阿尔伯特实验是否符合伦理规范这个问题并不像看起来那么简单。教材的作者倾向于用小阿尔伯特实验"在今天是不可能完成的"来形容它不符合伦理。对我们来说，回顾经典的研究并宣称进行实验的研究者们不符合伦理很容易，但是，想一想当时的情境：

在实验发生的时代是否已经有伦理的标准或指南？
当时社会上对科学和育儿的主流态度是怎样的？
是否存在潜在的风险？

即使是批判华生的人也承认用今天的标准或采用**现代主义(presentism)观点**来评价其研究是不公平的(Feidund 等，2012)。例如，在网络上不难搜索到大量对华生和其实验不符合伦理的谴责。然而华生并不清楚当前研究的伦理标准，我们也无法使用这些标准来进行公正的评价。美国心理学会(America Psychological Association, APA)直到 20 世纪 50 年代才开始正式使用伦理标准。迪格顿、鲍威尔和哈里斯(Digdon, Powell, & Harris, 2014)认为在华生和蕾娜进行研究的时代，一部分民众渴求科学并要求政府指导育儿。此外，父母们迫切地想要摒弃陈旧的观念，采用更加新颖、科学的育儿方式(Bigelow & Morris, 2001)。迪格顿、鲍威尔和哈里斯(2014)写道：

在华生和蕾娜生活的时代，人们关于如何正确对待孩子的观念与今天大相径庭……此外，对于华生和蕾娜同时代的人来说，将婴儿暴露在巨大的噪声中看起来并不比他们日常生活中时时发生的事情来得更危险（也就是说，可视为现在所说的“最小风险”研究）。(p. 321)

从这个方面来看，我们可能不再那么强烈地感觉到小阿尔伯特实验对伦理规范的冒犯，也不再对华生和蕾娜提出的育儿建议感到那么愤怒。

17

华生和蕾娜对父母的建议包括不要过分地公开显示对孩子的爱。在看待这些建议时我们同样要避免现代主义。华生的建议是为了帮助家长培养情绪稳定并且独立的孩子，比如，建议倡导家长要避免与孩子拥抱和亲吻，这些显然都与现在的相关知识相悖。然而20世纪20年代的部分育儿建议以及华生和蕾娜的某些建议（例如，建立生活常规、不要依赖惩罚）不仅与当下的时代精神高度契合，也与现在的育儿观念一致。但是，令人不安的是，华生和蕾娜一早就知道小阿尔伯特即将离开医院，却没有对他进行去条件化的处理（Harris, 1979; Paul & Blumenthal, 1989）。这一点之所以令人格外不安，是因为华生和蕾娜(1920)似乎相信如果没有进行有意的干预来减少恐惧，这种恐惧可能会持续一段时间。

贝克和同事们就伦理方面的问题提出了更严重的质疑（Fridlund等, 2012; Beck, Levinson, & Irons, 2009）。由于小阿尔伯特的母亲是一位乳母，这一职业在当时社会地位低下且生活贫困，这可能导致她被动接受自己的儿子参与实验。目前，更大的控诉可能出现在确认小阿尔伯特的真实身份为道格拉斯·马里特(Douglas Merritte)后。证据表明道格拉斯在6岁时因脑积水综合征夭折，且在实验开展时可能已经遭受了神经损伤。然而华生和蕾娜的报告中称小阿尔伯特是一名健康的婴儿。华生对一个神经受损的孩子进行条件化操作并误将其认定为健康的孩子也是受到批判的主要原因之一，另一个研究团队也指出了这一点（Powell等, 2014）。鲍威尔和同事们(2014)认为阿尔伯特·巴杰(Albert Barger)似乎更像是小阿尔伯特，他们不仅名字一样，而且阿尔伯特的母亲也是小阿尔伯特停留过的医院的乳母，并且她在道格拉斯出生的同一天生下了阿尔伯特。另外，心理学家当时也不需要隐藏被试的身份，因为在小阿尔伯特实验所处的时代没有正式的伦理准则来指导研究者们这样做。

如果我们用今天的伦理标准来评判小阿尔伯特实验，它无疑是不符合伦理要求的。但是，华生最关心的是解决实际问题，并且相信小阿尔伯特实验中所揭示的内容有望帮助减少儿童不必要的恐惧的形成，因此对小阿尔伯特造成的最小伤害也是合乎情理的（Fridlund 等，2012）。

## 小阿尔伯特实验的影响

18

判断一项研究的合理性也需要考虑其潜在的价值。换而言之，我们需要思考这样的研究为我们提供了哪些帮助。在小阿尔伯特的研究中，我们可能会问：这项研究对精神疾病的**精神疗法（psychotherapy）**或心理治疗有怎样的影响？对这个问题的答案不一致不足为怪。一些人认为许多时候害怕或恐惧症并不是通过如小阿尔伯特实验所示的方式形成的（即经典条件反射；Paul & Blumenhal，1989），另外，华生和蕾娜关于去条件化的部分建议与当代的疗法并不一致（Digdon，Powell，& Harris，2014）。另一些人则表示这个实验首次表明经典条件反射可以用来解释恐惧症的成因，另外，华生和蕾娜（1920）的许多建议都和尚在发展中的疗法一致，包括暴露疗法、对抗性条件反射治疗、系统脱敏疗法以及示范疗法等（Field & Nightingale，2009）。约瑟夫·沃尔普（Joseph Wolpe）发明了系统脱敏疗法，用以治疗由于经典条件反射形成的恐惧，治疗中，患者会通过直接或视觉化的方式在放松的状态下面对激发恐惧的刺激物（Corsini & Wedding，2005）。如果多年后，实验中的阿尔伯特想要寻求治疗恐惧的方法，他可能会接受暴露疗法或系统脱敏疗法等治疗，因为这些基于暴露的治疗方式对治疗儿童和成人的恐惧症都十分有效。

因此，华生和蕾娜以及华生的学生玛丽·科弗·琼斯（Mary Cover Jones，1924）可以被视为这一治疗方法的先驱（Field & Nightingale，2009）。然而，华生将条件化恐惧视为本能。华生对这一过程的理解过于死板，并没有考虑到如下影响因素，如个体对非条件刺激的理解、孩子的气质、个体之前与条件刺激相关的中性经历等。对于现在的学习理论来说，这些因素都十分重要，因为它们表明恐惧并不是一种本能反应而是会受到条件和主观理解的影响（Ollendick & Muris，2015）。在何种条件下小阿尔伯特能感觉到动物的出现会伴随着非条件刺激？小阿尔伯特是否有害怕新情境或新事物的倾向性(华生和蕾娜声称他并没有这种表现)？小阿尔伯特是否已经有过与实验中呈现的动物或物品相接触的经历？从现代的视角看，这些问题都是值得思考的(Muris 等，2002；Ollendick & Muris，2015)。除了以上因素外，我们也应了解恐惧症受到父母的影响并且会由于认知偏差而持续发生(Muris 等，2002)。儿童可能会由于家长直接提供的关于动物的信息而对其产生恐惧(例如，老鼠有尖尖的爪子可能会抓伤你)或者间接来自家长的焦虑(例如，家长面对某些动物时过于紧张和担忧)(Muris 等，2010)。许多研究发现恐惧也会通过观察学习的方式在动物之间相互传递(例如，Cook，Wolkenstein，& Laitsch，1985；Mineka 等，1984)。

19

当前，有了关于恐惧成因的认知，我们更容易理解之前在条件化研究中出现不一致结果的原因。例如，进化论取向认为一个重要的不同在于利用动物(Watson & Rayner，1920)作为条件反射的刺激物比其他玩具(English，1929)或家居用品(Valentine，1930)更容易形成条件化。个体在气质上的差异可能也有助于我们理解条件化在小阿尔伯特身上的成功，但是霍勒斯 · 英格利希(Horace English)的重复实验尝试却遭遇了失败。英格利希(1929)使用了一个与华生和蕾娜相似的非条件刺激(UCS)(即巨响)，但是他并没有成功通过条件化让孩子害怕木制的玩具鸭。这一非条件刺激无法总是让一个 14 个月大的孩子感到不安，这个事实令英格利希感到震惊："作者必须承认他对这个孩子的强大精神而感到吃惊和敬佩。"(p. 222)最后，我们也进一步了解到认知偏差意味着我们会更加关注那些会激发恐惧的刺激物，并且容易高估恐惧的刺激物与消极反应之间的相关关系(Muris 等，2002)。当代行为主义疗法经常混合使用包括经典条件反射在内的学习理论，来改变持续导致精神疾病的不良思维模式(Corsini & Wedding，2005)，并帮助病人掌握能够应对导致恐惧的刺激物的策略(Sanderson & Rego，2002)。

## 现在如何进行小阿尔伯特实验?

当我们思考今天如何开展小阿尔伯特实验时，首先让我们假设阿尔伯特是一个 6 岁而非 9 个月大的孩子，因为对婴儿的恐惧进行测量比较困难并且会受到伦理的限制。此外，我们可以使用在华生的时代尚未出现的技术对恐惧进行更加客观的测量，依靠多种方法和信息来源能够减少恐惧出现的不确定性(Ollendick &

Muris, 2015)。讽刺的是,当代许多可供研究者使用的认知工具会被华生认为太过主观而拒绝使用。目前,对研究恐惧症感兴趣的研究者们可以使用类似于斯特鲁普的任务来测试之前提到的注意偏好。在**斯特鲁普任务**(Stroop task)中,研究者会向参与者呈现用另外一种颜色书写(如用红色书写)的带有颜色含义的词汇(如绿色),并让参与者命名书写墨水的颜色而非词汇本身的颜色。如果书写的颜色和词汇是一致的,命名起来会更加容易,在命名与词汇不一致的书写颜色时,参与者需要花费更多的时间,这种现象就是斯特鲁普效应。沃茨(Watts)和同事们(1986)向患有蜘蛛恐惧症的被试呈现了改编的斯特鲁普任务,在任务中,被试需要命名与蜘蛛相关的词汇的颜色,如毛、腿、爬行动作和毒牙,结果显示,与控制组相比,患有蜘蛛恐惧症的人在命名颜色时用时更长。而在另一个研究中,作者发现脱敏疗法能够降低与蜘蛛相关的词汇所造成的干扰。此外,也有其他测试可供研究者记录恐惧带来的认知曲解(参见,Muris & Field, 2008)。恐惧和焦虑也能够通过生理手段进行测量和记录,如通过皮肤电导水平——反应交感神经系统活动情况的指标(例如,Gao 等,2010)。现在也有一些在技术上不够惊艳但却很有创意的方式,它们能够通过行为测试恐惧症。临床医生和研究者们可能会使用行为评估测试(Behaviour Assessment Test, BAT)。在测试中,患者或被试会看到程度逐渐增加的恐惧唤起场景,医生和研究者记录他们能够承受的程度并收集他们对恐惧的主观评分以及生理数据(Antony, Orsillo, & Roemer, 2001)。例如,科克伦和巴恩斯-霍姆斯(Cocharane & Barnes-Holmes, 2008)与巴恩斯-霍姆斯(Barnes-Holmes, 2008)向大学生呈现了一种 BAT 测试:在测试中,他们要将手放入瓶子中,在瓶子中他们会触摸到一只蜘蛛(或让他们认为)的可能性逐渐增加(见图 2.2)。

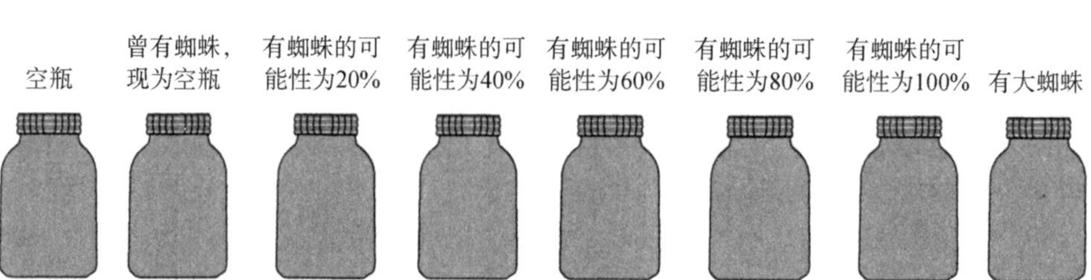


图 2.2 科克伦等人(Cocherane 等, 2008)在研究中向被试呈现的瓶子(被试接触到蜘蛛的可能性依次增加)

科克伦和同事们(2008)发现对蜘蛛有不同程度焦虑的被试的表现也大不相同，在高度恐惧组的被试很多都只愿意尝试到第三个瓶子。研究者们还证明了BAT测试的信度，他们发现被试愿意尝试的水平与被试在问卷中给出的对蜘蛛的恐惧分数存在相关性。也许，今天再来做小阿尔伯特实验，类似的方法也可以用来测量小阿尔伯特通过条件化形成的对小动物的恐惧程度。

尽管华生只会对现代行为或生理的恐惧测量感兴趣，但显然能够从行为、认知和生理多个层面来记录恐惧是有益的。从包括家长和教师在内的多个信息源获取有关目标变量的测量信息也很有好处(Ollendick & Muris，2015)。假设在今天重做小阿尔伯特实验，运用这种测试方式并从多个信息源获取信息，能够保证恐惧被测量的准确性和可靠性，避免像华生和蕾娜实验记录中那样模棱两可(例如，“消极反应”)。

21

## 小阿尔伯特记录的修正

由于失真报道，导致我们对这样一个著名的研究实验下结论变得更为困难。许多学者也指出了教科书中关于该研究的错误报告(Cornwell & Hobbs，1976；Griggs，2014；Harris，2011；Hobbs，2010；Jarrett，2008；Paul & Blumenthal，1989；Samelson，1980)。教科书为什么会出错呢？一些学者推测也许是研究的“经典”之名让人们对自己关于研究细节的记忆过于自信(Cornwell & Hobbs，1976)。也有人认为这是教科书作者有意为之，他们省略了一些可能会影响这一研究地位的细节(即华生成功地对小阿尔伯特进行了条件化，奠定了行为主义在心理学范式中的主导地位)。不管怎样，对华生和蕾娜研究的记录进行修正是必要的。如果你曾经在教科书或其他地方阅读过关于小阿尔伯特研究的描述，你可以对照以下内容进行修正：

——小阿尔伯特并没有将恐惧泛化到其他白色的物品或动物上。多数的刺激物，包括兔子在内，实际上并不是白色的。

——小阿尔伯特并没有被去条件化。华生和蕾娜在小阿尔伯特和他的母亲离开医院前并没有试图对小阿尔伯特进行去条件化处理。

——在实验开始时，小阿尔伯特年龄为9个月而非11个月，11个月是开始条件化处理时的年龄。

——有些复制实验之所以会失败，可以归因于实验的特点。这项研究在当时并不会引起伦理上的争议，而现在需要遵守伦理规范。

——小阿尔伯特是实验中唯一的被试。

——仅仅一次白鼠和响声的配对并没有引发条件反射。

重点阅读：Harris, B. (1979). Whatever happened to Little Albert? *American Psychologist*, *34*, 151－160.

## 本章小结

华生和蕾娜旨在通过对小阿尔伯特条件反射的研究探寻恐惧症的病理。该研究受到了伦理以及其他许多方面的质疑，如华生和蕾娜没有对阿尔伯特进行去条件化处理，方法上对恐惧的主观测量以及混淆变量的引入等。从理论上看，我们知道仅仅使用经典条件反射不足以解释所有恐惧症的成因，当前的研究发现孩子的气质、认知缺陷以及社会传播在恐惧形成中扮演着重要角色。恐惧症不仅仅是经典条件反射，它还受到我们对事件的感知与理解以及生物倾向性的影响（注意这些解释侧重行为的认知层面）。与华生所处的时代相比，现在已经有许多客观的、可信的测试恐惧的方法。如果不考虑现代的"认知参照体系"，我们会为小阿尔伯特实验的巧妙而感到惊叹和由衷的赞赏，至少与同一时代的其他研究者相比，华生已经远远超过了他所处的时代，在其 1920 年发表的文章中留下翔实的实验记录为日后成功的行为疗法埋下了种子，这一作品会让人永远联想到这一里程碑式的研究。

22

## 研究展望

今天的许多疗法中都会将行为主义的治疗技术，如刺激冲击、厌恶疗法、脱敏等与适当的认知再训练结合起来。心理学领域的认知革命使得认知建构得以在临床中应用，如感知、自我调节和重构。阿尔伯特·埃利斯（Albert Ellis）被称为认知行为治疗之父，他也是理性情绪行为疗法（Rational Emotive Behavior Therapy, REBT）的创始者（参见，Capuzzi & Stauffer, 2016）。仔细了解 REBT

这一方法你就会发现其中融合了行为主义方法与认知过程（“思考我们自己的感受”）。例如非理性的信念能够被理性的（健康的）行为所替代。批判性思维者应该能够发现这种治疗手段所受到的行为主义的影响。此外，现代精神病理学的模型很有可能进一步表明环境因素会与患者的生理、心理及其所处的社会弱势地位交织在一起。

## 问题与讨论

1. 借鉴科克伦等人在蜘蛛恐惧症研究中所使用的研究方法，如何设计一个测量恐高的实验？（提示：考虑系统脱敏方法）

2. 如果能够消除人们在动物园看到蛇时的痛苦和恐惧会怎么样？这又会带来哪些新的问题？

# 第3章　教养假设：童年时期父母的教养方式对个体的人格发展影响最大吗？

主要资料来源：Harris，J. R.（1995）. Where is the child's environment? A group socialization theory of development. *Psychological Review*，*102*，458－489.

## 本章目标

23

本章将帮助你成为一个更好的批判性思维者，通过：

- 评估"天性与教养"在儿童发展中的作用
- 检验朱迪斯·里奇·哈里斯(Judith Rich Harris)的群体社会化理论
- 了解发展心理学领域中的社会化研究
- 掌握对哈里斯群体社会化理论的批判性思考
- 识别媒体对哈里斯群体社会化理论的歪曲报道

### 导入

任务：判断下列各项影响儿童发展的因素属于"天性"还是"教养"。参考答案如下。

| | |
|---|---|
| #1 天赋异禀 | 天性 或 教养 |
| #2 糟糕的教养方式 | 天性 或 教养 |
| #3 家庭以外的社会关系 | 天性 或 教养 |
| #4 有效的教养方式 | 天性 或 教养 |
| #5 语言发展的先天优势 | 天性 或 教养 |

＃6 文化或亚文化的影响　　　　　　　　　　天性 或 教养

参考答案：＃1(天性)、＃2(教养)、＃3(教养)、＃4(教养)、＃5(天性)、＃6(教养)

24

答案似乎显而易见。天赋异禀(＃1)自然是天性，当考虑到与遗传影响因素截然不同的环境影响因素时，文化(＃6)可能会出现在我们的脑海中。"先天优势"(＃5)，是指天性而非教养。而明确区分＃2、＃3、＃4 这三个影响因素属于天性还是教养，则较为困难。尽管你可能将这三个影响因素划分为教养，但你要准备好在接下来的章节中迎接挑战。我们将在本章结尾处重新探讨这些因素。

## 研究背景

想象一下，你的心理学教授让你写一篇关于父母在塑造孩子人格方面所发挥的作用的论文。凭直觉，你相信父母对孩子有重要的影响，但作为一名学习心理学的学生，你也知道你不能依赖于你的直觉，而需要查阅相关的研究。通过一个快速的数据库搜索就能够获得大量关于父母对孩子影响的研究，比如：

研究人员评估了亲子关系的质量(如，父母的支持程度)与孩子的幸福感和不良行为之间的关系。该研究测量了参与者与其父母的关系，以及参与者的幸福感和犯罪行为。结果显示，亲子关系的质量与幸福感呈正相关关系，与青少年犯罪呈负相关关系(Hair 等，2008)。

当然，你一点也不会对这样的结果感到惊讶，因为这似乎是一个非常安全的假设，即父母在决定孩子适应能力方面发挥着显著的积极作用。很多研究得出了类似的结果，你可以很自信地得出结论：父母养育孩子的方式对孩子的成长具有重大的影响。但是，先别那么着急下结论。心理学家哈里斯(2009)在其颇具争议的著作《教养假设》(*The Nurture Assumption*)中得出结论：父母养育孩子的方式对孩子的人格几乎没有持久的影响！哈里斯反而指出：同伴群体是塑造人格的主要力量。值得注意的是，哈里斯与你看的是同样的研究文献，但她是如何得出父母的影响是如此之小的结论的呢？正如我们将在本章中所讨论的，答案部分取决于这些研究的设计方法以及对它们的解释方式。

25 重点阅读：Harris，J. R.（2009）. *The nurture assumption：Why children turn out the way they do，revised and updated*. New York：Free Press.

哈里斯认为，"教养假设"——即父母如何抚养孩子将决定孩子的成长——在美国文化中根深蒂固。想想那些备受瞩目的儿童演员成年后陷入困境的例子。父母通常是媒体首先会指责的对象，也是这些演员首先会指责的对象。想想那些广为报道的校园枪击事件，在这些案例中，家长往往是媒体的头号指责对象。

你听说过虎妈吗？蔡美儿（Amy Chua，2011）在《虎妈战歌》（*Battle Hymn of the Tiger Mom*）一书中写道：她在抚养两个女儿长大的过程中采用了一种传统的、严肃的中国式教育方式（心理学家称之为专制型教养方式）。蔡美儿受到了严厉的批评，甚至被指控虐待儿童。这种批评本身就说明了教养假设和围绕着父母和儿童发展结果之间复杂关系的争论。尽管被认为是"严厉的"的教养方式（或是本就如此），但是正如一个英国网站的标题所描述的那样，她的孩子们表现得很好（Stern，2016）：虎妈严厉的爱发挥了作用！在蔡美儿发表她的《虎妈战歌》5 年后，她在常青藤接受过教育的孩子们证明，严格的教育是有回报的（她的两个孩子都表示，以后他们也打算这么养育孩子）。

根据哈里斯的说法，除了来自父母的不受控制的好的或坏的基因之外，教养假设的观点所给父母带来的因孩子的成功或失败所受到的赞扬或指责，都是不应该的。除了这些广为人知的案例，也可以想想是什么或者是谁塑造了你的人格？你会想到你的父母吗？你很可能会提到许多与你父母有关的经历，这些经历对你成为今天的你有很大的影响。但作为一名批判性思考者，我们必须挑战日常生活中根深蒂固的观点，比如发泄愤怒是健康的，标签会导致污名化，以及如哈里斯所言，父母行为（排除极端形式的虐待）如何对孩子的人格发展产生持久的影响。

社会化是我们学习社会规则、文化习俗、道德规范和语言的过程。尽管我们可能会本能地把这一过程归因于家庭环境（尤其是父母），但哈里斯关注的是家庭以外的力量，主要指向同伴群体。顾名思义，群体社会化理论认为社会化是一个群体过程。你可能会产生疑问，难道家庭不是最重要的群体吗？哈里斯认为，事实并非如此，因为一个家庭并不能创造出强烈的群体认同感。随着孩子年龄的增长，他们受到家庭以外的影响越来越大，比如，学校成为创造强烈群体认同的地方。当我们认同一个群体的时候，就会产生使我们遵守群体规范的压力，这就导致了**群体内部的同化**（within-group assimilation）。随后，群体会强调甚至扩大与别的群体之间的差异，这被称为**群体之间的对比**（between-group contrasts）。群体内部的对比或称**群体内部的差异**（within-group differentiation）也会产生，并允许群体内部成员在遵守群体规范的同时，建立独特的身份或定位。群体社会化理论认为，不是家庭环境，而是在同伴群体内部和群体之间发挥作用的这三种力量，对我们的人格发展产生了深远持久的影响。哈里斯借助进化心理学阐述同伴环境的重要性。

26

针对先前的问题，即为什么家庭不是最重要的群体，哈里斯（2009）提出，从进化论的角度来看，家庭单位是一个“现代发明”（p. 336）。数百万年来，我们需要在比核心家庭更大的群体中生存。正如哈里斯（1995）所指出的：

> 为了生存和繁衍，孩子们必须能够成功地在他们的家庭之外的世界里活动。他们必须超越核心家庭，结成新的联盟（p. 477）。

在这种较大的群体中，成员之间的一个重要差异是儿童和成人之间的差异。因为孩子们需要学习如何在家庭之外的世界中获得成功，所以学习主要发生在一个孤立的家庭环境中是没有进化意义的。哈里斯（2009）指出，孩子们“不认同父母。因为他们认为父母和他们不一样——父母是成年人。孩子们把自己看作孩子，或者……看作女孩和男孩，他们在这些群体中实现社会化”（p. 337）。此外，哈里斯认为，基因已经在父母和孩子之间创造了相似性，因此，为了寻求更大的可变性，我们对家庭以外的社会化更敏感是有意义的。哈里斯承认，父母的确会影响孩子的态度和价值观，但她认为，这种影响只能在群体层面发挥作用。父母所属同伴群体的规范可能会被孩子的同伴群体所采用。因此，文化的传播是从群体到群体的，而不是从父母到孩子或者从个人到个人的。群体社会化理论认为，我们在家里学到的东西不会产生持久的影响，因为这些东西无法被推广到家庭以外的环境里。

最后，哈里斯群体社会化理论的一个关键假设是，行为与特定情境相关，视具体情境而定。换句话说，人们学习如何在不同的环境中作出适当的行为表现。比如，家庭环境中的行为模式很少能够转移到学校或者工作环境中。你在家里和父母相处时的行为方式并不能告诉我们你在学校和同龄人相处时的行为方式。大约在50年前，心理学家沃尔特·米歇尔(Walter Mischel, 1968)在对人格领域研究展开思考时也提出过类似的观点。米歇尔指出，20世纪20年代的一项经典研究发现，儿童的道德行为和道德标准随着环境的改变而改变，儿童在家庭环境和体育比赛环境中的表现是不相同的，相关系数在0.3到0.4之间。诸如此类的研究证实了行为与环境相关的观点，即个体在不同环境下的行为是高度可变的。

27

## 当前思考

那么，人格是随情境不断变化的吗？虽然人格特征无法完美地预测个体在任何特定时间、特定情况下的行为，但研究表明，个体的行为在几周内是相当一致的。比如，如果我是一个外向的人，我可能会在不同的情况下表现出不同的行为，有些情况下体现出高水平的外向性，而有时则体现出低水平或中等水平的外向性。但是，如果在几周内观察行为的平均水平，我会呈现出较高水平的外向性(Fleeson, 2004)。

值得肯定的是，哈里斯的研究指出了一些发展心理学研究，特别是社会化研究的方法论缺陷。她正确地质疑了一些研究所得出的结论——父母教养方式的某些方面和儿童的发展结果相关，认为这些研究没有控制遗传基因的影响。基因大约可以解释个体大多数特征40%—50%的变异。然而，即使在高度遗传的人格特征(如冲动)上，环境仍然有施加影响的空间。同伴毫无疑问是个体发展的一个重要影响因素，但是，我们仍然需要注意，有研究表明，父母的行为对孩子发展所产生的影响仍然可能会超越同伴所产生的影响(Galambos, Barker, & Almeida, 2003; Sroufe等，2005)。此外，相较于哈里斯所批评的研究，当前的很多研究在设计上更加缜密(Vandell, 2000)。

重点阅读：Vandell, D. L. (2000). Parents, peer groups, and other socializing influences. *Developmental psychology*, *36*, 699 - 710.

例如，一些研究使用纵向研究方法，评估不同时间段内父母的行为、不良同伴的影响，以及孩子行为的变化，考察父母的行为与孩子的心理控制和心理调节之间的关系(Aunola & Nurmi, 2005; Galambos 等, 2003)。在这些研究中，尽管研究人员没有控制基因的影响，但是他们往往会声明，基因有可能解释他们发现的环境变化与发展结果之间的相关性。

28

尽管哈里斯的理论似乎与一些心理学理论一致——这是评价理论的一个重要标准——但很少有研究对群体社会化理论进行过直接检验(例如, Loehlin, 1997)。行为遗传学最有可能解释天性与教养的相互作用。行为遗传学的研究结果会对本章开头提供的判断任务(天性或教养)提出质疑。一个由哈里斯提出并得到行为遗传学研究支持的观点是，天性和教养之间的界线比我们想象得更加模糊不清。基因对环境的影响、环境对基因的影响是复杂的，两者似乎是不可分割的。

## 评估社会化研究

哈里斯在阐述自己的观点时面临的挑战之一，是大量研究表明父母的养育行为和孩子的各方面发展结果之间存在相关关系。哈里斯所指的社会化研究，即试图寻找父母的养育行为(如父母的教养方式)和孩子的发展结果(如学业成就)之间的相关关系的研究，一直以来都是**发展心理学**(developmantal psychology)领域的研究热点。

大量研究表明，与放任型和专制型的教养方式相比，权威型教养方式常常伴随更高水平的能力、成熟、自尊、学业成就，以及更低水平的药物滥用、抑郁、不良行为(例如, Milevsky 等, 2007)。如此多的研究都显示了权威型教养方式与积极的发展结果之间的关系，以至于大多数发展心理学家都认为权威型教养方式是最好的教养方式(回想一下，虎妈严厉的教育行为被认为是专制型教养方式)。根据哈里斯的观点，这些研究都与教养假设的观点一致，他认为教养方式会带来这些结果。哈里斯反对这种决定性的父母教养假设，认为从父母教养方式相关的社会化研究中得出的结论是非常有限的。让我们来看一个例子：研究人员让一组患有多动症(注意缺陷多动障碍,Attention Deficit Hyperactivity Disorder, ADHD)的儿童和一组数量相等的未患多动症的儿童作为对照组,并对两组儿童父母的教养方式进行评估,结果显示两组在权威型教养方式上没有显著差异(见表 3. 1)(Moghaddam 等,2013)。

$p \leq 0.05$,表明统计显著。

29

表 3.1　多动症儿童组和对照组父母在教养方式上的差异

| 父母的教养方式 | 多动症 | 正常 | p 值 |
|---|---|---|---|
| 放任型 | 9. 5 | 11. 5 | 0. 05 |
| 专制型 | 13. 2 | 10. 1 | 0. 01 |
| 权威型 | 11. 2 | 11. 1 | 0. 70 |

假设衡量父母教养方式的量表得出的分数是从0–15, 0表示“没有使用这种教养方式”,15表示“使用这种教养方式的程度很高”。

这个结果令人非常失望,对吧。但是,不要着急失望。放任型和专制型这两种教养方式,在两组间存在显著差异。那些患有多动症的孩子,他们的父母更少宽容,更多专制。我们可以把这项研究解释为,父母越专制、越不宽容,他们的孩子就越有可能患有多动症,或者至少会使已经患有多动症的孩子的症状更加严重。这不是一个不合理的结论,但也不是一个特别正确的结论。从这项研究中得出的与该结论相类似的任何结论都存在许多问题。首先,我们有理由认为,在与多动症儿童(一个容易冲动、容易激动、可能有攻击性的孩子)打交道时,父母对这种行为的反应可能会更加专制、更少宽容(见图 3. 1)。相关性研究不足以使我们确定因果关系,即是父母的行为导致了多动症的症状,还是多动症的症状引发了父母的行为。另一种可能性是,在我们考虑了基因遗传影响的情况下,父母的教养方式与多动症无关。换句话说,如果实在需要责备父母的话,应该责备他们遗传给孩子的基因。社会化研究未能控制遗传基因的影响,因此,不能认为是父母的教养方式而不是父母的基因决定了孩子的发展结果。父母反复无常的倾向可能会通过基因遗传给孩子。成年时期不称职的父母的一些特征可能都源于童年时期的行为问题。这也适用于先前提及的关于不良行为和幸福感的研究。研究

30

人员可能认为父母对待孩子的方式会影响孩子的行为和幸福感，但这种关系也有可能是基因遗传造成的。有行为不良和犯罪倾向基因的父母不太可能与他们的孩子建立起积极的关系，相反，更有可能把这种行为不良和犯罪倾向通过基因遗传给孩子。同样，适应性强的父母也有适应性强的孩子，这存在于基因中。因此，无论是亲子关系质量研究还是父母教养方式研究，还是其他类似的研究设计，都受到未控制基因影响的限制，因而在得出因果关系结论方面也受到限制。

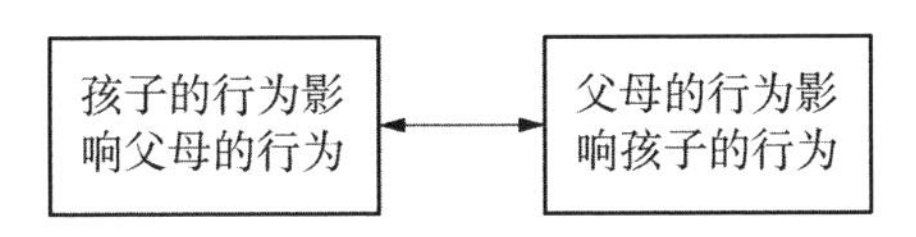


图 3.1　父母和孩子之间的双向影响（孩子的气质和性格也会引起父母的反应）

让我们再回头看看犯罪研究所反映的社会化研究的另一些局限和不足。哈里斯不仅可以从刚刚讨论的那几个方面来对研究结果进行批评，她还可以从以下这个方面批评这些研究，即研究人员发现的关系可能受心理学家所说的共同方法变异（common method variance）的影响。

## 批判性思维工具

### 共同方法变异

**问题导入：研究人员是否使用了多种方法来测量研究中所涉及的变量？**

幸福感研究使用自我报告方法测量参与者与父母之间关系的质量，以及自我的幸福感和不良感觉。你可能会问，这有什么不对吗？这可能没什么不对，但问题的提出方式很重要，它有可能影响我们得出的亲子关系质量和孩子幸福感等变量之间的相关性。想象一下研究的参与者需要完成下面这个量表：

请使用以下评分方式（李克特量表）回答下列项目：

| 1 | 2 | 3 | 4 | 5 |
|---|---|---|---|---|
| 非常不同意 | 不同意 | 不同意也不反对 | 同意 | 非常同意 |

31

1. 我喜欢和父母在一起。 ____
2. 我想要像我的父母一样。 ____
3. 我敬佩我的父母。 ____
4. 我的父母支持我的兴趣。 ____
5. 当我成功时，我的父母表扬我。 ____

在过去的一个月里：

1. 我常常感到快乐。 ____
2. 我常常感到平静。 ____
3. 我常常感到心平气和。 ____
4. 我经常感到极度抑郁。 ____
5. 我常常感到灰心丧气。 ____

现在，让我们假设研究人员考察了前五项得分（反映亲子关系的质量）与后五项得分（反映孩子的幸福感）之间的**相关性（correlation）**，发现相关系数是 $r = 0.6$，$p = 0.001$，这表明具有统计学意义上的正相关。虽然这种相关性可能确实存在，但这种相关性也有可能比以不同方式处理变量时要高一些。因为，需要注意的是，这些测量所采用的方法都是自我报告法，需要参与者回答。在测量多个变量时，使用相同类型的测量工具（如自我报告法）和相同的量表（1 = 非常不同意，2 = 不同意，等）可能获得类似的回答，人为增加变量之间的相关性（Podsakoff 等，2003）。为解决这个问题，研究人员可以让父母报告亲子关系的质量或孩子的心理健康状况。例如，在一项评估积极（如提供支持）和消极（如使用心理控制）的父母行为和孩子的青春期适应情况之间关系的研究中，研究人员让父母报告自己的行为，让青少年报告自己的适应问题（如，抑郁或吸毒；Galambos 等，2003）。

另一个问题与李克特五级量表（非常同意—非常不同意）选项的解释有关，它涉及对“中立”(3 = 不同意也不反对)选项意义的理解。当被调查者选择“中立”选项时,我们只知道他们既不同意也不反对所提供的陈述,但我们并不知道他们为什么选择“中立”选项。也许这是被调查者对该陈述的一种防御性反应;也许是被调查者对陈述的措辞感到困惑,或是希望掩饰自己的回答。

## 社会化研究中的相关性

哈里斯(2009)对社会化研究的另一个批评是,相关性程度低。她特别指出,“相关性为 0.19,即使在统计学意义上是显著的,也几乎毫无用处”(p. 17)。布拉德·布什曼(Brad Bushman;第七章)和其他研究人员也受到了同样的批评,他们指出接触暴力媒体涉及的是一个公共健康问题。当你考虑正相关的范围是从 0 到 1 时,相关性为 0.19 似乎确实很小,事实上,根据普遍认同的准则:0.1 为弱相关,0.3 为中等相关,高于 0.5 为强相关(Cohen, 1988)来判断,也是如此。但是,弱相关性并不一定意味着某种影响毫无意义。将发展心理学家得出的相关性与其他领域(如医学)研究得出的相关性进行比较,可能会帮助大家理解这一点(Bushma & Huesmann, 2001)。考虑下面这些小到中等程度的影响,很难说是没有意义的:吸烟和肺癌,r = 0.35;越南军人和酒精问题,r = 0.07;服用阿司匹林和心脏病发作,r = 0.04(Bushma & Huesmann, 2014; Rosenthal, 1994)。此外,虽然避孕套的使用与性传播艾滋病(HIV)、尼古丁贴片的使用与戒烟、钙的摄入量与骨量之间的相关系数都在 0.2 以下,但是这种相关性也不太可能被公共卫生官员所忽略。

32

研究人员当然希望发现完全相关(+1.0 或 -1.0)或者接近完全相关(+0.96 或 -0.96)的关系,但大多数心理学研究人员对相关性能出现在 +0.75 和 -0.75 附近就已经感到非常兴奋了(Bushma & Huesmann, 2001)。导致这样的结果是有许多原因的,但与哈里斯所批评的社会化研究最相关的是,孩子的行为受到很多变量的影响,父母只是其中之一。心理学家德博拉·洛·范德尔(Deborah Lowe Vandell, 2000)解释如下:

研究所报道的父母的教养方式所产生的影响的大小也反映了这样一个事实,

即父母的教养只是一个复杂的发展系统当中的一部分，这个系统包括儿童自身的能力和倾向、多种社会关系（与父母、兄弟姐妹、朋友、同伴、老师和邻居的关系）和多种发展环境（家庭、学校和社区环境）。在复杂的发展系统中，任何单一因素都不太可能导致巨大的，甚至是大量的变异。（p. 701）

哈里斯批评了社会化研究存在的一些问题，包括弱相关性、未能控制基因遗传因素的影响、相关关系的因果解释、共同方法变异等。哈里斯的群体社会化理论在很大程度上是基于另一种不同类型的研究——行为遗传学研究提出来的。

## 行为遗传学研究

双生子研究是**行为遗传学(behavior genetics)**研究的主要内容，包括对同卵双生子（identical/monozygotic twins）和异卵双生子（fraternal/dizygotic twins）的研究。

如果基因是一个重要的影响因素，那么同卵双生子应该比异卵双生子更加相似。领养研究可以帮助我们了解基因与环境的影响。例如，我们可以将基因和环境相同的原生家庭儿童与生父母（遗传）和养父母（环境）分离的领养儿童进行比较，可以帮助评估基因与环境的影响。如果被领养孩子的行为与他们的养父母相似，那么环境被认为有更大的影响；如果被领养孩子的行为与他们的生父母相似，那么基因就被认为有更大的影响。行为遗传学家将环境因素进一步划分为共享环境因素和非共享环境因素。**共享环境(shared environment)**因素是使家庭成员变得相似的非遗传影响因素（Plomin, 2013），这可能包括父母的教育和父母的行为。**非共享环境(non-shared environment)**因素则是使家庭成员产生差异的影响因素，可能包括家庭环境的某些方面，比如父母的区别对待，以及家庭环境之外的影响，如同龄人的影响。

33

行为遗传学研究表明，与基因和非共享环境相比，共享环境在个体人格等发展结果中所起的作用很小。因此，目前的研究表明，父母与子女之间的相似性，主要归因于基因，父母与子女之间的差异性可以归因于非共享环境因素。

想象一下，有一对兄弟姐妹，他们都非常认真、可靠，总是很准时，并且有条理。这可能是由于父母给孩子们提供了一致的规则和严格的标准。赞同教养假设的社会化研究者可能会支持这种解释。哈里斯基于行为遗传学研究结论认为，这可以很容易地归因于责任心的基因遗传，而不是父母的养育行为，此外，任何不能被基因所解释的现象可能都是由于非共享环境因素的影响，如同伴的影响。假设这一对兄弟姐妹的责任心水平相似，但在焦虑程度或神经质程度上有很大的不同，一个是高度焦虑，另一个则不是。可能的情况是，父母在对待其中一个孩子（可能是他们的第一个孩子）时相当焦虑，而对待另外一个孩子则不是如此。家庭环境的这一方面造成了兄弟姐妹之间的差异，这是一个非共享环境因素。

关键问题不在于非共享环境因素是否比共享环境因素更重要（行为遗传学研究清楚地表明非共享环境因素更重要），而在于什么是非共享环境因素。哈里斯认为，非共享环境因素只存在于家庭影响之外，而家庭内部因素仅构成共享环境。但与哈里斯的观点不相同的是，行为遗传学家并不把父母仅仅限制在共享环境内。行为遗传学家罗伯特·普洛梅因（Robert Plomin）指出，家庭以外的不同经历（如，不同的朋友）可以是一个非共享的因素，此外，"家庭经历的差异"和"父母的不同对待"（p. 96）也可以被看作非共享环境因素（Plomin 等，2013；Turkheimer & Waldron，2000）。换句话说，父母的影响毫无疑问是重要的，但他们可能以一种意想不到的方式发挥作用，即区别对待子女，或者给子女提供不同的经历，从而导致子女之间的差异（Vandell，2000）。只有父母对待各子女完全一样，并且这种对待在他们之间产生相似性，父母的影响才会被限制在共享环境因素内。然而，行为遗传学研究表明，兄弟姐妹在家庭环境中的经历有很大的差异，包括母亲的喜爱和家庭互动的差异，以及父母对某一个兄弟姐妹的消极行为等，这些都是非共享环境因素（Plomin 等，2013）。 34

尽管哈里斯错误地认为非共享环境因素仅存在于家庭之外，但是她却正确地指出了基因会引发有差异的环境。行为遗传学家将其称为**基因—环境相关（gene-environment correlations）**。应用到上面的例子中，可能是高度焦虑的孩子难以相处的性情（高度遗传的因素）带来了焦虑的养育。这种特殊类型的基因—环境相关，被称为**唤起的基因—环境相关（evocative gene-environment correlations）**。之所以被称为唤起的，是因为孩子所拥有的遗传特征会唤起或引发父母的某种行为反应。所以，回到多动症研究这个例子，可能是由于基因决定的多动症的特点，引发或唤起了父母的专制型和放任型教养方式。从这个角度来说，多动症研究的结果可以用唤起基因—环境相关来解释。

遗传基因影响的特征，如身高和气质，会影响个体所处的环境，影响个体如何回应和对待其他个体，并帮助塑造个体所处的环境。需要注意的是，基因的影响方式往往是微妙的，不会像父母的行为等更加突出的因素那样明显。

## 批判性思维工具

### 评价心理学理论

**问题导入：如何正确地评价某个理论的价值和有效性？**

克莱姆（Cramer, 2013）建议在评价心理学理论时，需要其考虑综合性、启发式价值、实证效度、应用价值、精确性（和可检测性）。综合性是指需要考虑理论能够解释多少心理现象（如，解释范围是足够宽广，还是太过狭小）。启发式价值指的是理论能够启发心理学以外的工作或思想的能力。实证效度和精确性是指理论是否经得起审查，是否具有清楚明确的研究设计和可靠有效的测量过程和方法。将这些评价标准应用到群体社会化理论中，我们可能会质疑哈里斯是否已经清楚地定义了她所讨论的人格，以及行为遗传学是否可靠地测量了基因和环境的影响。

35

在评价心理学理论时，我们也要考虑该理论与其他已经确立的理论之间的一致性（Cramer, 2013）。例如，哈里斯的理论似乎与进化心理学家提出的概念性、模块化的思维方式相一致，后者认为思维是由特定领域的模块组成的。哈里斯的理论涉及两个关键模块，其中一个发展与父母情感联系的关系模块——从进化的角度来看这是一项重要的任务。但在哈里斯看来同样重要，或者更重要的另一项任务是与一个群体建立联系并在这个群体中获得相应的地位，这就是为什么我们也需要有一个群体模块来处理这些对人格有持久影响的家庭外的经验（Harris, 1995）。哈里斯关于同伴社会化的观点也与社会直觉主义模型的道德判断理论相一致（Haidt, 2001）。该模型认为，道德决策是由情感和直觉驱动的，而不是道德推理。根据哈里斯的理论，心理学家乔纳森·海特（Jonathan Haidt）认为，童年晚期到青春期是人生中一个特别重要的阶段，在这个阶段中，同龄人会塑造这些道德直觉。

虽然群体社会化理论似乎与社会直觉理论相一致，但又似乎与依恋是稳定的、并受父母强烈影响的观念相冲突（Bowlby，1982）。早期的依恋经历之所以会影响后来的社会关系，是因为我们倾向于概括，甚至是过度概括这些经历。哈里斯（1995）认为这些经历是因人而异的，你与母亲的关系不能预测你与其他人的关系。然而，大量的纵向研究证实了父母的关爱对依恋的影响，以及依恋模式如何随着父母的关爱而改变，以及早期的亲子关系如何通过影响孩子对关系的期望从而塑造后来的同伴关系（Sroufe 等，2005）。

评价心理学理论的另外一个标准是看它的应用价值（Cramer，2013）。1996 年，16 岁的亚历克斯·普罗文扎诺（Alex Provenzino）犯了入室盗窃罪和毒品相关的罪，他的父母因未能正确监督、看管儿子而被判刑（Meredith，1996）。尽管规定了父母责任的相关法律要求父母对未能看管或充分监督孩子负责，而不是要求父母对养育孩子过程中父母所犯的错误负责，但“教养假设”的影响仍然是显而易见的。即使父母不必为子女的“罪行”承担法律责任，他们还是经常会在舆论法庭上受到审判并被判有罪。哈里斯理论的价值在于改变了我们解释违法行为的方式。根据哈里斯的观点，父母唯一会受到的责备就是他们传递了坏的基因（他们事先不知道这个情况），或者让孩子生活在一个犯罪行为很普遍的不良社区（他们无法控制自己的经济状况）。 36

比弗（Beaver）和同事们（2015）进行了一项领养研究，为了研究父母的参与和依恋关系等一系列教养相关的变量与孩子的犯罪行为之间的关系。虽然许多教养相关的变量能够在很大程度上预测未被领养孩子的犯罪行为，但没有一个变量可以显著预测被领养孩子的犯罪行为。借助被领养者，研究人员可以控制基因遗传的影响，该研究结果支持哈里斯对教养假设的批评。诸如此类研究的结果支持哈里斯的观点，即未能控制遗传影响的研究可能会产生错误的结果，导致我们将责任归咎于环境和父母的养育方式。例如，我们可能会发现父母犯罪行为的数量与孩子违法行为的数量之间存在着很强的相关性。将这种犯罪行为的传递归结为学习（即父母提供了榜样行为）当然是合理的。然而，也有可能是，如果我们控制了遗传的特征（如冲动），父母的行为和孩子的行为之间的生物学意义上的关系会变得更容易理解。哈里斯的理论及其所启发的研究可能会促使立法者、检察官和法院重新思考让父母为孩子的行为承担法律责任的决定，这体现了群体社会化理论的应用价值。

## 媒体歪曲报道心理学研究

问题导入：媒体的报道是否包含对研究的恰当解释和对结论的谨慎阐述?

尽管存在一些对哈里斯理论的合理批评，但也有不少批评是基于对哈里斯观点的歪曲报道而做出的毫无依据的判断。不幸的是，媒体对心理学研究结果的错误报道由来已久。虽然心理学家通常对从他们的研究中得出来的结论在推广和应用方面持谨慎态度，但是媒体，为了抓住读者和观众的注意力，却没有那么克制。哈里斯的著作《教养假设》已经出版十多年了，读者有足够的时间去理解和消化这本书，但在一篇采访哈里斯的题为《问题与答案》的文章中，仍然使用了"为什么父母仍然不重要"这个小标题来引出哈里斯的理论。正如心理学家塞缪尔·梅尔(Samuel Mehr, 2015)所指出的那样，使用引人注目的标题向公众推销心理学本身并不是一件坏事，但问题在于，有些标题是对科学的严重歪曲。梅尔本人也经历过类似的事件。

37

重点阅读：Mehr, S. A. (2015). Miscommunication of science: Music cognition research in the popular press. *Frontiers in psychology*, *6*, 1 - 3.

梅尔和同事们(2013)研究了一个简短的音乐强化项目(与视觉艺术强化项目和对照组相比)对学龄前儿童认知技能的影响，发现两组之间没有显著差异。他们发表的文章的标题是"两项随机实验没有提供一致的证据证明短暂的学前音乐强化项目对非音乐认知的益处"。然而，媒体在报道这项研究的结果时，却使用了一些暗示研究人员已经发现了音乐不能提供任何认知益处的证据的标题(例如，音乐对"学业有利"是一个神话，"哈佛研究发现，音乐不会让你变得更聪明")。不幸的是，看起来似乎是最聪明的标题其实是最不准确的，"Do、Re、Mi、Fa 钢琴课：音乐可能不会让你变得更聪明"。梅尔(2015)指出，问题在于"我们既没有研究钢琴课，也没有研究一般智力"(p. 2)。研究报告中的另一个关键点是，作者发现了支持**零假设**(null hypothesis)的证据。

同其他文章一样，在这篇文章的讨论部分有关于这项研究及其结果的很多警示性的陈述。例如，在梅尔和同事们(2013)的文章中，作者讨论了以下几个问题：

> 如果音乐课持续的时间更长，我们可能会观察到音乐课的认知益处（这个研究项目只持续了 6 周）。(p. 9—10)
>
> 如果音乐课程包含更密集的音乐教学，我们可能会观察到迁移效应。(p. 10)
>
> 该研究缺乏一致的积极影响，可能是由于我们选择测试的是特定的认知能力，而不是一般的智力。(p. 10)
>
> 我们注意到可能存在“睡眠者效应”：在音乐训练之后，短暂的音乐经历可能不会立即产生效果。(p. 10)

这些警示性的说明通常不会出现在引人注目的媒体头条上，但它们很重要，因为它们强化了这样一种观点，即研究人员“未能拒绝零假设”。换句话说，研究人员没有发现音乐不能改善认知功能的证据，相反，他们只是没有发现证据证明音乐确实能提高认知技能。他们的研究结果并不意味着没有效果或者没有发现效果，而仅仅意味着他们在这项研究中没有发现效果而已。总之，在这些情况下可能没有效果，但有效的可能性仍然存在（见表 3. 2）。例如，正如他们所指出的，较长时间的干预可能会提高认知能力。如果声称研究发现没有效果，那就意味着他们已经证实在排除所有的可能性的情况下依然无法产生效果（Dallal，2002）。

38

**表 3.2　发现效果或未能发现效果的可能解释**

| 没有效果 | 未能发现效果 |
|---|---|
| ~~长时间的干预~~ | 可能需要更长时间的干预，以便观察到效果 |
| ~~更激烈的音乐指导~~ | 更激烈的音乐指导可能会产生预期的结果 |
| ~~不同的测试~~ | 不同的测试可能会产生不同的结果 |
| ~~睡眠者效应~~ | 睡眠者效应：需要更多的时间才能看到干预的效果 |
| 没有效果 | 没有效果 |

梅尔（2015）指出了媒体在报道研究结果时所犯的几个典型的错误。第一种是将相关性研究的结果报道为发现一个变量导致另一个变量这样的结果。例如，你正在阅读一项研究，研究人员报告了看电视和肥胖之间的关系。参与研究的青少年被问及他们每周看了多长时间的电视，并被要求报告他们的体重。在流行杂

志上看到关于这项研究报告以“研究发现看电视会导致肥胖”为标题被报道并不奇怪。然而，这项研究并没有发现看电视会导致肥胖，也有可能是肥胖导致了更多看电视的行为，或者存在第三个变量与这两个变量相关（例如，人格特征或看电视时吃更多垃圾食品的倾向），这些可以解释肥胖的真正原因。听起来是不是很熟悉？想象一下媒体会如何报道前面所讨论的社会化研究。

第二种媒体报道心理学研究时所存在的问题是没有准确地报道研究所使用的测量方法。例如，梅尔指出，有一项关于音乐对记忆影响的研究，该研究使用字词回忆评估记忆，媒体报道却称该研究发现音乐对记忆单词的效果。先前提到的梅尔和同事们的研究涉及对认知技能的评估，但媒体报道的却是关于智商的评估。显然，有许多类型的智商测试可以测量智力的不同方面或组成部分。事实上，心理学家在智力的定义上还没有统一的意见（例如，智力是否包括创造力）。还有很多认知技能在传统的智力测验量表中没有被描述出来，如韦氏和比奈智力量表。那么社会智商和情商的测试又如何呢？问题在于这种媒体不准确的报道不是那么容易被纠正的，它们往往会留在受众的脑海中。

39

现在，让我们回到哈里斯的理论：媒体报道倾向于夸大她关于父母在孩子生活中所扮演的角色的说法。哈里斯（2009）在《教养假设（第 2 版）》的引言中提到了媒体的误传：

> 父母对孩子的人格或他们在家庭之外的行为方式没有持久的影响，这并不意味着父母不重要——他们在孩子的生活中扮演着其他重要的角色。但当媒体把我的论点压缩成几个字时，原本的含义就消失了。比如，《新闻周刊》（p. xvii）的封面问道：“父母重要吗？”

同时，读者还需要警惕作者所支持的极端立场和所采取的极端表达，这些立场可能会引起感性的、片面的、过分简单的和过度情绪化的反应，从而引发“震惊和敬畏”。例如，哈里斯（1995）在她发表在《心理学评论》上的文章中写道：

> 父母对孩子的人格发展有重要的长期影响吗？本文通过对证据的分析得出结论：答案是否定的。

这种措辞强烈的立场鼓励媒体和读者过度简化这个问题，而不是从逻辑上审视父母和同龄人在养育子女和儿童发展这一复杂论题上的作用。因此，哈里斯对媒体的夸大其词也要承担责任。

## 本章小结

让我们回到前面提到的虎妈的例子，来总结哈里斯的群体社会化理论。哈里斯认为，蔡美儿的孩子之所以成为现在这样，并不是因为父母的教育方式，而是因为他们在一个强调勤奋、学习、教育等个人价值的社区和学校环境中长大。哈里斯还认为，蔡美儿的孩子之所以聪明、成功、认真，是因为他们从聪明、成功、认真的父母那里遗传了这些品质。如果蔡美儿一家在孩子还小的时候就搬到一个价值观完全不同的社区去住（例如，不重视教育），孩子们可能会呈现出不同的发展结果。相同的，如果蔡美儿的新邻居来自一个不重视教育的社区，你就会看到不同的结果。哈里斯认为，学校环境和社区环境是社会化最强大的力量。在某些情况下，蔡美儿因为她的养育方式受到不恰当的赞扬或指责。让我们再回到本章开头的“天性或教养”任务中的♯2 和♯4。将糟糕或有效的教养方式简单地归因于天性或教养，这正确吗？哈里斯和行为遗传学的回答是“两者都有”。现代遗传学认为，将本章开头的所有影响都用二分法来表示是不恰当的。最后，哈里斯认为“♯3 家庭以外的社会关系”，如果指的是同伴的影响，那这就是最重要的环境影响因素。

40

群体社会化理论认为，同伴群体而非父母是社会化的主要动因，在个体人格形成过程中起着突出作用。哈里斯注意到了许多社会化研究的局限性，并利用行为遗传学研究结果，即基因和非共享环境的重要性来支持她的理论。然而，批评人士指出，现在的发展研究更好地解释了父母和同伴的相对影响，并强调了父母的重要性。但是，大多数现在的发展研究仍然留下了一个未解决的问题，即除了基因之外，父母的教养方式能够在多大程度上解释个体的发展结果。因此，哈里斯的群体社会化理论对发展研究人员和相关研究文献的批判性读者来说，仍然是一个重要的关注点。

## 研究展望

天性与教养之争始于一些学者的极端假设。基因学家们认为，莫扎特的音乐天才和爱因斯坦的智力天赋都是天生的(天性)。而环境学家们则辩称，外部环境(教养)是发展我们遗传而来的任何东西的关键因素。之后，争论发展至认为两者都是重要的，在给定情境案例中，先天或后天的相对重要性应该同时被考虑。哈里斯的群体社会化理论想要探讨的是，在环境影响因素中，什么才是最重要的。显然，父母和同伴群体在儿童发展中都起着至关重要的作用。相对于哈里斯在其对该领域的批判中所针对的研究而言，现在的发展心理学所采用的方法更为复杂(Collins 等，2000)。然而，正如我们所看到的那样，即使现在的方法试图解释遗传和环境各自发挥的作用，也会受到显著的基因—环境相互作用的限制。因此，未来关于基因如何在与环境的相互作用中发挥作用的研究，将特别有价值。期待未来的研究能在特定的情境下分析教养方式的影响。最后，批判性思考者需要警惕所有研究结果对公共政策的社会和政治影响。

41

## 问题与讨论

1. 我们可能会批评媒体的夸大其词，但是，在这个科学研究充斥泛滥的时代，即使是有能力的科学家，也要努力让别人注意到他们的论点。难道他们就必须要用非常强硬的措辞来陈述他们的论点吗?

2. 当我们还是个小孩子的时候，我们会经常和父母一起出门，我们会观察到父母和别人相处时的行为，还会观察父母如何与其他成年人互动，比如，邀请别人吃饭、参加聚会等，这些观察在一定程度上影响了我们未来的行为。这是对哈里斯的理论的质疑吗?

# 第4章　服从研究：普通人能做出邪恶行为吗？

主要资料来源：Milgram，S.（1974）. *Obedience to authority：An experimental view.* New York：HarperCollins.

## 本章目标

本章将帮助你成为一个更好的批判性思维者，通过：

42

- 评价斯坦利·米尔格拉姆（Stanley Milgram）实验方法的现实性
- 考虑服从研究结果在实验室外的可推广性
- 检验一项研究中实验条件一致性的重要性
- 思考理论对心理学研究的引导价值
- 评估在实验室中进行服从研究的伦理挑战

### 导入

**你服从权威的程度如何？**

考虑你自己对以下问题的回答：

1. 当你还是一个孩子或者已经成年时，是否仍然会做出被期望的行为？即使你不同意这种行为。

2. 你会因为父母、老师、老板等权威人物对自己失望而感到内疚吗？

3. 如果你达成某项协议（承诺或合同），有多大可能会兑现它？

4. 如果你身边有一个值得信任的朋友公开挑战权威人士，你会做一些与个人价值观相冲突的事情吗？

你是否会认为对上述问题的回答，能够揭示在你被权威人物要求从事有害行为时的反应?

注意,最初提出的问题是你“服从权威”的程度如何?无论你对上述问题的回答反映出对权威何种程度的服从,重要的是这种服从权威的倾向意味着什么。它究竟是由具有巨大的个体差异的人格特征所决定的,还是个体差异受到限制的文化的产物?一些通过人格测量预测个体对权威人物的服从,以及比较不同文化和不同时代的个体的服从水平的研究,试图回答这些问题。如果这些答案不能支持任何一种观点,那么我们必须仔细考虑情境因素以及这些情境因素是如何被体验的。如果正确答案在于情境的力量,我们可能会得出这样的结论:上面的四个问题并不能揭示一个人在面对来自权威人士的破坏性指令时的反应。让我们考虑一下这种可能性。

43

## 研究背景

20 世纪 60 年代初,心理学家斯坦利・米尔格拉姆进行了一系列关于服从的实验,这是心理学史上最著名和最具有争议性的实验之一。米尔格拉姆想要寻找第二次世界大战期间纳粹对犹太人所犯下的暴行是出于人们对权威的服从的证据。作为一名情境主义者,他把研究重点放在那些作用于个体的情境事件上(Blass, 2004)。为了研究这些情境力量,米尔格拉姆将他的实验被试置于一种情境中,要求他们服从伤害别人的命令。起初,被试认为他们是在参与一项关于惩罚对学习效果的影响的研究。他们对报纸上的一则广告做出参与回应,并在到达实验室后获知关于这项研究的以下细节:

心理学界已经有一些关于如何促进学习的理论……其中有一种理论认为,在学习过程中,如果人们在犯错的时候受到惩罚,学习效果就会更好……但事实上,这种惩罚方式对学习的具体效果到底如何,我们知之甚少。几乎没有以人类为实验对象进行过真正的科学研究……因此,我们正在进行的这个实验项目,就是将不同职业和年龄的人聚集到一起。其中的一些人作为教师,另一些人充当学生。我们想要了解的是,不同人担任教师或者学生的角色,会对彼此产生怎样的影响。

此外，还想要找出在不同的情况下，惩罚会对学习产生怎样的影响。(Milgram, 1974, p. 18)

研究被试通过抽签的方式确定扮演教师还是学生。事实上，抽签是假的，因为两张纸条上写的都是“教师”，被试先抽，所以被试总是被分配到教师的角色，而米尔格拉姆安排的伪被试就顺理成章地扮演学生。然后，教师和学生被带到另一个房间，学生被绑在一个“电椅”上，这个“电椅”连接着一个有 30 个开关的电击发生器，这 30 个开关代表从 15 伏特(轻微电击)到 450 伏特(剧烈电击：危险)共 30 个电击程度(以每 15 伏特递增)。米尔格拉姆尽力确保实验情境可信。他不仅让耶鲁大学的一名员工专门为这项研究定制了冲击发电机(Blass, 2004)，还让教师体验了一次真正的“测试”电击(45 伏特)。电击“测试”后，教师被要求回到之前所在的房间，坐在电击器前，给学生读一组配对单词(如 tree-dog、old-sun，等)。然后，给学生提供其中一个单词(如 tree)，要求学生给出另一个正确的配对单词(如 dog)。如果学生回答错误，教师就要施加一个 15 伏特的电击，每回答错误一次，就要增加 15 伏特的电击。根据实验设计，学生在学习任务中故意表现得很差，每答错三次才会答对一次。如果教师施加三次 450 伏特的最大电击，或者教师决定停止实验，学习就会结束。在实验过程中，教师被试经常会犹豫要不要继续实验，因为有学生声称有心脏问题，并且有学生在不同的电击水平上表现出不同程度的痛苦，表示拒绝继续参加实验(见表 4. 1)。针对这些在犹豫的教师被试，主试会使

44

表 4.1　伪被试学生的反应(Milgram, 1974)

45

| 120 伏特 | 150 伏特 | 180 伏特 | 195 伏特 | 210 伏特 | 270 伏特 | 300 伏特 | 315 伏特 | 330 伏特 |
|---|---|---|---|---|---|---|---|---|
| 学生表示电击使他感到疼痛 | 学生表达痛苦，表示心脏不舒服，请求退出实验 | 学生表示无法忍受痛苦，再次请求退出实验 | 学生再次强调心脏不舒服，指出没有人有权利要求他继续参加实验，并要求退出实验 | 学生拒绝继续实验，要求主试让他退出实验 | 学生发出特别痛苦的惨叫，要求释放 | 学生继续发出特别痛苦的惨叫，拒绝回答任何问题，要求释放 | 学生发出极度痛苦的惨叫，拒绝继续参与实验 | 学生发出持续不断的极度痛苦的惨叫，表示心脏特别不舒服，强烈要求释放 |

用四种不同强度的“敦促”来向他们施加压力，从第一级“请继续”到第四级“你别无选择，必须继续”（Milgram, 1974, p. 21）。尽管教师会经常犹豫，但是仍有65％的教师服从主试的命令，施加了 450 伏特的电击。

20 世纪 60 年代，机构审查委员会（Institutional Review Board, IRB）和人类受试者审查程序并不像今天这么到位。因此，这项著名的研究还发挥了一个关键的作用，它提醒教育机构可能会因为实验伦理问题而被起诉，对研究人员保护参与实验的人类被试提出了更高的要求。如今，我们相信没有一项使用人类作为实验对象的研究能够确保人类被试不受伤害。换句话说，总会有一定的风险伴随着研究被试。例如，回答一个无关痛痒的调查问卷，比如“我很紧张，我的胃很不舒服”，这可能会增加一些被调查者在调查中以及在调查后的一段时间内的焦虑感。在服从实验中，对一些被试施加压力，比如“你必须继续实验”，可能会引发应激反应。如今，对人类被试的保护措施也包括受试者可以随时决定停止参与研究。

如果你曾经在军队服役过，你就会知道“指挥系统”和“服从命令”的重要性。米尔格拉姆提醒我们，服从并不仅仅是军人重要的、需要的独特品质和行为。在生活中，所有人都会服从某种权威。因此，这项研究的重要意义不言而喻。历史一直在证明，人类可以是善良的、有爱心的，也能够帮助他人。但是，当一些人与他们无关时，或对他们而言是威胁或是敌人时，或当他们将虐待这些人的责任转移给更高级别的权威人士时，人类也可以非常残忍地对待他人。

46

## 当前思考

米尔格拉姆揭示了人性中令人不安的真相吗？我们都有可能犯下可怕而痛苦的暴行吗？我们会盲目服从吗？米尔格拉姆研究发现的服从权威的证据似乎可以回答这些问题。在最初的一项研究中，服从比例是 65％。但是，在米尔格拉姆所进行的其他数十项研究中，服从和不服从的比例是上下波动的，在这些研究中，实验主试和教师被试之间的距离等因素是不相同的。米尔格拉姆（Milgram, 1974）在《对权威的服从》（*Obedience to Authority*）一书中，报告了 18 个不同实验条件下的研究结果，其中有几项研究的服从水平低于 50％。

这些实验条件下的研究结果为什么会被高水平服从研究结果所掩盖呢？重复这项研究能够帮助我们解决这个问题，找出导致高水平服从的变量（研究 2）（Burger，2009；Doliński 等，2017）。2009 年，心理学家杰瑞·伯格（Jerry Burger）复制了这项研究，但出于对实验伦理的考虑，不允许教师被试施加超过 150 伏特的电击。伯格研究发现的服从水平与其他研究人员在波兰进行的复制研究结果相似（Doliński 等，2017）。米尔格拉姆、伯格和道林斯基等人是如何解释被试的服从意愿的呢？米尔格拉姆本人提供了许多解释，其中包括“代理状态”（agentic state）（Reicher，Haslam，& Smith，2012）。米尔格拉姆（1974）认为，当一个人进入“代理状态”之后，他是盲目服从的，狭隘地专注于执行任务本身：

> 被试通常都希望自己能够胜任任务，并且在核心人物（主试）面前表现良好。他们把注意力放在完成情境任务所需要的能力上，关注主试的指令，专注于电击的技术要求，然后，完全投入到一个具体的技术任务之中。（p. 143）

尽管这种说法很受欢迎，但其仍然受到了挑战，不过也带来了人们对服从新的理解。在米尔格拉姆实验中，学生痛苦的哭喊和抗议似乎使一些被试脱离了“代理状态”。对这些人而言，这些哭喊声恰恰唤醒了他们作为教师对学生的道德义务（Packer，2008）。而在此之前，教师可能会觉得他和主试的目标一致——“我们正在为科学做贡献”。

47

在其中一个实验中，米尔格拉姆操控了一个条件，即无论电击程度如何，学生都没有发出声音抗议。在另一个实验中，他操控了另外一个变量，即配置两个实验主试，分别发出相反的指令。这两项研究得出的结论大相径庭。你可能已经猜到，在“没有声音抗议”的情况下，服从水平要高得多（65%），而在“两个主试互相挑战”的情况下，并没有产生服从（Milgram，1974）。为什么会出现如此不同的结果呢？在所有实验条件下，当教师认为实验以及实验主试非常重要，而学生的状况没有得到应有的注意时，服从水平是最高的。雷谢（Reicher）和同事们（Reicher 等，2012）认为，当人们心中只有领导和使命时，他们就会服从（如“这是一项重要的研究，我们正在为科学做出贡献”）。当人们不认同这个领导和使命而认同另一个群体或个人时，就会变得不服从。当我们认为这个实验是一个合理的、科学的练习时，实验主试和学生必须做一些事情来验证这项科学理论的完整性。

而两个实验主试之间的争论破坏了这项研究的科学可信度，并且可能导致教师的不服从。同样地，学生的哭声也会导致同样的结果（Reicher & Haslam, 2011）。

心理学家吉娜·佩里（Gina Perry, 2012）质疑了米尔格拉姆的研究。她在米尔格拉姆的实验笔记中发现了证据：许多被试怀疑电击是假的。如果相信电击是真的，他们更有可能不服从。

重点阅读：Perry, G. (2012). *Behind the shock machine: The untold story of the notorious Milgram psychology experiments*. New York: The New Press.

佩里也关心研究进行的具体过程。尽管米尔格拉姆雇佣的实验主试和伪被试学生，都会有一个特定的实验脚本，但是扮演实验主试的约翰·威廉姆斯（John Williams）好像有些偏离实验脚本，他在某些实验情境中，使用了比实验脚本设置的更多的敦促，并和学生进行交谈（这不在实验脚本中），还使用一种强烈的方式与教师被试进行争论（Perry, 2012）。这种“脚本偏离”导致了一个新的影响变量的产生。此外，实验还涉及一些伦理问题，有一些被试在实验结束后并没有得到**适当的解释（debriefed）**，也没有被告知细节。实际情况是，有些人离开实验室后，可能认为他们真的用危及生命的电压伤害了“学生”。

尽管在如何解释米尔格拉姆的研究结果、研究进行的具体过程以及研究的伦理问题等方面存在一些争议，但是在过去的几十年里，米尔格拉姆的研究发现仍然具有非常深刻的意义。有大量复制的研究，结果也呈现出一致的服从和不服从水平（Burger, 2009; Doliński 等，2017; Haslam, Reicher, & Millard, 2015）。回顾第 3 章中的“批判性思维工具：评价心理学理论”，其中两个标准就是心理学理论的实证效度和应用价值。普拉克尼斯（Pratkanis, 2017）认为，米尔格拉姆（包括一些和他同时代的人）成功地做到了这两点。米尔格拉姆“提供了一系列不同操作条件下的实验（这些实验也被其他人有效地复制和使用）……研究表明了哪些因素会增加或是会减少这种服从水平”。此外，普拉克尼斯还指出，“米尔格拉姆的研究让我们很容易地知道那些令人难以置信的事件——对犹太人的屠杀并灭绝其种族——是如何发生的”（p. 158）。

## 不情愿批评

鉴于许多心理学家已经对米尔格拉姆的研究方法和结论提出了质疑，因此使用批判的眼光来看待这项研究是非常有必要的。然而，在批判之前，我们也要考虑为什么我们不愿批判这样的研究。威尔逊(Wilson)和同事们(1993)指出，即使是对于经验丰富的学者而言，也有可能会因为研究的重要性，而忽略研究设计和结论中一些关键的缺陷。如果你读过米尔格拉姆介绍这项研究的那本书，你就会知道这项研究有多么重要。许多人认为，米尔格拉姆的服从研究强有力地证明了情境的力量，在特定情境下，正常、普通、平凡的人也可能会服从命令，变成恶魔。米尔格拉姆发现了我们所有人内在的"服从"弱点。不得不承认，大多数人都有伤害他人的能力，如果某些情境条件鼓励这种伤害行为的话，我们都有可能成为种族灭绝机器上的一颗螺丝钉。本章面临的挑战就是暂时抛开米尔格拉姆这项研究的重要意义，更加仔细地、批判性地深入探讨这项研究。

## 教师被试是否相信他们在施加真实的电击?

**社会心理学(social psychology)**的研究通常会在实验中使用欺瞒手段。换句话说，研究人员通过创建一个虚假目的的**掩饰故事(cover story)**来掩盖研究的真实目的，原因是如果被试知道实验的真实性质和目的可能会影响研究结果(参见即将在第 6 章提到的"**实验者效应(experimenter effects)和需求特征(demand characteristics)**")。掩饰故事必须合理且令人信服。此外，在所有的实验情境中，实验主试在与教师被试互动时，需要保持高度的一致性。甚至是一些细微的变量也需要注意，比如，主试穿着的服装以及在面对被试时脸上所表露的微笑等，都可能会影响被试的行为(Harmon-Jones, Amodio, & Zinner, 2007)。在这个服从研究中，主试的服装是一个重要的影响因素，主试需要穿上灰色的外套而不是白色的外套，这样被试就不会把主试当成医生(Blass, 2004)。 49

在更加深入地探讨米尔格拉姆的研究结果之前，让我们再来回头看看掩饰故事。为了使掩饰故事更加真实，更容易被实验被试接受，研究人员需要更加关注细节。通过"电击发生器"的标签，我们可以看出米尔格拉姆对实验细节的关注。标签逼真地显示了电击器生产商是位于马萨诸塞州沃尔瑟姆的一家虚构公司(Milgram, 1974)。此外，米尔格拉姆聘请了一名高中生物老师和一名会计来分别扮演实验主试和学生角色（教师角色则由实验被试担任）。尽管米尔格拉姆如此注意实验细节，但是，正如本章接下来所要讨论的，仍然存在一些证据证明被试可能对实验过程有所怀疑。

实验结束后，米尔格拉姆让被试完成一个问卷来评估这些被试是否相信自己施加了真正的电击，问卷是借助**李克特量表（Likert scale）**设计的。李克特量表让被试有机会表明他们对一组陈述的认同程度。心理学家经常使用这样的量表来评估被调查者的态度或倾向。

米尔格拉姆设计的量表，回答范围从（1）我完全相信学生遭受了痛苦的电击，到（5）我确信学生没有遭受电击。超过一半的被试承认他们完全相信学生遭受了电击，很少有被试表示他们确信学生没有受到电击。近四分之一的被试赞同以下陈述内容："虽然我有一些怀疑，但我相信学生可能受到了电击。"对这个选项内容的解释似乎取决于你对研究的总体评估。具体而言，米尔格拉姆将赞同这个选项的人与赞同第一个选项的人放在一起，认为大约 75％的被试认为他们在施加痛苦的电击。然而，批评人士将问卷结果解释为只有大约 50％的被试相信了掩饰故事（即那些赞同第（1）选项的人），相信自己施加了电击，而另外 50％的被试则没有相信（那些赞同其他选项的人，包括第（2）选项）。奥恩和霍兰（Orne & Holland，1968）报告了另外一项复制研究反映出更高的不确定性，其中四分之三的被试怀疑电击的真实性。

奥恩和霍兰认为参与米尔格拉姆实验的被试能够确定研究的真实目的。心理学家吉娜·佩里（2012）通过研究米尔格拉姆的实验笔记，不仅发现了被试在实验过程中产生怀疑的证据（见表 4.2），还发现米尔格拉姆的实验助手观察到相信电击是真实的被试更容易产生不服从行为，并施加低水平的电击，这种情况会令人质疑米尔格拉姆的研究结论。接下来我们将一起讨论这些掩饰故事发挥作用的程度，以及被试对电击真实性的质疑所带来的研究的生态效度问题。

50

表 4.2　部分被试产生的疑问（Perry，2012）

| | |
|---|---|
| 对实验中主试对患有心脏病的学生没有做出任何反应而感到惊讶。 | 认为实验主试知道惩罚是无效的。 |
| 大家都是来参加实验的，为什么在给教师支付酬劳的同时却没有给学生支付酬劳？ | 为什么没有让学生体验"测试"电击？ |

续　表

| | |
|---|---|
| 学生提到心脏病史，怎么会没有引起主试的担忧呢？ | 学生的哭声似乎并不真实（听起来像录音）。 |
| 学生在记忆测试中表现得太差，令人难以置信。 | 为什么主试看着我，而不是看着可能受到伤害的学生？ |
| 对耶鲁大学会让学生遭受如此剧烈的电击表示怀疑。 | 电击发生器的描述似乎是不真实的（例如，强烈电击）。 |
| 为什么房间的角落里会有扬声器？ | 为什么我和学生不在同一个房间？ |

## 批判性思维工具

### 生态效度

**问题导入：研究结果在实验室外的可推广性如何？**

想象一下，你赢得了一场比赛，奖励是参观你最喜欢的僵尸影片（如《行尸走肉》（*The Walking Dead*））的片场，导演一边带你参观片场，一边命令你拿起片场的一把枪，射杀一个僵尸。你一边说“没问题”，一边拿起枪准备射杀。据此是否能够判断，在僵尸片的片场之外，你服从类似命令的可能性。你可能会回答“不”。因为你根据自己对虚构的奇幻影片的了解，判断了这个情景中伤害的真实性。心理学家马丁·奥恩和查尔斯·霍兰（Martin Orne & Charles Holland，1968）指出，一些重要的假设即使能够在心理实验中成立，它的**生态效度**（ecological validity）也有可能受到限制。被试会认为我们在促进科学进步方面扮演着重要的角色，因此会按照实验主试的要求和期望去做。我们还会假设主试不会伤害被试。

如果被试基于这一系列假设而服从实验室里的科学家，那么实验结果能否告诉我们实验室外的服从又是什么情况呢？当我们怀疑这些研究结论是否可以推广到实验室之外的情境时，我们就是在关注这项研究的生态效度。埃里克·弗罗姆（Erich Fromm）不仅对斯坦福监狱实验（第 6 章）的生态效度提出过质疑，也对米尔格拉姆的研究提出过类似的质疑。与奥恩和霍兰（1968）一样，他认为对于被

51

试而言，那些代表科学的人具有独特的影响力，被试会认为自己在做的事情是对人们有利的，而不是违背道德的(Fromm，1973)。

作为对批评实验生态效度的回应，谢里登和金(Sheridan & King，1972)试图证明米尔格拉姆实验中的被试不是在“合作”，也不是在知道电击是不真实的情况下选择电击学生。他们的解决办法是施加真实的电击！电击的对象是小狗，而不是人类，尽管这可能并不会给宠物主人和动物权利倡导者带来多少安慰。男性被试的服从水平与米尔格拉姆的实验结果相似，而所有13名女性被试都施加了最大剧烈程度的电击。

在谢里登和金的研究中出现了一些有趣的现象。一些实验对象试图“哄骗”小狗以使其免遭电击，还有一些实验对象试图通过快速扳动开关来将电击减到最小，甚至还有一些人试图对主试撒谎，告诉主试小狗已经解决了问题(实际上问题是无法解决的)。这些做法是否反映了被试的不服从？

## 米尔格拉姆研究中的不服从行为

在米尔格拉姆所进行的下列实验中，你认为教师被试可能会质疑哪一个实验或实验主试？哪些情况下，被试可能会认同学生，关注学生，考虑学生的需求？考虑下面这些实验中的变化，哪些会引发更多的服从，哪些又会引发更多的不服从？

实验7：主试在给出初步指令后离开实验室，并通过电话与被试联系，给出进一步指令。

实验10：实验室搬到了一座工业城市的办公楼里，以表明这项研究与名牌大学没有关系。

实验13：主试被叫走了，一个看起来像被试的普通人来担任主试角色，并发出学生每犯错一次增加一个电击水平的指令。

实验4：学生和教师(被试)在一个房间里，而不是被分开在两个房间里。此外，教师必须把学生的手放在电击板上才会使学生遭受电击。当电压为350伏特时，学生拒绝将手放到电击板上，而主试命令教师把学生的手放在电击板上。



实验9：教师和学生都签署了一份免责声明，声明中写道：“我自愿参与这项实验研究，在此实验过程中发生任何事情，都不追究耶鲁大学及其员工的任何法律责任。”在签署这份声明的时候，学生说他有心脏病，并表示：“我可以参加研究，但条件是，我要求退出实验的时候请允许我退出。”

如果你猜测在列举的以上这些实验条件下，被试更有可能不服从，那么你是正确的。缩小教师和学生的物理距离是降低服从水平的一个因素。当教师和学生在同一个房间时，服从水平下降到 40%；当教师必须要把学生的手放在电击板上以实施电击时，服从水平下降到 30%（实验 4）。当主试离开实验室并通过电话下达指令时（实验 7），当实验在耶鲁大学之外的大楼里进行时（实验 10），当实验中的实验权威是受害者时，或者当两个主试发生冲突时，服从水平都下降到 50%以下。另一个改变实验条件的操作，也会提高不服从水平，那就是在真正的教师被试开始实验之前，先让另外两名教师（实验同伙）进行虚假实验。一名教师拒绝施加超过 150 伏特的电击，另一名教师在 210 伏特时拒绝施加电击。伯格的研究和一项更早的复制研究（Rosenhan，1968）都尝试再现米尔格拉姆的这项研究（实验 17），伯格的研究结果显示：30%的被试（第三名教师，真正的被试）在 210 伏特时拒绝施加电击，仅有 10%的被试施加了最高水平电压的电击。但是，复制研究中的两次实验结果却显示：大多数被试在复制的不服从情境条件下仍然会选择服从。这项复制研究和米尔格拉姆研究的结果之所以不同，关键原因在于，前者只有一个教师扮演了不服从角色，而后者有两个教师扮演了不服从角色。

在米尔格拉姆的研究中，不服从的方式不仅包括被试拒绝继续实验这么明显的行为表现，还包括更加微妙的不服从方式。在米尔格拉姆的研究中，教师进行一项记忆测试，要求学生从一组单词中选择出正确的配对单词。在贝格（Bégue）和同事们（2017）进行的一项复制研究中，研究者发现将近四分之一的被试试图通过“作弊”来避免不服从。具体“作弊”方式是通过重读暗示正确答案，帮助学生选择正确答案，以保护学生免遭电击。这个研究结果与我们在谢里登和金（1972）的研究中看到的结果相似。

最后，让我们再来回忆一下，米尔格拉姆要求主试针对犹豫不决的教师被试，使用四种不同强度的“敦促”来要求他们继续施加电击。看看下面这些“敦促”，并思考主试在实验中最不适合使用的是哪一种？哪一种是主试最不可能对被试使用的呢？

53 敦促＃1:“请继续。”

敦促＃2:“实验需要你继续。”

敦促＃3:“继续实验非常必要。”

敦促＃4:“你别无选择，必须继续。”

如果你说答案是最后一种：“你别无选择，必须继续。”那么你是对的。这种“敦促”有什么不同呢？敦促＃4显然是一个直接的命令，而不是你想要从一个主试那里听到的东西。复制实验结果显示，当主试使用这种“敦促”时，几乎没有被试会选择服从（Burger, Girgis, & Manning, 2011; Haslam 等，2015）。回想一下，只要实验主试不做任何破坏被试对科学研究价值和实验主试的认同的事情，服从水平就会和我们预期的结果一致。再来回想一下，米尔格拉姆的研究经常被作为盲目服从权威的证据，即便是普通人也倾向于服从命令。但是，这些研究结果却颠覆了米尔格拉姆的这一观点。显然，在米尔格拉姆的研究以及一些复制研究中，被试的不服从以及对主试的第四种“敦促”的反应表明，得出盲目服从这个结论显得过于简单，并不科学。

## 内部效度

在实验中，研究人员会操控自变量，设计实验组和对照组，观察并分析两者之间的差异，从而研究自变量与因变量之间的关系。因此，研究人员希望尽量减少甚至是消除实验组和对照组之间任何其他的差异，这样一来，就可以明确地下结论，指出是自变量的变化导致因变量的差异。伯格（2009）在对米尔格拉姆实验进行的复制研究中，雇佣了同一个人来扮演主试，使用的也是相同的“敦促”以及相同的指令。保持实验脚本的一致性对于一项研究的内部效度而言非常重要，这在伯格进行的小范围研究中更加容易实现。为了避免被试受到声音的干预，只有在需要的情况下，主试才会发出“敦促”。为了理解“脚本一致”的重要性，你可以想象一下，主试在一项研究中与被试开玩笑，而在另一项研究中不与被试开玩笑；主试在一项研究中穿灰色的实验衣服，而在另一项研究中不穿这件衣服；主试在一种情况下彬彬有礼，而在另一种情况下粗鲁无礼，等等。这些变化都引入了潜在的**混淆**(**confounds**)或者混淆变量。尽管米尔格拉姆雇佣来扮演实验主试和学生的伪被试都会有一个特定的实验脚本，但是扮演实验主试的约翰·威廉姆斯好像有些偏离了实验脚本。他在某些实验情境中，使用了比实验脚本设置的更多的敦促，并和学生进行交谈(脱离实验脚本设定的)，还使用一种强烈的方式与教师被试进行争论(Perry, 2012)。

## 理论解释

54

在各种实验条件下，虽然被试没有全部选择服从，但令人惊讶的是，仍然有许多被试愿意施加所有强度的电击。其中一个原因可能是电击强度是逐渐增加的，电压每增加 15 伏特，电击强度就增加一级。你认为被试教师在学生第一次回答错误后，会遵从指令直接施加 450 伏特的电击吗? 心理学家史蒂文·吉尔伯特(Steven Gilbert, 1981)认为不会，他认为逐渐增加的电击强度使被试获得了动力，并给被试提供了退出实验的合理机会。换句话说，如果被试已经愿意施加 135 伏特的电击，那么愿意施加区别不大的 150 伏特的电击也是理所当然的。米尔格拉姆的实验结果似乎支持了动力假设，但是他并没有直接检验此假设。

米尔格拉姆研究的一个不足在于没有理论的指导。**理论**(**theories**)可以用来帮助我们组织和解释观察和研究结果，还可以帮助我们形成能够被测试的期望或**假设**(**hypotheses**)。这些被检验的猜想或能够为现有的理论提供证据支持，或可以进一步质疑理论的有效性。关于动力理论，米尔格拉姆可能会提出这样的假设：相较于一开始让被试施加较低电压的电击然后逐渐增加电击强度直至剧烈程度，另一种“全有或全无”的情况，要求被试直接施加 450 伏特的电击，服从水平会比较低。

虽然米尔格拉姆缺乏一个先验的理论来解释他的这些实验结果，但是他认为可以使用“代理状态”来解释实验中被试的服从行为。米尔格拉姆(1974)将“代理状态”解释为一种个体被情境力量所控制的状态，在这种状态下，个体更像是执行主试愿望的“代理人”，而不是自主地或按照自己的意愿行事。当前，米尔格拉姆的发现也可以用其他理论解释，这其中包括**道德脱离理论**(**moral disengagement theory**)(Bandura 等，1996)。班杜拉(1999)认为，当人们感觉不需要对自己的行为负责任时，更有可能做出受到谴责的不道德行为。班杜拉进一步指出，米尔格拉姆的实验结果与道德脱离理论一致，当被试认为实验主试的要求是正当的，服从水平会更高，因为这种情况下，被试认为自己不需要对电击行为负责，而主试与学生遭受电击直接相关，需要负责任。

雷谢和同事们(2012)认为，在米尔格拉姆的研究中，群体认同是解释被试行为的关键。他们认为，根据**社会认同理论(social identity theory)**，研究之初，被试更有可能认同实验主试，但这种认同在研究过程中受到了几个挑战。其中一个挑战就是前文所说的第四种“敦促”，主试向教师直接下达电击命令(你必须继续)，另一个挑战是学生拒绝继续实验。这些情况给被试提供了调整认同的机会——从认同主试到认同学生。研究人员让研究招募的参与者阅读米尔格拉姆进行的一系列实验的材料，然后评估实验中的被试认同主试和认同学生的程度。结果显示，服从水平与被试对实验主试认同的程度呈正相关，而与对学生认同的程度呈负相关。教师被试对主试或对学生的认同程度是决定服从水平高低的一个重要影响因素，这一观点被米尔格拉姆的一个未发表的实验所证实了(Rochat & Blass, 2014)。在这个实验中，被试带来了他的一个朋友(如邻居)，两人分别作教师和学生，在记忆测试中，学生直接与教师对话，而不是与实验主试对话(教师也是直接与学生对话)。从一开始，被试对朋友的认同感就更强。在参加实验的 20 名被试中，只有 3 个人选择服从，而将近一半的人拒绝施加比 150 伏特更加剧烈的电击。

55

## 情境力量

与社会心理学家津巴多(第 6 章：斯坦福监狱实验)一样，米尔格拉姆也是一位情境主义者，认为情境力量可以超越个体本来的性格、价值观、道德，或统称为人格特征。这两个研究都支持这样一种说法，即破坏性行为不是由恶人所为，而是由被情境力量控制的普通人所为。津巴多实验中的监狱狱警是普通的大学生，米尔格拉姆实验中的教师也是普通的成年人，但是这些人在实验中的行为却并不普通，或者至少可以称得上出乎意料。但是，我们很容易忽略这样一个事实：在津巴多实验中并非所有狱警都实施了虐待行为，在米尔格拉姆实验中也并非所有教师都选择了服从。事实上，在米尔格拉姆所进行的 13 个实验中，只有一半或不到一半的被试选择了服从。这就产生了一个有趣但却经常被忽视的问题：在具体的实验情境中，选择服从和拒绝服从之间又有什么区别呢？伯格(2009)在对米尔格拉姆实验的复制研究中，评估了被试的人格特征。研究结果显示虽然共情水平不能预测被试的不服从水平，但是它与被试提出不愿意继续实验的早晚有关。

重点阅读：Burger, J. M. (2009). Replicating Milgram: Would people still obey today? *American Psychologist*, *64*, 1-11.

## 逻辑谬误

津巴多(2007)也报道了在斯坦福监狱实验中两个“好狱警”的共情能力得分较高。人格特征可以在一定程度上预测津巴多和米尔格拉姆所创设的情境下的被试的行为。这些特征能够强有力地预测个体在一定时间和情境范围内的总的行为，却并不能预测其在某个特定的时间或场合下的行为(Fleeson, 2004)。米尔格拉姆的实验也许并不能表明我们都是盲目顺从的(Haslam & Reicher, 2012)，但是米尔格拉姆的实验却使我们警惕，在情境力量的影响下，要保持足够的清醒和理智，发挥共情能力来对抗盲目服从。我们可以从米尔格拉姆实验中得到的另外一个启示是，还需要警惕权威，不能因为权威人士所处的权威地位盲目听信其陈述的观点或做出的论断，不管这个权威是身着灰色实验外套的杰出科学家还是身穿阿玛尼西装的高级政府官员(Kida, 2006)。

56

### 伦理挑战

尽管多年来，有许多研究人员对米尔格拉姆研究的发现和结论提出了质疑，但最为强烈的反应可能是针对研究中所存在的伦理问题提出的争议。就像斯坦福监狱实验一样，我们希望避免使用**积非成是谬误(two wrongs make a right fallacy)**来论证这类研究的合理性，例如，因为其他心理学家(如津巴多)的研究让被试经历了更糟糕的情况，所以认为米尔格拉姆研究中被试的痛苦是合理的。与此类似的是，那些进行存在道德问题研究的人员会认为那些批评自己的人在道德上更有问题。这种**你也一样谬误(tu quoque fallacy)**不仅没有帮助我们从逻辑上理性地判断研究所存在的伦理问题，反而会加深人们对研究伦理问题的错误理解(Van Vleet, 2011)。

心理学家戴安娜·鲍姆林德(Diana Baumrind)担心在米尔格拉姆研究中使用

欺骗手段可能会给被试造成长期的伤害，也可能会给心理学研究带来潜在的威胁(Baumrind，1964，1985)。针对此问题，米尔格拉姆试图在实验结束后告知被试详细的试验情况。在这个过程中，每个被试都被告知学生没有真正受到电击，服从的被试也得到了心理疏导：他们的行为是正常的(Milgram，1974)。然而，批评人士仍然不相信这样的告知能够有效地化解被试在实验过程中受到的强烈情感冲突(Baumrind，1964；Penny，2012)。更严重的问题是，并非所有的被试在离开实验室之前都会被告知电击是假的，对于一些被试而言，直到他们参加这项研究一年之后，才知道电击的真实与否(Perry，2012)。在一定的历史背景之下考虑米尔格拉姆研究所存在的伦理问题是必要的。从这个角度上来看，我们可能会得出这样一个结论：米尔格拉姆在实验后对被试进行治疗这一做法走在时代前列，因为当时并没有特定的 IRB 指南(Blass，2004)。正如本章前面所提到的，IRB 政策中的人类受试者审查尽管没有全面普及到世界各地，但在很多国家的研究环境中已经很常见了。

57

在心理学研究中，很多研究主题都面临着伦理挑战，这与心理学研究经常带来的心理压力有关。为了平衡潜在的伤害与收益，研究人员经常使研究在**质量**(qualitatively)上相近，同时保证生态效度，但在**数量**(quantitatively)上不那么强烈，努力让伤害最小化。例如，为了更好地理解创伤后应激障碍(post-traumatic stress disorder，PTSD)，将患者直接暴露在严酷的创伤环境中肯定是不道德的。换种方式，研究人员可以让被试接触借助电影场景而创设的虚拟创伤环境，并产生与创伤后应激障碍类似的情绪反应，这种方式所带来的影响不但不那么强烈，而且只是暂时的(Weidmann 等，2009)。然而，当我们坐在舒适的座位上看电影片段时，是否还会出现类似的创伤后应激障碍症状呢？此外，看电影时产生的焦虑与实际的创伤后应激障碍反应在性质上是不同的。这样的研究，被认为是一种**模拟研究**(analogue study)，可能会为在实验室中进行服从研究提供一种更加符合伦理要求的途径。在下面内容中，我们将讨论这种方法论的进步如何使我们能够继续进行服从研究。

## 逻辑谬误

最后，再来谈谈米尔格拉姆研究所产生的伦理影响。快速浏览一下报道米尔格拉姆研究的网页标题，就会发现多是“服从是我们的天性”这样的标题。如果使用“我们生来服从”来解释米尔格拉姆的研究，我们就会为自己和他人的服从以及破坏性行为找到一个方便的借口。除了米尔格拉姆的研究结论存在争议之外，含糊地将服从诉诸“人性”或个人的“本性”并不能构成合理的解释。有些东西是自然的，这一事实本身并不能帮助我们评价它是否善良(**诉诸自然谬误**(appeal to nature fallacy))或判定它在道德上是否正确(**自然主义谬误**(naturalistic fallacy)；Bennett，2015)。同样有问题的是另一种推理，即**主观主义谬论**(subjective fallacy)：“别人可能是这样的，但我不是。”(Van Vleet，2011)

## 本章小结

20 世纪 60 年代，斯坦利・米尔格拉姆进行了一系列关于服从的研究。在其最常被引用的那个实验中，65％的教师被试愿意向一同参与此实验的学生施加 450 伏特的电击，尽管他们知道这种电击水平可能是致命的。在这项研究之后的几十年里，其研究结果，即米尔格拉姆总结的“代理状态”，一直被用来解释我们盲目服从命令时的行为表现。批评人士对被试在多大程度上意识到研究中使用的欺骗表示担忧，并且认为研究结果不能推广到实验室之外。此外，更大的问题在于对米尔格拉姆研究中的盲目服从的过度解释。事实上，在他的一系列研究中，被试并没有完全服从，而被试对主试和学生的认同程度似乎决定了他们的服从水平。同样令人担忧的是实验主试在不同实验情境下，对待不同被试的行为并不一致。此外，米尔格拉姆未能及时告知所有被试全部实验事实。考虑到实验的这些不足以及对实验结果的其他解释，我们应该批判性地评价普遍流传的关于盲目服从的结论。尽管如此，米尔格拉姆的研究仍然纠正了以往我们经常从人格特征而不是情境因素角度判断和解释个体行为的倾向。

58

## 研究展望

米尔格拉姆的服从研究创造了一个悖论。他打开了潘多拉的宝盒，发现了一个非常重要的研究领域。不幸的是，米尔格拉姆所使用的研究程序存在一定的伦理问题，这使得研究人员无法进行进一步的研究。对于像米尔格拉姆电击实验这样存在伦理问题的研究，人们普遍认为“在今天的环境下是不可能进行的”。然而，正如其他一些有争议的研究一样，已经有一些复制研究缓和了关于伦理问题的争议。伯格（2009）在复制研究中，采用了符合实验伦理的安全措施，即在电击强度为150伏特而不是450伏特时停止实验。斯莱特（Slater）和同事们（2006）将米尔格拉姆研究范式引入虚拟现实实验室，并向被试提供与米尔格拉姆研究在大多数方面相似的任务，这样做不仅能够高度地模拟现实，还能够减少被试的痛苦。哈斯拉姆、雷谢和米勒德（Haslam, Reicher, & Millard, 2015）通过雇演员扮演被试角色在虚拟实验室中研究服从，这被称为沉浸式数字现实主义。这些研究人员的创造力和现代社会更加丰富的资源，重新激发了人们对服从研究的兴趣，将促进人们更加深入地理解顺从和服从。

## 问题与讨论

1. 津巴多和米尔格拉姆的研究有什么相似之处？请从以下几个方面考虑：社会控制与个人控制两个领域；个人选择与分散行为责任；成为社会控制工具之后的痛苦和惩罚；以及道德和伦理，等等。

59

2. 在米尔格拉姆的研究中，除了共情能力之外，还有什么人格特征会影响被试的行为反应？

# 第 5 章　精神病院里的正常人：假病人还是伪科学？

主要资料来源：Rosenhan，D. L. （1973）. On being sane in insane places. *Science*，*179*，250 - 258.

## 本章目标

60

本章将帮助你成为一个更好的批判性思维者，通过：

- 思考自然观察法的优势和局限
- 审视确认偏误对研究和科学进程的影响
- 评估研究者为避免确认偏误所作的努力
- 评价支持大卫・罗森汉恩(David Rosenhan)结论的证据
- 评价支持标签理论的证据

### 导入

试想此时正是期末周，而图中的人正坐在你们学校心理学院的走廊里，他正在自言自语。据你所知，他从未被诊断出任何类型的精神疾病。在这种情况下，你可能推断他只是为即将到来的心理学考试而担心。再试想他正坐在精神病院的走廊里自言自语，而就在几天前，他被诊断出患有精神分裂症。此时，你又会如何理解他的行为？你怎么看待他空洞的眼神以及左手的姿势？这些无声的肢体语言是否进一步证明他患有精神疾病？下面哪种情况会影响你对他的行为的解读：

(A) 当前的情境设定(在学校或精神病院)？

(B) 你的个人经历?

(C) 你的已有知识?

(D) 精神分裂症的诊断标准?

61

本章所介绍的研究认为所有的这些选项(A、B、C、D)都可能会影响精神卫生机构中临床医生和护士对个体行为的理解,从而让他们很难分辨出正常的行为。在心理学院走廊里的学生表现出这种行为表明他正在经历考试焦虑,而当他身处精神病院时,这种行为则意味着精神疾病。但是,在我们做出大胆的推论之前,不妨先仔细看看这样一个研究。

## 研究背景

罗森汉恩著名的研究"精神病院里的正常人"这个标题就清楚地表明了他对精神病学的看法。换句话说,是否有精神疾病应该归咎于精神病院而非病人自己。为了调查精神病院内的生活,罗森汉恩和另外 7 名合作者进入了美国的 12 所精神病院。他们(以假病人而非研究者身份)在进入医院时声称他们听到脑袋里有"啪""嗒""砰"的声音,这种幻听症状是他们汇报的唯一症状。除了汇报虚构的症状以及使用假名字之外,他们所陈述的生活经历是完全真实的——这些经历都很平常。所有的假病人都被诊断患有精神疾病,此外,除一人外其余假病人都被诊断为精神分裂症(值得注意的是在诊断结果上评分者间的一致性很高)。在进入精神病院后,假病人立刻停止假装幻听并且完全遵守工作人员的指令,他们花费大量的时间做笔记以记录下他们在医院里观察到的现象。罗森汉恩(1973)给出了一些**轶事(anecdotes)**片段,讲述了他们这些假病人在医院里如何遭受虐待,以及工作人员如何带着精神疾病的有色眼镜来看待他们完全正常的行为。

现在让我们一起来回顾这段历史,从而更好地理解罗森汉恩研究的社会文化背景。20 世纪 70 年代的美国人受到了美国 60 年代一系列重大事件的影响。日益紧张的越南战争让越来越多的人开始思考这样的问题:我们为什么要参与这次战争?被质疑的不仅仅是这场发生在东南亚的战争。这一时期激进的特点让人们很快转向其他有可能改善社会现状的领域。人权运动、妇女解放运动、监狱改革(发生在 1971 年阿提卡监狱暴动后)和精神健康运动反映了引发抗议和呼吁变革的部分领域。在这样的大背景下，罗森汉恩的实验还受到一本书的影响，这部激进的作品(被部分高中图书馆禁止)被视为划时代的标杆。这本具有里程碑意义的书就是肯·克西(Ken Kesey)的《飞越疯人院》(*One Flew Over the Cuckoo's Nest*)，于 1962 年首次出版，后来被改编成舞台剧，1975 年据此改编的著名电影包揽了奥斯卡的五大奖项。书中感人的故事情节成为寻求社会重构的时代颂歌的同时，也对精神病院提出了批判。无论是小说、舞台剧还是电影都让受众开始质疑精神病院的效果、工作人员的行为、药物的疗效、精神疾病的治疗方法以及我们为精神病院里的病人贴上的标签。

62

正如之前提到的，一旦被批准进入医院，假病人们便不再伪装任何症状，然而罗森汉恩认为病人们无伤大雅的行为也被工作人员视为不正常的证据。据他所说，这也是实验中一些精神科的护士会专门记录下病人们有“书写行为”的原因。这一在精神病院之外十分平常的举动在医院内看起来就很不寻常，而且被视为患病的证据。因此，即使所有的假病人在入院后都不再报告有幻听的症状，也没有工作人员发现他们是假扮的或是立刻准许他们出院。罗森汉恩甚至声称：“很多病人都‘发现’这些假病人举止正常。”(p. 252)

假病人在医院中平均停留时间为 19 天，他们的出院诊断为“精神分裂缓解”。罗森汉恩解释说这种新的出院诊断意味着尽管这些病人的症状得到了缓解，但他们仍然存在精神问题；而且精神分裂的标签将会持续伴随着他们。出院后，这种标签会导致歧视，从而进一步加剧精神疾病(Link & Phelan, 2013)。罗森汉恩对仅仅依靠一个症状进行快速诊断的情况表示担忧，假病人如此容易地就被诊断为精神分裂症并获准入院，即使在医院中行为正常也没能立刻被允许出院。这些现象让罗森汉恩(1973)得出了如下结论：“很显然，在精神病院里，我们无法分辨出正常人。”(p. 257)罗森汉恩认为精神病院是无用且不人道的，医生往往会远离病人，他们与病人的交流也仅限于问诊。工作人员与病人交流很少，而且对他们充满敌意。罗森汉恩认为，工作人员和病人之间界限分明，让病人感到孤立、无助甚至缺少人格。斯坦福监狱实验的设计者津巴多认为，制度的力量也是导致他的研究里狱守和犯人出现病态行为的原因(见第 6 章)。对于罗森汉恩的研究而言，这种力量就是精神异常和非人待遇的根源。和罗森汉恩一样，津巴多也认为邪恶并非寄居在个体身上，而是当正常人处于邪恶的环境中时，它才会显现出来。值得注意的是，罗森汉恩的研究并不是首次展现标签效应影响力的研究。

大约10年前，罗森瑟尔和雅各布森(Rothenthal & Jacobson, 1966)就在学校场景而非精神病院中证明了这种力量。研究者虚构了智商测验的结果，并向教师“反馈”了学生的发展潜能。他们告知教师那些被分配在实验组的学生可能会在智力上有显著的发展，而关于对照组的学生却没有给教师类似的反馈。8个月后，研究者对学生进行了重测，发现实验组的学生比对照组的发展得更快。这一研究显示了**自我实现预言(self-fulfilling prophecy)**的力量，即教师的期望会让他们以另一种方式(如给予更多关注并对作业质量抱有期待)对待学生，从而让学生的表现符合其预期。

63

## 当前思考

在罗森汉恩看来，精神病学的进步要求淘汰疾病的确切诊断，转向对特定行为的关注，如哭泣或睡眠问题。他在批判精神病学时指出，精神疾病是一种**构念(constructs)**或者说是抽象概念，是身体感觉不到的。精神病学专家认同一些可观测的行为如哭泣和失眠是抑郁症的特征行为。但是抑郁症本身是无法观测的，它是一种构念。就像卡钦斯和柯克(Kutchins & Kirk, 1997)解释的那样，我们有必要了解“像广泛性焦虑障碍这样的构念是约定俗成的，而这种约定会随时间不断地发生变化”(p. 23)。对某种障碍诊断数量的增长，意味着诊断阈值的降低或社会关注程度的增长(Lilienfeld 等，2015)。这并不意味着这些构念是毫无用处的，我们需要思考的是这样的构念是否能够帮助我们更好地理解和预测个体的行为并对其进行治疗(Levy, 2010)。

自1973年罗森汉恩的研究发表以来，许多批评者对研究的设计、结果的阐述以及他关于污名化和诊断标签的结论等提出了质疑(Ruscio, 2015; Spitzer, 1975)。如表5.1所示，罗森汉恩的所有结论都遭受过质疑。罗森汉恩相信自己和其他假病人得到精神分裂缓解的诊断意味着医生没有办法辨认出他们是正常人。但是，斯皮策(Spitzer, 1975)反驳说：精神分裂缓解这一诊断结果很少会出现，这表明医生已经发现这些假病人的行为是正常的。

重点阅读：Ruscio，J.（2015）．Rosenhan pseudopatient study. In R. L. Cautin & S. O. Lilienfeld（Eds.），*The encyclopedia of clinical psychology*（pp. 2496－2499）．Hoboken，NJ：Wiley.

2004年，劳伦·斯莱特（Lauren Slater）在《打开斯金纳的盒子》（*Opening Skinner's Box*）一书中声称她复制了罗森汉恩的研究，这再次引发了关于该研究的争论。像罗森汉恩和其他假病人一样，斯莱特本人也去了精神病院，声称自己有幻听症状并要求医院进行诊断。她总共进行了9次尝试，但没有任何一家医院收治她，她表示在大部分情况下自己被诊断为精神性抑郁症。此外，她称医院为自己开了80多种药物。由于对斯莱特报告中的诊断结果存疑，斯皮策和同事们（Spitzer，Lilienfeld，& Miller，2005）向精神科医生展示了这样一个案例：一位看起来十分沮丧的女性来到精神科急诊室，仅主诉幻听这样一个症状。研究中，精神科医生被要求对病人作出可能的诊断。与斯莱特得到的结果相反，绝大多数医生拒绝给出明确的诊断，但是，34％的医生愿意开出抗精神病的药物。

64

最后，罗森汉恩的实验一直被心理学教科书引作诊断标签会导致污名化的证据（Bartels & Peters，2017）。暂且撇开罗森汉恩研究中的局限不谈，其研究中也没有证据表明去除某种行为的标签会减少污名化。而且不管是用标签说明还是用行为标记，人们都可能用同样的方式来对待病人，使用标签能够对行为作出解释而且能够减少对个人的指责。使用标签的好处、罗森汉恩实验的不足、其他支持标签会导致污名化的研究，以及早在精神科医生使用诊疗制度之前污名化就已经存在的事实让斯科特·利林费尔德（Scott Lilienfeld）和同事们（2010）得出了精神病的标签并不会导致污名化的结论。

重点阅读：Lilienfeld，S. O.，Lynn，S. J.，Ruscio，J.，& Beyerstein，B. L.（2010）．*Great myths of popular psychology：Shattering widespread misconceptions about human behavior*. West Sussex，England：Wiley-Blackwell.

表 5.1　罗森汉恩对研究结果的阐述以及批判者的回应

| 罗森汉恩的结果 | 罗森汉恩的阐述 | 批判者的回应 |
| --- | --- | --- |
| 根据假病人汇报的唯一症状——幻听作出诊断 | 医生急于对疾病做出诊断；医生不应该仅根据单一症状进行诊断 | 一些假病人也表现出紧张和焦虑，并且自愿表明自己很沮丧，需要帮助，希望入院 |
| 护士对假病人的书写行为进行了记录 | 说明护士基于诊断结果将记录"书写行为"这种行为视为非正常的 | 并没有尝试去证实护士将这种行为理解为与精神疾病相关的非正常行为 |
| 假病人在医院停留的平均时间为 19 天 | 进一步证明了工作人员和医生无法辨认病人是正常的 | 从医院工作人员的角度考虑，假病人报告的症状（幻听）足够引起重视 |
| 在出院时，假病人被诊断为精神分裂缓解 | 对病人普遍作出精神分裂缓解的诊断表明医生没有识别出假病人的正常行为 | 在病人出院时作此诊断是很少见的，表明医生已经识别出假病人的正常行为 |

65

## 思考罗森汉恩研究方法的优势与局限

尽管罗森汉恩与罗森瑟尔和雅各布森一样都在检验标签的力量，但他并没有采用后者那样严格的实验范式。如果罗森汉恩和假病人们在医院中设置了摄像机并且检视了工作人员和病人之间交流的录像，我们就可以将其视为**自然观察**（naturalistic observation）。在自然观察中，研究者希望在行为发生的环境（与有控制的实验室环境相对）中对个体进行观察，但不影响其行为。由于罗森汉恩实验中的假病人都是医院里的专业人士（有精神健康方面的知识），因此他们所做的实验可以被看成是一种特殊形式的自然观察研究，即**参与式观察研究**（participant observer study）（Elmes, Kantowitz, & Roediger, 1999）。此类研究的一个优点在于**外部效度**（external validity）高，或者说推广性好。与实验室人造的情境相比，在自然环境中研究行为，意味着我们不再需要那么担心研究的真实性。但它的一个局限性在于，容易受到实验者偏好的影响，因为实验者可能会直接观察或记录其感兴趣的行为（Christensen, Johnson, & Turner, 2014）。在这种情况下，可能会出现**确认偏误**（confirmation bias）问题。出于这个原因，使用其他信息来佐证研究者的观察是非常必要的。

通常，外部效度较高时，**内部效度**（internal validity）就难以保证，反之亦然。罗森汉恩关注医院内医生和工作人员与病人之间的交流情况。从他的研究中我们可以了解到，医生和工作人员与病人之间鲜有交流或没有人情味的交流，营造出了一种使病情恶化的环境。但是，在我们得出结论之前，必须要确保我们已经排除了其他能够解释病人情况恶化的因素。你能够想到其他可能的影响因素吗？你可能会想到精神病院本身，它们在哪些方面存在差异？工作人员的人数和医生一样多吗？所有精神卫生机构的工作者都同样接受了良好的职业培训吗？所有的精神病院中的人际交往的质量都一样吗？私人和公立的精神病院是否有差异？假病人之间有哪些个体差异？假病人表现得有多"正常"，他们有没有扮演好应扮演的角色？例如，罗森汉恩（1973）报告其中一名"假病人试图与一位护士谈恋爱"（p. 256）。性别是否会有影响？工作人员对男性和女性病人的回应是否会有所不同？由于这些因素没有得到控制，我们并不知道这些变量是否在其中发挥了作用。我们也不清楚在不同的精神病院中假病人的表现是否有一致性。也许我们可以假设，假病人呈现给工作人员的状态是否有所不同？会不会有些人表现得更加紧张，他们是否都用同样的方式回答问题？为了提高研究的内部效度，研究者必须要对这些因素进行控制。 66

最后，在解读罗森汉恩的研究结果时，一个值得注意的问题在于，这并不是一个测试精神病院工作人员是否能够区分正常人和非正常人的实验。为了回答这个这个问题，并避免罗森汉恩研究中使用的参与式观察所带来的影响，米伦（Millon，1975）提出了如下的方案：让正常人和非正常人要求在精神病院入院，如果正常人被获准入院而非正常人遭到拒绝，那么就能够支持罗森汉恩的假设。心理学家伯纳德·韦纳（Bernard Weiner，1975）提出了一个类似的方法：让20名被诊断为精神分裂症的患者和另外20名健康者作为配对组同时进入精神病院，之后让医生被试观察并区分其中的正常人和非正常人。使用配对对照组替代随机分配的方式能够让研究者在一定程度上控制个体间的差异。如果医生无法正确地作出区分，那么就能够支持罗森汉恩的假设。

## 批判性思维工具

### 确认偏误

**问题导入：为了避免证实假设时带有偏误，研究者可以怎么做？**

让我们想一想精神病院工作人员和假病人分别会受到哪些偏误的影响。在成长的过程中，本书的一位作者有时候会和哥哥争抢玩具，而父母却坚持认为我们不是偶尔而是始终在为玩具争吵。当然，他们可以列举出许多我们在争抢玩具的时刻，但是他们似乎也忽视了许多我们在一起玩耍、分享玩具的时刻。如果成为确认偏误的受害者，这种一直争吵的印象就会影响他们加工信息和理解结果的方式。确切地说，他们会注意到争吵的情况并趋向于忽略分享的情况。心理学家将这种有意识地选取信息来证明自己假设的倾向称为确认偏差或确认偏误。

67

在确认偏误的影响下我们会：(1)选择性地回忆能支持我们假设的信息；(2)认为与我们假设一致的信息更加重要；(3)重新解释与我们假设相矛盾的信息(如：有例外才能证明规律的存在)。确认偏误在我们已经形成了一个假设并且希望证明这一发现时最容易发生(Oswald & Grosjean，2004)。研究者有证明假说的动机，但是我们要相信科学家能够对这种偏误免疫。不幸的是，研究表明心理学家对能够证明某种假说的研究，尤其是能够证明已经成熟的结果或普遍认同的观念的研究，会给出积极的评价。当一项研究所证明的理论与心理学家的意见相左，或者没能证明一个成熟的理论时，这项研究会受到更严格的审查，研究的可信度也会受到影响。我们稍后将详细探讨确认偏误所导致的后果，在此之前，根据这些研究，我们先来看看应该怎样应对这种偏误。

应对确认偏误的方式之一就是确保这些目标行为的观察者不清楚研究的目的。在许多研究中，观察者不了解被试的处理情况以及研究者的研究假设。例如，一个研究者要在自然场景中研究学龄儿童的攻击性，他应当在确保研究助理不知晓研究假设的前提下训练他们对儿童行为进行观察和记录。

罗森汉恩设计了实验，并且作为参与式观察者(假病人)进行观察和记录，还分析了量化和质性数据，发表了概述研究结果的文章，对于这一现象，我们感到放心吗？我们不知道罗森汉恩的研究中是否出现了确认偏误，但是看起来他和其他的假病人都知晓研究假设且有证明该假设的动机。如果这种情况属实，那么我们有理由担心假病人的观察以及他们对医院经历的回忆可能受到确认偏误的影响。尽管不是有意为之(出现确认偏误往往不是有预谋的)，但罗森汉恩实验中的假病人可能会更关注工作人员符合假设的行为，忽视那些与假设情况不同的行为。同样，假病人也可能被自我实现预言左右——他们期待遭到精神科工作人员的冷遇，因此他们会用一种激发工作人员类似行为的方式行事。尽管都是推测，但这种情境与我们所知的确认偏误发生的情况是一致的。当然，罗森汉恩实验中的医生和护士也难逃确认偏误的影响。

## 确认偏误的影响

对新的假说过于怀疑甚至阻止与已有理论相反的研究结果的发表会阻碍科学研究的进程(Oswald & Grosjean, 2004)。2014年，时代周刊发表了一篇颇为挑衅的文章，名为“脂肪无罪”。文章的主题之一指出如果饱和脂肪与心血管疾病之间有关系的话，我们可能过高地估计了这种关系。早在20世纪90年代就有一些研究质疑了这种关系，但是为什么我们在2014年才听说？也正是在90年代爆发的“脂肪之战”，让人们应该吃低脂食品的观念深入人心。遗憾的是，确认偏误导致与这一观念相反的研究难以得到发表。

68

与此相关的一个问题就是**文件抽屉问题**(**file drawer problem**)，也叫**发表偏倚**(**publication bias**)(Rosenthal, 1979)，具体是指研究者会选择放弃发表结果失败的研究，即无法拒绝零假设的研究(Meehl, 1990)。表5.2展示了发表偏倚的可能影响，每一种由美国食品和药物监督管理局(Food and Drug Administration, FDA)批准的药物，背后都有许多得出药物无效的研究未得到发表。特纳(Turner)和同事们(2008)研究了抗抑郁药物测试中的发表偏倚，这项研究我们在本书第12章还会见到，他们发现在74项完成的研究中，有23项研究结果被放在文件抽屉中，未能得到发表。在未得到发表的研究中，约70%没有得到阳性的结果，而在发表的研究中90%的结果为阳性，这就导致在医疗实践中无法准确地估计药物的效果。这个问题可能要归因于确认偏误和发表偏倚，因为期刊的编辑会对与已有结果矛盾的研究进行更严格的审查，而且会拒绝发表未能证明已有假设的研究结果。

2002年，美国心理学会发行了一本新的专业期刊《支持零假设期刊》(*Journal of Article in Support of the Null Hypothesis*)，通过减轻对文章发表的偏好、反对发表偏倚，填补了心理学领域的文献“缺失环节”。这本期刊仍在正常出版，并向心理学相关的各个领域开放，帮助发表那些没有取得传统意义上的数据显著性($p<0.05$)的研究结果。

表5.2 FDA批准药物试验研究的发表和未发表情况

| 阴性结果或结果存疑 | 阳性结果 |
| --- | --- |
| NP NP NP NP NP NP P P P | P P P P P P P |

(注：NP=未发表，P=已发表)

## 罗森汉恩结论的证据

入院后，罗森汉恩实验中的8名假病人在医院中停留的平均时间为19天。对于一个举止正常的病人来说，这个时间看起来有些过长了。但值得思考的是，假病人自陈的症状(幻听)是很严重的。如果这种情况是真实的(即真病人而非假病人)，我们会希望通过住院来改善病人的状况，而且医生要在病人出院前对病人进行持续的监测。此外，我们不应该指望医生和护士识别出这些病人是假扮的，因为一般来说他们没有动机做这样的事情(Spitzer, 1975)。

69

19天之所以重要还有另一个原因，即如果8名假病人没有在医院停留那么长的时间，那么他们是不可能获得丰富的观察数据的。罗森汉恩记录中说到白天的护士与下午和晚上的工作人员在当班时间离开护士站的总次数为20.9次，意味着他们有超过3 000次的潜在机会可以观察病人。当然，他们并不是每次都会进行有意识的观察，假设5%的时间里工作人员会对病人进行观察记录，那么就会有约158次的观察。罗森汉恩仅用了3次护士将病人做笔记的行为记作“书写行为”的事件，来支撑工作人员将正常行为视为精神疾病表现的观点。回顾实验，根据罗森汉恩的理解，“书写行为”这一表达方式表明护士将该行为理解为精神疾病的表现或暗示了他们的症状，这证明了"一旦一个人被认定为不正常，那么这个人其他的所有行为和特征都会受到这一标签的影响"(p. 253)。除了书写行为这一个例子之外，罗森汉恩没有再提供其他的证据来支持他的论断(Ruscio，2015)。然而，就算罗森汉恩给出许多护士记录的关于书写行为的例子，就能够支持他关于精神疾病标签的论断吗？实验的批判者可能会反对，认为记录的次数并不重要，因为记录中没有与精神疾病相关的内容(Ruscio，2004，2015)。换而言之，这只是罗森汉恩未经证实的夸大推断，他假定工作人员记录假病人的"书写行为"就是将该行为视为精神疾病的表现。

通常来说，尽管轶事片段引人入胜，但其仍不足以作为支持假设的证据。就像怀疑论者迈克尔·夏默(Michael Shermer，1997)所说的那样，"缺乏有力的证据支持……十件轶事与一件无异，一百件轶事也不比十件更有说服力"(p. 48)。使用部分轶事来支持假说并不能减轻我们对确认偏误的担忧。考虑到证据的数量和质量，明智的研究者应该谨慎地解释研究结果，并阐述研究结果的局限性。一些批评者认为，罗森汉恩不仅无视了那些无法证明其假说的证据，还错误地解读了那些有悖于其假设的证据，这些我们待会儿会谈到。

但是，在假病人出院之后，罗森汉恩的确呈现了一些收集到的可靠数据。在一家准许假病人入院的医院中，工作人员被告知在接下来的几个月中会有一名或多名假病人试图入院(事实上并没有假病人出现)。每一位医院的工作人员(服务人员、护士、精神病学专家、医生和心理学家)都被要求对 193 名要求入院的病人是假病人的可能性进行打分。根据罗森汉恩提供的标准，打分使用 10 分量表，1 分和 2 分表明"该病人极有可能是一名假病人"(p. 252)。该研究的结果见表 5.3。

70

**表 5.3　医院工作人员对病人身份进行打分**

| 病人数量 | 被一名工作人员认为高度可疑 | 被至少一名精神病学专家认为可疑 | 被一名精神病学专家和一名工作人员同时认为可疑 |
|---|---|---|---|
| 193 | 41(21.24%) | 23(11.92%) | 19(9.84%) |

基于这些数据，罗森汉恩得出结论，"任何能够出现如此大量错误的诊断过程都是不可信的"(p. 252)。但是罗森汉恩的结论也有一些问题，首先，他没有说明

“认为可疑”的含义。可疑是否指有超过 2 分的得分？缺少对标准的细节说明，我们就很难对结果进行解读。“可疑”是否意味着工作人员认为病人值得怀疑？怀疑是否就能被理解为判断失误？罗森汉恩未能区分出具体是哪一类型的工作人员给出了高度可疑的评定，这也让解读变得更加复杂。换言之，一些工作人员可能没有精神疾病诊断方面的培训或实践经验（Wolitzky，1973）。如果你仔细阅读上面的结果，你会发现可能不是由于一位精神病学专家，而是由于多位专家的共同诊断，所以才会出现错误（认定一位病人高度疑似假病人）。然而，即使我们将“可疑”等同于错误，也只有 12%的真病人被精神病学专家怀疑是假病人。这个结果可能真的值得精神病学吹嘘一番！不妨使用这样的头条来报道：“研究发现精神病学专家能够正确辨认出 88%的真病人！”

## 精神分裂症的诊断

罗森汉恩实验中的医生将病人诊断为精神分裂症是错误的吗？这个问题的答案显然看起来是“肯定的”。因为假病人是假装了这个症状，而他们在精神上是完全健康的。在得出医生的诊断是错误的这样的结论之前，让我们再来进行一些思考。幻听是精神分裂症的标志性症状，60—70%的患者都会经历这一症状（Slade & Bentall，1988）。考虑到幻听是精神分裂症的突出症状，斯皮策（1975）认为尽管诊断不够成熟，但是精神分裂症是唯一合适的诊断结果。如果使用现代的诊断标准（DSM－5，APA，2013）而不是在 1973 年罗森汉恩实验的时代所用的版本（DSM-II），我们会更容易发现诊断的错误。精神病学专家和临床心理学家使用精神障碍诊断与统计手册（Diagnostic and Statistical Manual of Mental Disorders，DSM）对病人进行诊断，尽管 DSM-II 中描述了精神分裂症除幻听外的其他症状，但是并没有就需要多少症状才能作出诊断给出明确的指导。现在，如果再次进行罗森汉恩实验，医生再作出精神分裂症这样的诊断就难以辩解了。因为这些假病人连第一条标准都无法满足，这一标准要求在幻觉、妄想和语言紊乱等症状中至少满足两条（American Psychiatric Association，2013）。

71

出院诊断与入院诊断同样重要。罗森汉恩认为补充“缓解”这样一个专业词汇通常在精神分裂症患者出院时使用。然而，罗森汉恩最主要的批判者之一罗伯特·斯皮策（Robert Spitzer，1975）相信实验中的医生已经发现了病人的行为是正常的，因此才会给出精神分裂症缓解这种很少见的出院诊断。斯皮策检视了上百名病人的记录，并对多家医院的诊断方式进行了调查，结果正如预测的那样，这种诊断很少出现（一些医院表示其从来不会给出这种诊断）。而所有精神病学专家都以精神分裂症缓解的诊断让假病人出院，似乎也表明这些专家并非不能超越假病人原有的标签。相反，这样的诊断说明精神病学专家发现这些人不再有症状，在出院时已经"举止正常"。

如果不考虑假病人这种特殊情况，病人入院和出院时的诊断应该是一致的。在 12 位假病人汇报相同的症状后，其中 11 名都得到了相同的诊断，这说明了诊断的**信度（reliability）**或者说诊断结果的一致性。如果假病人得到的诊断结果各不相同，那么就表明诊断体系是不可信的。然而结果的一致性并不能告诉我们诊断体系是否准确，或者说是否有**效度（validity）**。如果要说明效度，研究者需要证明满足某种精神疾病标准的人与没有患病的人有显著的不同。例如，研究表明满足注意缺陷多动障碍（Attention Deficit Hyperactivity Disorder，ADHD）诊断标准的人在学业结果和社会功能（如朋友更少）上都低于不满足诊断标准的人群，这说明 ADHD 的诊断是具有效度的。

## 污名与精神疾病

心理学家艾伦·兰格（Ellen Langer）和罗伯特·艾贝森（Robert Abelson）（1974）完成的一项研究经常被用来说明标签效应或标签污名化。在研究中，兰格和艾贝森让接受当时使用的诊断体系培训的精神病学专家（精神分析学派）和质疑这一体系的专家（行为主义学派）对一段访谈录像中的个体进行评价。其中一半的精神病学专家被告知这名被访谈者是一名病人，另一半则被告知此人是在求职。精神病学专家给"病人"适应能力的打分低于"求职者"。

72

在我们将其视为标签效应的胜利之前，先来考虑一下**需求特征（demand characteristics）**（详见第 6 章对需求特征的讨论）。如果你让一个习惯使用 DSM 的精神治疗师来诊断"病人"，在这之前，这位治疗师可能已经下意识地认为这个已经被贴上病人标签的人确实是病人（Davis，1979）。换句话说，如果这个人被称为"病人"，那就意味着已经有专业人士对他进行过评估，并且已经认为此人精神异常。这与让别人判断"求职者"是否是病人是不同的。

标签是否告诉我们带有某种诊断标签的人更有可能表现出特定的行为呢？兰格和艾贝森实验中的精神病学专家们难道不会考虑到这一点吗？这样一来，我们也就不难理解为何心理动力学派的实践者会认为病人比求职者表现出更多的不适应性，因为他们已经认为通常情况下病人都会比求职者有更多这样的表现(Davis，1979；Ruscio，2004)。让我们再来讨论一个污名化程度较低的标签。比如我们让两组医生观看一位心脏病患者和一位非心脏病患者描述自己饮食和生活方式的访谈。当医生不赞成心脏病患者的饮食和生活方式，包括一些可能影响他们身体状况的行为时，我们会指责他们吗？

最后，让我们再来想一想与标签有关的另外一个问题，即一般标签和特定的疾病标签之间的潜在差异。马丁内斯和同事们(2011)证实了比起双相障碍(既有躁狂发作又有抑郁发作)这样具体的标签，一般的精神疾病标签会招致更高水平的消极评价，包括危险性等。他们的第一个研究要求两组被试分别设想“遇到了一个慢性精神疾病患者”和“一个慢性生理疾病的患者”(p. 7)，并对这两个患者进行评价，被试认为精神疾病患者的危险性要高于生理疾病患者。回到戴维斯(Davis，1979)在回应兰格和艾贝森研究时所提出的问题：我们应该思考标签能在多大程度上预测特定的行为。我们并不清楚被试在这一情境中是如何设想的，但是如果他们设想的是精神分裂症患者，那么他们对患者危险性的理解并非毫无根据。研究表明精神分裂症的一些症状，如命令性幻听和被害妄想，会增加暴力行为的可能性，尽管这些症状并不常出现(Scott & Resnick，2013)。我们无法确定是否这就是被试所设想的，可能有一些，也可能有很少一部分被试认为自己遇到的是精神分裂症患者。

73

马丁内斯和同事们(2011)进行的第二个研究看起来与标签效应相矛盾。研究中，研究者向实验组被试提供了一名被诊断为双相障碍正在缓解期的病人的信息，要求被试阅读有关这名患者一日生活的简要故事，并回答关于病人人性、危险性以及与人交往的意愿等方面的感受的问题。即使带有精神疾病的标签(双相障碍)，还有一段虽然没有明显的病态行为但有“模糊敌意”的病人描述，实验组被试对患者危险性的理解并不比对照组高，而对照组得到的是相同的信息和不同的标签(黑色素瘤)。此外，被试认为患有精神疾病的人更有人性。研究者认为这是由于有关病人的描述以及病人正在缓解期的信息暗示了病人并不危险，所以被试产生了一种过度反应。有趣的是，在第一个研究中，被试认为患有精神疾病的人缺乏人性，而在第二个研究中，被试认为精神病人更有人性，而两者都被认为支持了标签效应！问题在于标签理论是需要被证实或证伪的（Cramer，2013）。如果缺乏人性和更有人性都被理解为支持了这一理论，那么我们要怎么才能证伪呢？

最后，多数关于标签效应的研究都是让被试对假想片段（对假想的病人的简短描述）作出回应，就像马丁内斯在研究中所做的那样。在其中，我们更容易看到人们对片段中的假想病人的歧视，但这是否反映了人们与精神疾病患者真实的交往情况呢？阅读下面这个案例，思考人们态度和行为的不一致：

1930 年，为了研究种族歧视，里查德·拉皮尔（Richard LaPiere）与一对中国夫妇在美国旅行。两年的时间里，他们一共走访了 251 家酒店、餐馆和其他营业场所，只有一次遭遇了种族歧视。在旅行结束的 6 个月之后，拉皮尔向酒店的经营者发放问卷，调查他们是否接受中国客人。在收到的 128 份回复中，118 份表示不接受，9 份表示看情况而定，只有 1 份表示接受。（Ruscio，2004，pp. 12－13）

让我们想一想怎么重新设计马丁内斯和同事们（2011）的研究才能消除其中的混淆变量。一个关键的问题在于我们是选择**组间设计**（between-subjects design）还是**组内设计**（within-subject design）。在组内设计中，每个参与研究的被试都会接受所有的条件处理，而在组间设计中，被试将会被随机分配到不同的条件处理组中。马丁内斯等人的这个研究采用组间设计是最合适的，原因将会在第 11 章（《本杰明·利贝特：人类真的有自由意志吗？》）中进一步讨论。接下来，我们需要考虑变量的数量和处理水平的划分。在因子设计中，自变量的数量就是被"×"连接的数字的个数，一个 2×2 设计包括 2 个自变量，而 2×2×2 设计则涉及 3 个自变量。每个数字的值表示各个变量划分的处理水平的数量。因此，2×2 实验设计涉及 2 个自变量，每个自变量有 2 个水平，而 2×2×2 实验中有 3 个自变量，每个自变量也有 2 个水平。如表 5. 4 所示，马丁内斯等人的研究需要考虑的因素包括一般或具体的描述、疾病状态以及背景信息。因此，我们需要设计一个包含 3 个变量的，每个变量上有 2 个处理水平的实验，即 2×2×2 组间实验设计。

74

表 5.4　马丁内斯等人（2011）的 2×2×2 组间实验设计

| 一般或具体的描述 | 疾病状态 | 背景信息 |
| --- | --- | --- |
| 精神疾病 | 缓解期 | 提供 |
| 具体的精神疾病（如双相障碍） | 慢性病 | 不提供 |

只考虑标签本身之所以会带来认知上的偏差，是因为人们对精神疾病的看法不仅会受到标签的影响（如果的确有影响的话），还会受到病人行为和症状的影响。此外，病人的某些行为表现，如社会退缩，有时候确实是某种疾病（如 PTSD）的症状，这种情况下，标签会带来污名化的结果。但是，有时候也可能是精神病患者的自我污名化，即自我实现预言的一种表现，病人觉得自己会被他人拒绝因此通过退缩的方式来避免被拒绝（Martinez 等，2011；Ruscio，2004）。

## 本章小结

大卫·罗森汉恩（1973）的研究提出了关于诊断精神疾病、污名化标签、精神病院的实际状况以及精神病学的日常实践等重要的问题。尽管有大量的证据表明精神疗法对许多精神疾病都有效果（如循证心理治疗），但由于对精神疾病认知的不断更新，心理健康专家因过度诊断以及过分依赖药物治疗而一直面临着外界的批评。罗森汉恩的实验常常被引用作为标签效应的证据，用来说明诊断标签导致污名化的强大力量。然而，在仔细审查罗森汉恩的研究方法和结论之后，批评者提出了一些难以回避的问题，包括观察数据的选择性使用问题，以及缺乏说明工作人员和医生无法识别正常行为的直接证据问题。此外，确认偏误也是一个隐忧，研究者也应该意识到并避免自身选择性解读信息的倾向。确认偏误和其他由于不支持我们的假设而被放在抽屉里未能发表的研究，或称发表偏倚问题，让我们对证据产生了扭曲或错误的印象。除了罗森汉恩的研究之外，大部分关于标签效应的研究都没有提供有力的证据。正因为证据如此之少，诊断标签所带来的污名化也就成为了一个谜题（Lilienfeld 等，2010）。

75

## 研究展望

如今，20 世纪 70 年代罗森汉恩研究中关注的污名化标签依然会出现在人们的视野中。近年来，美国部分高校发起了禁止使用“疯子”等词汇的运动。这些努力是为了对抗精神疾病所带来的污名化。尽管我们探讨了罗森汉恩实验以及其他支持标签效应的实验的局限性，但研究者仍然在继续探讨诊断标签和污名化之间的关系。标签效应的早期倡导者认为标签本身应该为污名化效应负责，这种标签甚至是导致疾病的根源。当代研究者则承认了疾病本身的作用，但也认为诊断标签会使得污名化雪上加霜。尽管作用微弱，但研究者还是发现与仅仅告知症状相比，在同时告知精神分裂症标签和症状的情况下，被试对精神病人有更多的负面理解（Imhoff，2016）。但是，诊断标签也有积极的一面，它能够解释个体经历的症状和不安，能够让人们对不正常的行为有全面的理解，并且有助于病人得到医疗服务和治疗（Lilienfeld 等，2010；Spitzer，1975）。未来的研究可能会进一步探讨公共活动能够在多大程度上对抗污名化以及对精神疾病的误解。

## 问题与讨论

1. 罗森汉恩实验和米尔格拉姆实验有哪些相似之处？从社会期望、个体感知、物理环境以及奖赏与惩罚等方面进行考虑。

2. 在类似罗森汉恩实验的研究中，为什么提供有关临床交谈的数据以及调查精神病学专家在病人入院和出院时的记录是有益的？

# 第6章　斯坦福监狱实验：普通人会有多残忍？

主要资料来源：Haney，C.，Banks，C. & Zimbardo，P.（1973）. Interpersonal dynamics in a simulated prison. *International Journal of Criminology and Penology*，*1*，69－97.

## 本章目标

76

本章将帮助你成为一个更好的批判性思维者，通过：

- 思考研究的设计方案或样本选择是否会影响结果
- 思考研究得出的结论是否与采用的方法相适宜
- 思考研究者的角色，并且批判性地评价其向被试提供的关于研究的信息
- 评估心理学实验的真实性水平
- 思考研究者是否采取了适当的措施来保护被试，并减少了个人偏见

### 导入

20世纪70年代初，在美国加利福尼亚州的帕洛阿尔托(Palo Alto)坐落着一个极具争议性的"监狱"，那里的狱警声名狼藉。有一名狱警戴夫·埃什尔曼(Dave Eshleman)这样描述自己的行为："(我尽可能表现得)令人生畏、冷酷、残忍。"埃什尔曼喜欢虐待囚犯是监狱里大家都知道的事情，他经常在半夜里随意叫醒囚犯，让囚犯做俯卧撑、唱歌、背诵狱规，还让囚犯做一些其他粗活。在与第2093号囚犯的互动中，埃什尔曼侮辱和恐吓囚犯的行为表现得尤为明显。他给这名囚犯起外号，叫他"臭骗子"，并且通过语言暗示他对该囚犯拥有绝对的权力，然后埃什尔曼问这名囚犯："如果我让你趴在地板上和地板亲热，你接下来会怎么做?"在这名囚犯拒绝了这个离奇

而又不切实际的要求之后，被要求在地板上做俯卧撑……埃什尔曼还让另外两名囚犯骑在他的背上。当这名精疲力竭的囚犯在一次俯卧撑失败后瘫倒在地板上时，埃什尔曼和另外一名狱警爆发出狂笑声。

77

思考这个问题：下列哪些词可以用来形容狱警埃什尔曼？

- ☐ 正常
- ☐ 虐待狂
- ☐ 变态
- ☐ 邪恶
- ☐ 疯狂
- ☐ 精神错乱
- ☐ 精神病
- ☐ 有攻击性

根据上面提供的信息，你不太可能会选择“正常”这个词。然而，如果你对埃什尔曼和他担任狱警的监狱有了更多的了解之后，你也许更能接受“正常”这个选项。之所以如此，是因为埃什尔曼早期并没有表现出心理变态或精神疾病。然而，监狱里却有一股强大的情境力量在影响着他。这种情境力量到底是什么？在这个监狱关闭以后，这个问题一直是争论的焦点问题。

如果你选择了最后一项“有攻击性”，那么你就会在接下来所要介绍的内容中发现，这种人格特质在将人们带到帕洛阿尔托监狱这样的环境中，以及塑造在此类环境下的各种行为等方面发挥着重要作用。

在接下来的内容中，我们将清楚地了解到使用“疯狂”“精神错乱”“邪恶”（最后这个词带有神学色彩）这样的模糊术语来描述埃什尔曼的行为是不准确的，此外，从心理学的角度来看也是没有帮助的。

## 研究背景

20 世纪 70 年代初，美国爆发了一场关于监狱系统的作用、校园抗议，以及狱警与抗议者之间的冲突的公开大讨论（Haney & Zimbardo, 2009）。“导入”部分介绍的案例确实发生在 20 世纪 70 年代初，但监狱不是真的监狱，埃什尔曼也不是真的狱警，而是一名参加斯坦福监狱实验的大学生，在这项研究中，他担任狱警。1971 年夏天，心理学家菲利普·津巴多（Philip Zimbardo）在当地报纸上刊登了一则广告，招募大学生参加一项为期两周的监狱生活研究。一共有 75 人前来应聘，其中 24 人被认为最“正常”而被选为被试。如图 6.1 所示，这 24 人被随机分配到位于斯坦福大学心理学系地下室的模拟监狱中，扮演狱警或囚犯角色。囚犯在家中被公开逮捕，然后被带到模拟监狱，在关进牢房前对他们进行登记、脱光衣服和清洗消毒等操作。津巴多描述说，前 24 小时平淡无奇，但第二天囚犯和狱警之间开始产生冲突。有些狱警的权威受到囚犯的挑战，囚犯开始拒绝执行狱警的命令，还把狱警挡在门外，不让他们进入牢房。于是狱警开始对囚犯施加压力，并且开始实施越来越多的虐待行为。“导入”中的狱警埃什尔曼并非个例。为期两周

78

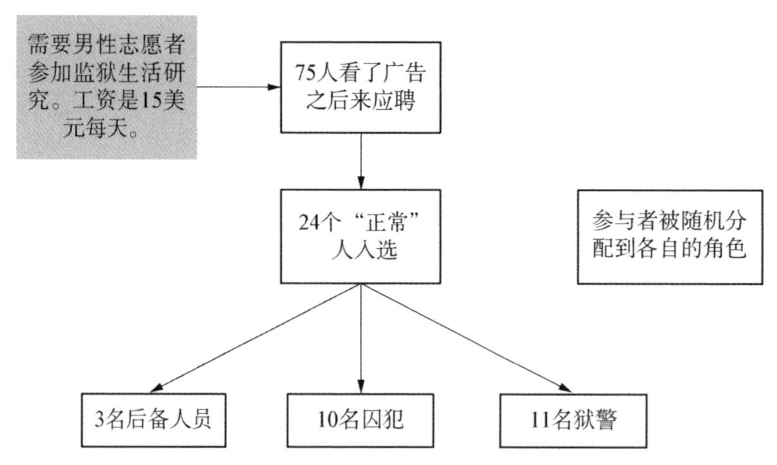


图 6.1　津巴多在加利福尼亚州的两家当地报纸上刊登了广告，这项研究的实施者之一格里格·哈尼（Craig Haney）对应聘的 75 人进行面试，从 75 人中选出 24 人，随机分配担任囚犯或狱警的角色。3 人作为后备人员，10 人作为囚犯，11 人作为狱警，在 1 名参与者中途被释放后，其中 1 名后备人员代替了这位获释的人。

的研究在进行六天之后被迫中止，因为一些囚犯遭受了严重的心理压力，研究者不得不提前释放他们。

津巴多创造了一种强大的情境，能够让看似善良的人做出邪恶的行为。模拟监狱有一些与真实监狱相同的特征，例如牢门上的栅栏、囚犯和狱警的制服等。囚犯们参加了假释委员会的听证会，还有家人探视的安排，甚至还有一个禁闭室。研究人员试图重现监狱的"感觉"——一种无能为力、任人宰割和丧失个性的感觉。研究人员认为，有许多因素助长了模拟监狱系统里的虐待行为，包括通过让囚犯穿制服、用长筒袜蒙住囚犯的头、以编号来称呼囚犯等，从而剥夺了囚犯的个性。因此，斯坦福监狱实验中的囚犯就像真正的囚犯一样，被剥夺了人性和个体的独特性，他们的存在"仅仅是一个个数字"。狱警则被称为"狱警先生"，戴着深色反光太阳镜，囚犯看不见他们的眼睛。所有这些都导致了个人身份的丧失，或是津巴多所称的去个性化。从这个意义上来说，津巴多创造的模拟监狱对囚犯和狱警来说是非常真实的。

79

斯坦福监狱实验的目的是为了说明，在决定一个人的行为方面，情境可能是一个比性情或人格特征更强大、更有影响力的因素，强有力的情境可以颠覆一个人的性情。研究中的狱警都是一个个普通人，但他们在那种特殊的情境下却做出了反常的行为。

## 当前思考

你会觉得戴夫·埃什尔曼是邪恶的人或者是虐待狂吗？下面是现实生活中的虐待案例。2004 年初，新闻机构公布了伊拉克境内阿布格莱布（Abu Ghraib）监狱里的伊拉克囚犯遭受虐待的照片。一些管理监狱的美国士兵折磨和虐待囚犯，并记录了虐待行为。当虐囚的恐怖画面浮出水面时，许多人都在想，什么样的虐待狂才会做出这样的残暴行为。很多人想知道"这些坏蛋是谁？"根据津巴多的说法，虽然埃什尔曼在担任狱警角色时的虐待行为看起来很出格，但他在人格方面并无异常。同样，阿布格莱布监狱的士兵之一奇普·弗雷德里克（Chip Fredrick）被认为是罪魁祸首。然而，作为弗雷德里克辩护团中的一员，心理学家菲利普·津巴多在与他相处了一段时间之后，震惊地发现弗雷德里克其实只是一个很普通的人(Zimbardo, 2007)。

重点阅读：Zimbardo, P. G. (2007). *The Lucifer effect: understanding how good people turn evil*. New York: Random House.

弗雷德里克看起来是一个循规蹈矩的军官，也是一个负责任的居家男人。据说，20世纪70年代的大学生，如今的房地产经纪人和兼职演员戴夫·埃什尔曼也是一个正常的人。对津巴多来说，埃什尔曼和弗雷德里克并不是坏人，他们只是在糟糕的监狱系统中工作的普通人(一个是假扮的狱警，一个是真正的狱警)。

图6.2　美国士兵在阿布格莱布监狱虐待囚犯

80

2004年发生在伊拉克阿布格莱布监狱的虐囚行为对于津巴多而言并不陌生，这一事件也重新点燃了他对斯坦福监狱研究的兴趣(Zimbardo, 2007)。津巴多将阿布格莱布监狱的事件解释为一个普通人被情境力量所改变的另一个例子。斯坦福监狱实验给我们的教训是，在谴责狱警是坏人时必须谨慎，我们应该仔细考虑当时的情境以及他们应该为此类罪行承担多大的责任。津巴多在为奇普·弗雷德里克担任专家证人时，指出监狱环境是暴虐行为的主要决定因素，监狱缺乏对士兵进行训练和监督的适当资源。这所伊拉克监狱要一直面临四周不断的攻击威胁。就像斯坦福监狱一样，阿布格莱布监狱也是制造像几十年前一些狱警所表现出的虐待行为的理想场所。

虽然斯坦福监狱和阿布格莱布监狱的狱警可能并不邪恶，但最近的研究表明，监狱环境可能会吸引一些具有虐待倾向的人，这增加了监狱围墙内发生暴力和有辱人格的看守行为的可能性。

重点阅读：Carnahan，T.，& McFarland，S. (2007). Revisiting the Stanford Prison Expriment：Could participant self-selection have led to the cruelty? *Personality and Social Psychology Bulletin*，*33*，603－614.

81

卡纳汉和麦克法兰(Carnahan & McFarland，2007)发现了自愿参加心理实验的人和有意参加监狱生活心理实验的人之间的区别，后者拥有使他们更容易施虐的人格特征。该研究指出了心理学研究中的一个问题——被试**选择性偏差(selection bias)**，我们将在“应用批判性思维”部分详细探讨这个问题。这也迫使我们考虑这样一种可能性：斯坦福监狱研究的一些参与者和阿布格莱布监狱那些粗暴的看守可能有这种行为的先天倾向。虽然津巴多对奇普·弗雷德里克的印象是他很普通，但精神病学专家亨利·纳尔逊(Henry Nelson)对他却有不同的评价，纳尔逊(2005)注意到了“消极、愤怒、仇恨、渴望支配和羞辱等心理因素”的存在(p. 449)。

另一个更近的关于监狱生活的研究——BBC 监狱研究(Reicher & Haslam，2006)，也让我们更好地理解了个性特征与情境力量是如何影响行为的。

重点阅读：Reicher，S.，& Haslam，S. A. (2006). Rethinking the psychology of tyranny：The BBC prison study. *British Journal of Social Psychology*，*45*，1－40.

如果你只听说过斯坦福监狱实验，那么接下来要介绍的这个监狱实验绝对会让你大吃一惊。斯坦福研究与 BBC 研究在设计上有一些重要的区别，研究结果也有天壤之别：狱警没有辱骂行为，囚犯也非任人宰割。是什么原因导致了令人惊讶的结果？一进入监狱，狱警和囚犯就被告知，如果一名囚犯具备适当的特征，他就有机会被提升为狱警。狱警们最初被引导而认为自己被分配当狱警是因为自己的人格特征比较适合，但在被选中的囚犯晋升为狱警的几天后，他们被告知这种差异根本不存在。随着研究的进行，囚犯们团结一致地聚集在一起，而狱警们却没有。囚犯越来越有信心自己能改变现状，而狱警却越来越没有信心维持秩序。当囚犯挑战狱警权威时，监狱系统崩溃，一个倡导平等主义的公社形成。斯坦福研究中的囚犯们并不像一个团体，但 BBC 研究中的囚犯越来越多地认同自己是一个团体的成员，目标是为更好的住所和权力而斗争。BBC 研究的实施者得出结论：人们不会盲目地接受所安排的角色，关键是我们在多大程度上认同群体，采纳通行的规范和价值观。当群体认同无法建立、系统失灵时，我们就容易受到提供控制和秩序的权威体制的影响。

如果看过斯坦福研究的录像或在课本上读过相关内容，你可能会知道津巴多既是负责进行研究的主要调查员，又是监狱的上级主管。这一点经常受到人们的质疑，甚至津巴多本人也认为这是实验的一个缺陷。此外，另一个在教科书中很少提及的问题是，参与者对研究目的的了解程度。研究表明，斯坦福监狱实验参与者在实验中所获得的信息，使得他们都非常清楚研究的目的（Banuazizi & Movahedi，1975）。因此，斯坦福研究既是一个关于情境力量的警示故事，也是一个关于研究方法的教训。

82

重点阅读：Banuazizi，A.，& Movahedi，S.（1975）. Interpersonal dynamics in a simulated prison. *American Psychologist*，*30*，152－160.

鉴于心理学入门教材和课程都缺乏对斯坦福研究的批判（Bartels，2015；Bartels，Milovich，& Moussier，2016；Griggs & Whitehead，2014），你可能会对下面这个观点感兴趣。根据心理学家埃里希·弗洛姆（Erich Fromm）的说法，斯坦福监狱研究的结果实际上与津巴多关于情境力量的说法相矛盾。弗洛姆（1973）指出，只有三分之一的狱警被津巴多称为虐待狂。因此，尽管津巴多和同事们努力创造了一个助长暴虐的环境，但是仍然有三分之二的狱警没有做出暴虐行为（见表 6.1）。

表 6.1　狱警们的不同表现（Zimbardo，2007）

| | |
|---|---|
| 暴虐的狱警 | 一些狱警将囚犯推回牢房；辱骂囚犯；让囚犯做开合跳、俯卧撑、仰卧起坐；威胁囚犯 |
| 循规蹈矩的/善良的狱警 | 有些狱警过于安静和被动，需要鼓励以变得更加强硬；有些狱警在执行监狱规则方面对囚犯很严厉但并没有攻击性；有些狱警想要得到囚犯的喜欢并且会帮助囚犯 |

弗洛姆总结道："这个实验似乎证明了仅通过给人们提供适当的情境，不可能那么容易地把所有人都变成虐待狂。"（p. 81）这项研究受到了很多类似这样的批评。但是，我们的目的不是要解决争论，而是要审视斯坦福研究以及随后受其启发而进行的研究。如此，我们可以更好地理解监狱研究中不一致的结果，并且更好地认识到人格特征和情境力量两者的重要性。

## 批判性思维工具

83

### 选择性偏差

**问题导入：是否存在这种可能，这项研究本身或它的呈现方式会吸引那些具有影响研究结果的特征（研究者未说明）的人？**

想象一下，你看到一则关于人类性行为方面的心理学研究的广告。这项研究是否对你有吸引力，可能取决于许多因素，包括你的宗教信仰、你对性行为的态度和经历等。研究表明，那些自愿参加这项研究的人对性行为的态度可能不那么传统或保守，而是有更多的性经验，并且更乐于寻求性刺激（Wiederman，1999）。当人们的不同特征，如他们关于性行为的态度和经历，影响他们选择的环境类型以及他们所偏好的任务时，就产生了选择性偏差。在这种偏差的影响下容易产生方便样本（第 2 章），并且导致关于整体的不准确结论。例如，如果有关性行为的研究询问被试进行各种性行为的频率，研究人员可能会错误地得出结论，认为某些行为在所有大学生中都是普遍的。同样，如果让被试观看色情电影，研究人员可能会对大学生关于此类电影的情感和生理反应产生不准确的看法。

在考虑斯坦福研究中的选择性偏差时，卡纳汉和麦克法兰(2007)提出了这样一个问题：愿意参加监狱生活研究的人和不愿意参加监狱生活研究的人是否存在差异。研究人员写了两则广告，刊登在美国几所大学的校园报纸上。

需要男性大学生参加一项关于**监狱生活**的心理学研究。从5月17日开始，为期1—2周，每天70美元。如需了解更多信息或者想要应聘，请发送电子邮件至：(邮箱地址)。

需要男性大学生参加一项心理学研究。从5月17日开始，为期1—2周，每天70美元。如需了解更多信息或者想要应聘，请发送电子邮件至：(邮箱地址)。

第一则广告，就像斯坦福研究中所使用的广告一样，是为一项监狱生活的研究寻找志愿者，而第二则广告则是为一项心理学研究寻找志愿者，但没有说明研究的关键点。那些看了广告来应聘的人参加了不同的人格特征测试。卡纳汉和麦克法兰将那些来应聘一般研究的人与那些来应聘监狱生活研究的人进行比较后发现，后者表现出更高水平的攻击性、权威主义、马基雅维里主义(以说谎、操纵和利用他人为特征)、自恋和社会支配性，较低水平的同理心和利他主义。如果具有攻击性的个体更有可能自愿参与监狱生活的研究，那么(1)研究结果的可推广性就更加有限；(2)不能说情境是决定行为的唯一或主要因素。



## 考虑全距限制

**问题导入：被试攻击性水平得分范围较为集中，有没有可能是研究设计或样本选择导致的?**

正如我们在卡纳汉和麦克法兰(2007)的研究中所看到的，斯坦福研究很可能吸引了具有高水平攻击性和其他人格特征的参与者，而这些人格特征可能会诱发他们在"监狱实验室"中的虐待行为。当样本的攻击性水平得分不能代表全体时，**全距限制(restriction of range)**就成为了一个需要关注的问题。斯坦福研究在选择被试时剔除高分和低分应聘者这种做法也会带来这个问题。回想一下，斯坦福研究样本选择过程是先面试75个看了广告后来应聘的人，并从中选出24个最正常的人参与实际的研究，而选择最正常的人的过程会降低被试人格特征的变异性。从某种意义上来说，如果我们把那些得分高的和得分低的应聘者剔除掉，那么剩下就都是处于中间位置得分的应聘者。当一项人格测量的分数缺少差异性时，就降低了人格与行为之间潜在的相关性或关联性。全距限制问题如图 6.3 所示。

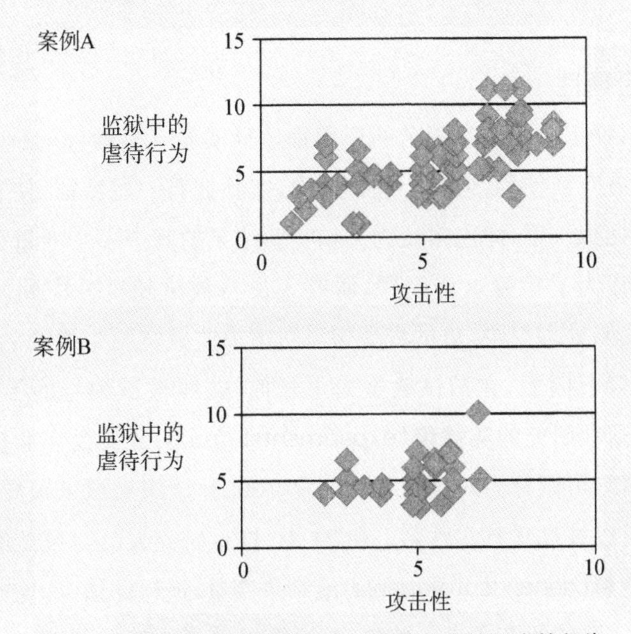


**图 6.3　两个模拟监狱研究中参与者的攻击性和虐待行为之间的相关性，案例 B 表明了全距限制**

85

假设我们让被试完成了一项攻击性人格测试，该测试的得分从 1 分到 10 分不等，1 分表示攻击性水平较低，10 分表示攻击性水平较高。基于此数据，研究人员就可以研究攻击性人格是否与监狱中的虐待行为相关，从而预测虐待行为。在案例 A 中，参与者的攻击性得分范围为 1—9，而在案例 B 中，参与者的攻击性得分范围较小，为 3—7。

在案例 B 中，让我们假设研究人员剔除了那些攻击性得分低的参与者，因为他们被认为没有诚实地反映自己的攻击性，而那些得分过高的参与者则被认为攻击性太强。由于全距限制,相关性从案例 A 的 r = 0.70 下降到案例 B 中的 r = 0.30,并且不再具有统计学意义。问题在于,案例 B 中的相关性可能低估了两个变量之间的关系。在斯坦福研究设计中,研究人员感兴趣的一些特征的差异性被缩小了,这也就能解释为什么会出现这样的研究结果,即人格特征只占“对这种模拟监狱经历的行为反应变化的影响因素的极小一部分”(Haney 等,1973,p.81)。

## 思考结论的合理性

如前所述,斯坦福研究是著名的斯坦福监狱实验。**实验**(experiment)一词经常与研究和调查互换使用,但在心理科学中,实验拥有一些特征,使它有别于其他类型的研究。回想一下,津巴多认为影响实验结果的其中一个变量是囚犯个性特征的丧失。假设为了检验这个问题,研究人员将被试随机分配到两种实验处理组,在第一种实验处理组中,被试将受到与斯坦福监狱实验中相同的待遇,研究人员会要求被试穿上囚服、在被试头上套上长筒袜、叫被试编号而不是真实姓名。这一组被称为这项研究的**实验组**(experimental group)或接受实验操作的组。第二组未接受操作,可以称为**对照组**(control group),该组被试未被要求穿囚服、套长筒袜,并且可以被称呼真实姓名。在 24 小时内,研究人员对被试的心理压力水平,也就是**因变量**(dependent variable)或结果变量,进行评估。

这涵盖了实验的所有要素。首先,对照组提供了比较的基础。设想没有对照组的研究会发生什么情况,这可能有助于我们理解对照组的重要性。比如说,在这项研究中,如果所有被试都被要求穿上囚服、套上长筒袜,并且都被用编号来称呼,结果测试出来的心理压力水平非常高。我们很容易得出这样的结论:个性特征的丧失导致了高水平的心理压力。然而,如果在有对照组的实验中,没有穿囚服和没有套长筒袜的被试被测试出同样高水平的心理压力,那么,上面的结论似乎就不成立了,有可能是其他环境因素造成了这种压力。实验的第二个关键问题是对**自变量**(independent variable)的处理,在本例中,自变量是去个性化。在实验组中,被试经历了去个性化操作,而在对照组中,被试则没有这种经历。最后一个需要注意的问题是,其他可能影响研究结果的变量,也就是除自变量以外的变量需要保持恒定(Elmes, Kantowitz, & Roediger, 1999)。这就需要随机分配来

86

发挥作用。**随机分配**(random assignment)有助于确保自变量是组间唯一存在差异的变量(Christensen, Johnson, & Turner, 2014)。如果我们将被试随机分配到两个实验组中,则有助于确保任何可能影响结果的变量(如被试的智商)平均分布在两组中。然而,随机分配并不能确保其他变量不影响研究结果。例如,假设在对照组下的所有囚犯被关在同一个牢房里,而在实验组下的囚犯则分别被关在独立的房间里彼此隔离,这可能会成为导致心理压力产生的一个中间变量。

现在,让我们回到斯坦福研究。为了确定该研究能否被称为一个实验,我们需要考虑被试是否被随机分配到了各个实验组。该研究确实是随机分配的,因此,该研究满足了实验的其中一个条件。接下来,我们需要考虑该研究是否有对照组以及对自变量是否进行了有效处理。答案是否定的。津巴多和同事们认为重要的自变量就是去个性化和狱警所拥有的强大权力。虽然斯坦福研究没有处理这些变量,但在澳大利亚进行的一项类似的研究更加符合实验的要求。拉维邦德、米索兰和亚当斯(Lovibond, Mithiran, & Adams, 1979)将被试随机分配到三个监狱中,这三个监狱在权威主义或强调对权威的服从程度上各不相同。如表 6.2 所示,拉维邦德实验证明了斯坦福监狱研究无法证明的结论:没有权威就没有攻击性。

表 6.2　斯坦福监狱实验与拉维邦德实验的比较

| 实验 | 自变量 1 | 对因变量的影响 | 自变量 2 | 对因变量的影响 |
|---|---|---|---|---|
| 斯坦福监狱研究 | 高权威主义 | 攻击性行为 | — | — |
| 拉维邦德研究 | 高权威主义 | 攻击性行为 | 低权威主义 | 无攻击性 |

另外一项监狱研究可以让我们更好地理解个性特征和情境力量是如何共同影响行为的。回想一下,如果实验涉及对自变量的处理,那么就需要设置实验组和对照组,就像在拉维邦德研究中,我们可以检查自变量的存在与否对因变量的影响。要让不同的群体暴露在不同的操作条件下,还有另外一种选择,那就是**时间序列设计**(time-series design)。在这样的设计中,需要在条件改变前后分别测量因变量。也就是说,不像拉维邦德研究那样设置三个独立的被试组,而是让被试首先进入一个权威主义程度较低的监狱里,并记录被试之间攻击行为的次数。

87

然后研究人员会改变监狱的性质，增加权威主义（如改变监狱规则），之后再次记录攻击行为的次数。这就是 BBC 监狱研究人员所采取的方法。与斯坦福研究一样，BBC 研究也是通过投放广告来招募和选择被试的，一共 15 名男性入选，其中 5 人担任狱警，10 人担任囚犯。该研究是在对被试关键个性变量进行配对的基础上再对被试进行随机分配的。与单纯的随机分配相比，先配对可以在样本量较小时更好地控制个体差异（如权威主义）（Haslam & McGarty，2014）。图 6.4 描述了研究中配对以及随机分配的过程。

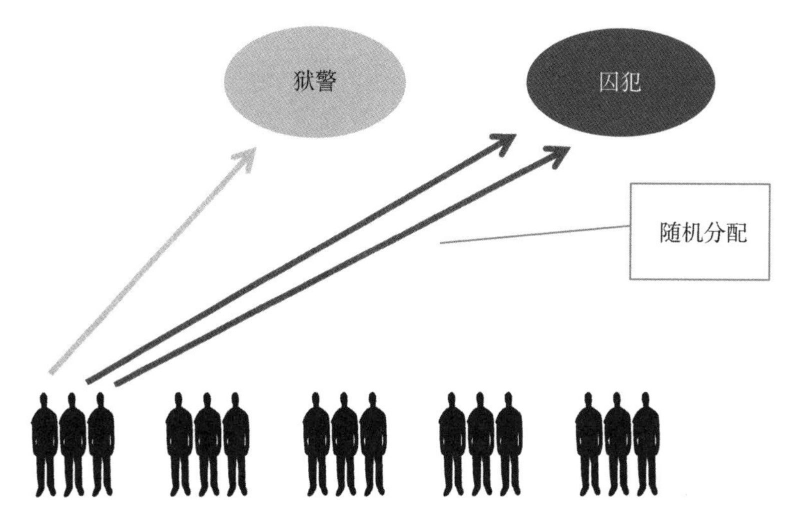


图 6.4　形成由三名配对被试组成的五组被试。被试根据种族主义、权威主义和社会支配性进行配对。配对后的被试再通过随机分配确定是担任狱警还是囚犯。每组中有 1 人担任狱警，另为 2 人担任囚犯。

## 批判性思维工具

### 需求特征

问题导入：研究中的某些方面是否会给被试提供线索，从而在无意中引导被试做出符合假设的行为？



设想你报名参加了一项研究，这是心理学 101 课程需要完成的研究任务。当你到达实验室时，实验人员会跟你打招呼，并让你等一分钟，因为她要先完成另一个被试的实验。片刻之后，这个被试从实验室里走出来，实验人员让你再等一等，她要去准备为你做实验。当实验人员不在的时候，这个被试告诉你一个秘密：这项研究涉及选择投影在屏幕左右两侧的图片，实验者的假设是人们会更多地选择左边的图片。这时，实验人员——一个友好的女士，来到等候室，叫你进入实验室，告诉你这项研究的基本情况，让你签署一份知情同意书，然后在屏幕上呈现图片，让你从左边或右边选择一张图片。你会怎么做？你会通过选择左边的那些图片来帮助实验人员吗？如果你选择右边的图片是不是在破坏她的实验？这些内幕消息会影响你的选择吗？你会选择放弃参加实验吗？

根据心理学家马丁・奥恩(Martin Orne)的观点，我们都想成为一名好被试，来帮助实验者证实他的假设。鉴于存在**好被试效应(good-subject effect)**，实验者们必须小心，不要提供太多关于研究目的的线索。这些线索可能存在于知情同意书中，也可能存在于实验过程中实验者和参与者之间的交流互动里。作为批判性思维者，我们需要考虑需求特征是否在斯坦福研究中产生了影响。卡纳汉和麦克法兰的研究结果是否表明了需求特征的存在？你可能已经正确地识别出斯坦福监狱实验的招聘广告本身就是一种需求特征的来源，因为研究的性质(即对监狱生活的研究)吸引了具有特定个性特征的群体。那些参加斯坦福监狱研究的参与者们得到了以下关于研究人员正在研究的问题的信息：

标签(如“囚犯”“狱警”)对行为的影响有多大？我们扮演的“囚犯”和“狱警”会在相对较短的时间内表现得与现实生活中的囚犯和狱警相似吗？

关于研究目的和实验者的期望或需求特征的线索是否会影响参与者的行为？阿里・班努阿孜孜和塞厄马克・穆瓦赫迪(Ali Banuazizi & Siamak Movahedi, 1975)十分确信需求特征是斯坦福研究中的一个问题，他们决定检验人们能够猜到实验目的的可能性。研究人员向波士顿地区的大学生提供了斯坦福研究被试在进入监狱之前所掌握的信息。当被要求判断实验假设时，如表 6.3 所示，超过 80%的人能够猜对。此外，当被问到他们估计狱警会做出什么样的行为时，接近 90%的人认为狱警会有敌对和压迫的行为。

89

**表 6.3　被调查者预测自己和他人在扮演狱警或囚犯角色时的行为（%，个）**

| 预测对象 | 被调查者性别 | 预测的行为 | | | | | | | | |
|---|---|---|---|---|---|---|---|---|---|---|
| | | 当被分配到狱警角色时 | | | | 当被分配到囚犯角色时 | | | | |
| | | 压迫的、敌对的…… | 宽容的、公平的…… | 其他 | 共计 | 反抗的、挑衅的…… | 被动的、服从的…… | 不确定的 | 其他 | 共计 |
| 他人 | 男 | 85.1<br>(57) | 10.4<br>(7) | 4.5<br>(3) | 100.0<br>(67) | 23.5<br>(16) | 38.2<br>(26) | 32.4<br>(22) | 5.9<br>(4) | 100.0<br>(68) |
| | 女 | 93.8<br>(76) | 1.2<br>(1) | 4.9<br>(4) | 100.0<br>(81) | 39.0<br>(32) | 25.6<br>(21) | 29.3<br>(24) | 6.1<br>(5) | 100.0<br>(82) |
| | 无论男女 | 89.9<br>(133) | 5.4<br>(8) | 4.7<br>(7) | 100.0<br>(148) | 32.0<br>(48) | 31.3<br>(47) | 30.7<br>(46) | 6.0<br>(9) | 100.0<br>(150) |
| 自己 | 男 | 48.4<br>(30) | 33.9<br>(21) | 17.7<br>(11) | 100.0<br>(62) | 15.6<br>(10) | 18.8<br>(12) | 32.8<br>(21) | 32.8<br>(21) | 100.0<br>(64) |
| | 女 | 46.3<br>(37) | 38.8<br>(31) | 15.0<br>(12) | 100.0<br>(80) | 12.7<br>(10) | 40.5<br>(32) | 17.7<br>(14) | 29.1<br>(23) | 100.0<br>(79) |
| | 无论男女 | 47.1<br>(67) | 36.6<br>(52) | 16.2<br>(23) | 100.0<br>(142) | 14.0<br>(20) | 30.8<br>(44) | 24.5<br>(35) | 30.8<br>(44) | 100.0<br>(143) |

来源：经美国心理学会许可转载

注：括号中的数字表示做出不同预测行为的被调查者人数；一些被调查者对某些特定项目难以确定而没有作答，导致被调查者总数低于 150 人。

90

我们不妨也来看一看斯坦福研究报告中狱警们对自己的经历的看法：

狱警埃什尔曼："我个人认为，这个实验肯定是为了证明监狱是一个残酷的、不人道的地方。"在后来的一次采访中，他解释道："我想在实验中做点什么……这是在做好事，因为它有助于揭露监狱环境的邪恶属性。"

狱警阿内特："我觉得这个实验很重要，我努力模仿'一个真正的狱警'，来帮助研究人员研究人们对真实压迫的反应。我感觉真正的监狱是残酷的、没有人性的，即使这样的感觉是模糊的，但它还是对我的行为产生了影响。"（Zimbardo，2007，p. 188）

狱警埃什尔曼和阿内特的说法似乎与奥恩（1962）在斯坦福研究近十年前对

这种典型的被试反应的描述非常吻合："被试在实验中的行为几乎可以被理解为解决问题，也就是说，在某种程度上，被试认为自己的任务是证实实验的真正目的，并且为了支持需要检验的假设而做出相应的行为。"(p. 779)

为什么被试知道研究目的和预期结果(可能的)非常关键？让我们回到上述假设的那个要求你选择左边或右边的图片的研究中去。你怎么处理另一个被试透露给你的小秘密？尼可尔斯和马纳(Nichols & Maner，2008)进行了这样一项研究来检验好被试效应，结果表明，被试倾向于屈从实验者的期望而选择左边的图片。

## 逻辑谬误

狱警埃什尔曼和阿内特的说法似乎是对斯坦福研究的有力控诉，但我们必须考虑到，这两个人有可能是在为自己所做的，许多心理学入门学生不仅会读到而且还会在视频和电影中看到的虐待行为进行辩护。如果他们认为自己是善良的、爱好和平的人，那么这与他们在那次研究中的行为和态度之间的不匹配就产生了心理学家所说的认知失调。认知失调会促使他们进行**合理化(rationalization)**尝试，这种防御机制会让他们寻找解释来让自己的行为看起来是合理的。埃什尔曼和阿内特面临的两难选择是，要么承认他们可能不是自己所认为的那种好人，要么暗示这些行为都是为了帮助津巴多并且推进科学研究。

91

让我们再来看看斯坦福研究中的最后一个可能会对需求特征产生影响的方面：狱警人设。在囚犯抵达之前，津巴多以监狱上级主管的身份举行了一次狱警情况介绍会，虽然不鼓励狱警对囚犯进行身体虐待，但没有说明不能对囚犯进行心理虐待。

津巴多向狱警们说道："你可以制造出让囚犯们厌烦的感觉，甚至是某种程度的恐惧感；你可以制造出一种专横的感觉，让囚犯们认为自己的生活完全由我们——由监狱系统、由你我控制。"(Haslam & Reicher，2007，p. 618)。津巴多(1971)还说道：

显然，非常重要的是囚犯们认为这将只是一个很有趣的游戏，他们只需要在接下来的 2 个星期每天坐在那里就能得到 15 美元的报酬而签约参加实验。我们不知

> 道这个实验会持续多久，但最多可以持续 2 个星期。每个监狱研究都是 2 个星期，我们也一样。如果到时候这个实验看起来有些不受控制了，我们可能会早点结束……如果有其他事情发生……我们最多实验 2 个星期。我们有空间和自由这样做……我们希望这项研究从一开始就能产生真正的影响，而不是一无是处的研究。

巴特尔斯和同事们(2018)通过询问被试对这样的监狱研究的反应，测试了狱警情况介绍会所体现的需求特征。在情况介绍过程中，被试被分别分配到一种实验条件下，在实验组中，他们会被告知上述在狱警情况介绍会中使用的语言(例如，你可以在囚犯中制造恐惧和厌烦)，而在对照组中，仅仅是向被试提供关于该研究的基本信息。结果表明，实验组的被试的反应比对照组更具有攻击性。

在斯坦福研究的后续报道中，津巴多(2007)自己也指出，其中一名狱警约翰·马库斯(John Markus)在监狱长大卫·贾弗(David Jaffe)的鼓励下，采取了更加强硬的方式对待囚犯。监狱长贾弗告诉狱警马库斯：

> 狱警们必须知道每个狱警都必须是我们所说的“强硬的狱警”……我们需要你表现出这样的行为。目前，我们需要你扮演一个“强硬的狱警”的角色。我们需要你做出你想象中狱警应该做出的反应。我们正试图建立一个狱警该有的形象——你的个人风格有点温柔。(p. 65)

狱警情况介绍会以及狱警与监狱长之间的交流所带来的问题是，研究的目的对于被试而言变得更加清晰(Haslam & Reicher, 2007)。如果被试知道研究目的，并且对实验和实验者持支持态度，那么这些情况影响被试行为的可能性就会增加，并对研究的有效性和完整性构成威胁。无论是像上述交流中那样明确地要求狱警粗暴一点，还是像狱警情况介绍中那样含蓄地暗示狱警可以粗暴一点，都暴露出强烈的需求特征。

92

## 评估实验室情境的真实性

### 问题导入：实验室环境是否足够真实？

你可能会经常听到这样的批评：实验室里的心理学研究太不真实。被试经常需要完成大多数人在现实世界中从来不会遇到的任务或挑战。当人们质疑一项研究结果能否应用到现实世界时，他们是在质疑这项研究的**生态效度**(ecological validity)。如果说某项实验任务非常不真实，那就是缺乏**现实真实性**(mundane realism)。这是判断一项心理学研究的公平标准吗？虽然实验任务与现实生活相符看起来很重要，但是如果任务对参与者有吸引力，并且被试认为这就是真实的经历或者具有**实验真实性**(experimental realism)，那么现实真实性就不是至关重要的了(Wilson, Aronson, & Carlsmith, 2010)。

让我们先介绍另外一项著名的研究，然后再回到斯坦福研究。班杜拉、罗斯和罗斯(Bandura, Ross, & Ross, 1963)先让学龄前儿童观看了模特殴打一个充气洋娃娃的视频，然后再把孩子们带到另一个单独的、放着充气洋娃娃的房间。孩子们因为不能接近玩具而感到沮丧，之后，观察者记录了孩子们的攻击行为。你认为这个研究具有现实真实性吗？或者具有实验真实性吗？如果你对其中一个问题或两个问题都回答了“不”，那么你并不孤单，这项研究经常会被用来攻击实验室研究的真实性。然而，在我们放弃这项研究之前，还有另外一种真实性——**心理真实性**(psychological realism)，值得我们深思。这种真实性是指实验中的心理过程与现实生活中的心理过程之间的一致程度(Wilson 等，2010)。虽然我们可以很容易地识别出现实真实性，但是却很难察觉心理真实性。第11章还会进一步讨论在上面介绍的这个著名的波波娃娃研究(Bandura 等，1963)，在实验中，殴打一个充气的洋娃娃似乎是不符合生活实际的。然而，班杜拉和同事们(1963)认为，孩子们学习了模特的行为，并且内化了这种反应，然后会在引发挫折感的“真实”情境中使用它们。换句话说，该实验中的心理机制(psychological mechanisms)是真实的。

93

斯坦福研究和其他监狱研究的目的，包括拉维邦德和BBC的研究，并不是想要重现一个真实的监狱环境，而是想要考察监狱环境所塑造的心理。BBC监狱研究人员说明了这一问题：

> 这项研究的目的并不是要模拟一个监狱(如斯坦福研究，无论是从伦理角度还是实际角度来看，这都是不可能的)，而是要创造一个在许多方面类似于监狱的机构……作为一个场景，来调查那些在权力、地位和资源方面处于不平等地位的

群体的行为。因此，关键不是研究实验环境是否复制了一个真实的监狱(这是任何一个实验环境都无法做到的)，而是能否创造出对被试而言真实存在的群体之间的不平等。(Reicher & Haslam，2006，p. 7)

**问题导入：研究人员能否保证对实验的操作达到了预期的效果?**

此时，一个重要的问题就是：研究中使用的操作方法其效果如何？研究人员通过**操作检查(manipulation checks)**来确定所使用的操作是否成功地产生了预期的效果。受到斯坦福研究的启发，让我们假设研究人员想要确定狱警的权力和囚犯的无力是否是造成模拟监狱中敌对行为的原因。就像拉维邦德、米索兰和亚当斯(1979)一样，他们在研究中建立了几个模拟监狱，在这些监狱中，狱警对囚犯的控制程度各不相同。我们可以认为，研究人员创造出了不同的环境以反映狱警对囚犯不同程度的控制。然而，大多数研究人员对这种假设并不满意，他们将尝试通过测量狱警的权力来检验实验操作是否有效。BBC研究人员感兴趣的是，那些希望让被试感觉到他们可以改变监狱环境的操作是否会产生预期的效果。为了评估操作的影响，他们询问了被试是否认为狱警和囚犯之间的关系是多变的。

让我们再来看另外一个例子。在下面描述的这项研究(Chao，Cheng，& Chiou，2011)中，研究人员试图通过让被试在一项简单的任务中失败来引发他们的羞耻感。为了检验失败操作是否有预期的效果，研究人员询问了被试在得知失败后的情绪状态。

……**方法**

我们通过让被试知道他们在竞争性质的反应时间任务中的失败，来诱导他们产生羞耻感。在此状态下，被试再被告知他们的竞争对手是迄今为止测试中最慢的选手之一。被试在点击“完成”图标后(图标链接的是实验室网页上所公布的选手排名)，将会看到自己的名字在一个排名表的底部(在竞争对手名字的下面)……

94

经过这样的操作之后，被试被要求从六种情绪状态中选择一种最能描述他们当前感受的情绪状态(即羞耻、愉快、尴尬、骄傲、丢脸或中性)……那些所选择的情绪状态与情绪操作不一致的被试将被排除在后续分析之外。(p. 204)

请注意，研究人员询问了被试的情绪状态，并将没有选择预期中的“羞耻”的被试“排除在后续分析之外”。

## 思考研究是否合乎伦理

斯坦福监狱研究经过了**机构审查委员会**(Institutional Review Board，IRB)的审查，该委员会专门负责保障被试的权利和安全。虽然这项研究经过了委员会的批准，后来美国心理学会也认为该研究遵循了当时的指导方针，但津巴多(2007)承认研究中还是存在一些伦理问题。这些问题包括对被试造成的过度伤害，还包括没有提前告诉囚犯会在家中被逮捕，以及在探监时欺骗囚犯的父母等。最后，津巴多承认，他本应早点结束研究，但他因为担任了监狱的上级主管和研究者的双重角色而失去了客观性：

> 回想起来，我认为，当研究开始失控时，我没有尽早结束研究的主要原因是由于我的双重角色所带来的冲突：一个是主要研究者，应是实验研究伦理的守护者；另一个是监狱的上级主管，渴望不惜一切代价维护监狱的完整和稳定。(Zimbardo，2007，pp. 234－235)

斯坦福监狱研究是否合乎伦理这一问题比最先看起来还要复杂得多。事后来看，似乎更加明显的是，当我们想到研究所发生的虐待行为时，便认为它本来就不应该被批准，如果放在今天也不会被批准。尽管预料到会出现虐待行为，但是机构审查委员会的成员和研究者们并没有预料到虐待行为的严重程度。津巴多的确事先向被试提供了知情同意书和大量的情况说明，并特别强调了这项研究的众多好处(Zimbardo，2007)。然而，根据目前机构审查委员会所使用的伦理准则，在今天这项研究很可能不会被批准。不过，经常会有一些对经典研究做出适当调整之后的**复制实验**(replications)，斯坦福监狱研究也不例外。

许多国家，如英国和美国，对在研究中使用人类受试者都有明确的伦理准则。例如，1979年，美国国家保护生物医学与行为研究人类受试者委员会发布了一套指导方针，被称为贝尔蒙特报告，强调尊重人类原则、有利原则和公正原则

95

(Fischer，2006)。报告称，**知情同意书**(informed consent)需要包括研究目的、预期的风险和危害、参与的好处等信息，并声明被试可以随时退出实验。在今天，斯坦福研究人员向机构审查委员会提交申请时就会遇到这方面的麻烦，因为津巴多在研究计划书中提到被试将被“劝阻退出”，此外，知情同意书中也没有说明被试可以随时退出。另一方面，贝尔蒙特报告也明确指出，不允许被试遭受任何不人道的待遇。如前所述，开始可能没人能预料到斯坦福研究的被试会受到不人道的待遇，但当狱警的虐待行为和囚犯的崩溃加剧时，研究就应该停止。

## 逻辑谬误

我们在评价像斯坦福监狱实验这样的研究中出现的伦理道德问题时很容易陷入**积非成是谬误**，认为“发生在斯坦福研究被试身上的坏事是合理的，因为每天都有坏事发生在监狱里的囚犯身上”。这种想法并不恰当。

### 思考研究人员的客观性

正如你在第 2 章中所学习到的，采取质疑的态度是批判性思维的一个基本要素。大多数情况下仅需要质疑一项研究在方法上和理论上的问题。然而，在某些情况下，尤其是当研究被激烈的争论包围时，我们还需要质疑研究人员的客观性，本书中的大部分研究都是如此。

毫无疑问，津巴多一直在寻求支持监狱改革的成果，为此，他已经将自己的大部分职业生涯投入其中。津巴多把自己描述为反惩罚和反监狱者(Sommers，2009)。假设他在研究中持有这些态度，并且鉴于他既是监狱的上级主管又是主要研究者，这肯定会引起我们对他的客观性的担忧。

反监狱的态度是否会影响津巴多对结果的解读？这很可能没有明确的答案，但在这种情况下，我们可以思考一些问题。首先，我们要考虑斯坦福研究结果能否被复制，或与其他类似的研究是否一致。其次，我们还要考虑研究的透明度，或研究人员描述如何收集和分析数据的程度以及分享数据的意愿。

96

此外，其他一些与津巴多的客观性相关的令人困扰的事实也被揭露了出来。(Blum，2018；Le Texier，2018)。

重点阅读：Blum，B.（2018）. The lifespan of a lie. *Medium*（June）. Retrieved from https：//medium. com/s/trustissues/the-lifespan-of-a-lie-d869212b1f62.

所有上过心理学入门课的学生都认为，狱警的行为是自发的和有虐待倾向的，随着情境力量的加剧，狱警变得越来越暴虐。与此相反，法国尼斯大学的学者蒂博·勒特谢尔（Thibault Le Texier）通过对研究记录的详尽回顾和对被试的访谈，发现了狱警行为并非自发的证据。狱警是被告知了规则，而并非津巴多所说的狱警创造了那些规则。狱警深夜唤醒囚犯来“点名”这种被认为狱警有虐待倾向的标志性场景之一，是由津巴多和监狱长大卫·贾弗写下的实验脚本。勒特谢尔谈到，脚本内容并非只有这些：

> 津巴多和贾弗建议狱警对囚犯施以暴虐、挖苦、讽刺、羞辱，剥夺他们的权力、延长点名时间、拆开他们的邮件、让他们打扫牢房，以及对他们施以毫无意义的惩罚：如清除他们毯子上的芒刺和稻草。（p. 14）

考虑到BBC实验与斯坦福实验所得出的研究结果截然不同，研究人员之间相互争论也就不足为奇了（Haslam & Reicher，2006；Zimbardo，2006）。和其他研究一样，我们可以在方法、理论和伦理方面质疑BBC实验的研究结果，但津巴多却对BBC实验的研究人员进行了**人身攻击（ad hominem）**，质疑他们的科学诚信（Zimbardo，2006）。这样的攻击转移了争论的焦点（如情境力量的影响），并将焦点转移到个人身上。通过诋毁个人，从而间接地诋毁其所提出的论点（Van Vleet，2011）。

## 本章小结

让我们回到本章开头所提出的那个问题。我们如何理解作恶者的残忍行为？答案是否因人而异，是由个人性格决定的，还是受环境或制度影响的？斯坦福监狱研究强调了经常被忽视的情境力量的作用。作为批判性思维者，我们需要通过仔细地观察样本、询问被试是如何被招募的、思考对研究感兴趣的人是否与实际参与研究的人不一样，以及考虑提供给被试的信息可能会如何影响他们的行为，来了解更多的信息。在斯坦福研究中，选择性偏差问题迫使我们思考个性特征是

97

否会诱导人们去参与监狱生活实验，或者在真正的监狱里工作。对需求特征的思考则会提醒我们，要谨慎地解释研究中的一些极端行为。此外，还需要注意描述一项研究结果时所使用的语言。因果结论适用于更科学地控制条件的对照实验，如拉维邦德和 BBC 监狱研究，而斯坦福研究却不适用。

研究人员的工作并不容易。研究人员需要创造一个被试在心理上认可的、逼真的任务，同时还要确保被试没有不必要的压力，此外，还要控制潜在的偏差。正如一些批评者指出的，虽然津巴多和同事们在某些方面可能是失败的，但我们不能全盘否定那些无法向被试呈现实际情况的研究。为参与斯坦福研究的被试创造一个"真实"的监狱环境是不可能实现的，因为这不仅是不道德的，而且成本过高。斯坦福研究引起了很大的争论，尤其是与 BBC 研究之间的争论，这让我们很难就这项研究得出合适的结论。如果我们不是试图去认同某一方的观点，而是去理解争论双方的真实动机，考虑研究结果的一致性，并仔细评估每一种观点的优点和不足，那么我们可能会形成一种更加精妙的观点。

## 研究展望

如果你看到关于斯坦福研究的二手资料，你可能会看到以下说法："今天绝对不能再做出这样的研究了。"正如我们在拉维邦德和 BBC 研究中所看到的那样，事实并非如此，但值得注意的是，这两个研究并不是在美国进行的。我们没有理由说未来的研究将无法解决拉维邦德、BBC 和斯坦福研究仍未解答的问题。当津巴多积极地为情境力量进行辩护时，其他人则通过强调个性特征的作用进行着反驳。作为批判性思维者，我们要警惕孤立地对任何一个影响因素的作用所作的确定性陈述。想想你自己的个性，你会如何描述自己？乐于助人？外向？如果是外向的话，想想你在最近一个星期内所发生的与外向相关的情况。如果仔细思考每一个情境，你就会意识到外向程度在不同情境下是不相同的。在大学第一课的时候，你就不会像在周末和朋友出去的时候那样随意交谈，你可能会犹豫要不要说话。但是，如果测量你在所有情境下的外向程度，并计算出每个星期的平均水平，结果将是显著一致的（Fleeson，2004）。

98

虽然可以肯定还会出现其他的监狱研究，但不幸的是，也会发生其他类似阿布格莱布监狱的虐囚事件，关于个性特征和环境力量的相对重要性的争论不太可能得到解决。回想一下阿布格莱布监狱的那个狱警奇普·弗雷德里克，他被津巴多描述为一个普通人，然而，评估弗雷德里克的精神病学专家纳尔逊却注意到了他的个性令人担忧。纳尔逊提醒，弗雷德里克的个性本身并不能完全解释虐囚行为，一个没有监督、没有惩罚监管机制的环境是虐囚行为产生的另一个关键因素。无论是个性特征还是情境力量本身都不足以解释 1971 年在加利福尼亚州帕洛阿尔托“监狱”以及在此 30 多年后发生在伊拉克阿布格莱布监狱的虐囚事件。

当我们考虑在未来进行其他研究以解决斯坦福研究所提出的问题时，需要注意研究伦理的演变。我们必须先考虑那个时代的历史、社会和文化背景，再来评价斯坦福研究和其他研究的实验伦理。断章取义地解读研究是不公正的、具有误导性的、也是具有欺骗性的。斯坦福研究是在大约 50 年前设计、实施和报告的，不能使用现行的保护人类受试者的伦理标准，以及现在的社会文化背景来对其进行司法上的审判和批判性的评价。更重要的是，我们应该从斯坦福研究的上述缺点中吸取教训。这样才能促进研究伦理的演变。

## 问题与讨论

1. 如何设计一个实验来确定狱警情况介绍会是否会影响狱警们的行为？考虑向随机分配到两个组的狱警提供不同的指示。

2. 监狱和狱警在电视或电影中的典型形象是什么？你认为这会影响参与类似斯坦福监狱研究的被试的行为吗？电视或电影作品所创作的狱警形象的目的是什么？

3. 这么多年来，斯坦福监狱研究为什么能够吸引如此多的关注，并唤起大家如此大的热情？

# 第 7 章　媒体研究：暴力媒体会使人们更具攻击性吗？

主要资料来源：Bushman, B. J., & Anderson, C. A. (2009). Comfortably numb: Desensitizing effects of violent media on helping others. *Psychological Science*, *20*, 273 - 277.

## 本章目标

99　本章将帮助你成为一个更好的批判性思维者，通过：

- 评价有关暴力视频游戏对攻击性的影响的争论
- 比较实验室研究与现场研究的优势与局限
- 评价实验室攻击性测量方法的优势与局限
- 衡量一般攻击模型和催化剂模型
- 识别政治辩论中所出现的逻辑错误

### 导入

试想你刚刚玩了一个暴力视频游戏，在游戏中，你搜寻目标，移动控制器并按下按钮，你要消灭的目标在屏幕中倒下了。然后，你继续前进，进入下一关卡。在高清显示屏上，一切都看起来那么真实，你为自己通过敏捷的思考和迅猛的反应消灭掉对手而感到自豪。

请思考下列问题：

#1　你会在第 2 天让这个虚拟的游戏“成真”，即在“真实世界”中实施暴力行为的可能性有多大？

#2　如果通过联邦立法立刻禁止暴力游戏，我们的世界会变得更好吗？

猜想绝大多数人在面对问题♯1 时,都会说自己对“虚拟”与“现实”之间的区别有清楚的认知,不会将游戏中的暴力行为付诸现实行动。不过,希望你能意识到这个问题呈现的是,接触暴力视频游戏后最极端的也是最不可能发生的后果。即使有些人批判认为视频游戏有害的研究,他们也不会认为有谁会愚蠢到去实践游戏里的内容。我们更应该问的是这种影响会持续多长时间,以及游戏是否会诱发不易察觉的暴力。

100

问题♯2 也需要进行更深入的思考。如果在所有喜欢在屏幕上玩暴力视频游戏的人中,99%的人都不会做出攻击性的暴力举动呢?我们如何确保在不侵犯这些能够处理好“虚拟”与“现实”关系的大多数人的权利的前提下,保护其他人免遭这 1%的人所带来的暴力?即使我们禁止了暴力视频游戏的制造、销售和使用,也无法避免有强烈意愿的人在“黑市”上找到这样的游戏。

想一想 20 世纪 20—30 年代禁酒令时期,美国颁布的《禁酒法案》(*Volstead Act*)使饮酒成为非法行为。这是否意味着由于少数人的罪过而牺牲了多数人的权利?我们应该如何将那些安全使用枪支进行狩猎或其他社会认可的用途的人,与使用武器进行犯罪或杀害他人的人区别开来?从过去的历史中我们能够学到什么?

当我们站在普通人的视角来解释社会中的暴力行为产生的原因时,必须要警惕这种暴力的假定前提和媒体对暴力耸人听闻的报道之间的联系有多强。例如,在小报上,我们很少看到诸如个人如何为自己的行为负责,个人自由是如何在社会上受到高度尊重的,以及为何有利于实现公众利益的社会控制机制才是最好的机制之类的信息。

## 研究背景

2013 年 4 月 9 日清晨,塞尔维亚首都贝尔格莱德郊外的一个村庄里,60 岁的留比沙·波格丹诺维奇(Ljubisa Bogdanovic)开枪射击普通群众。在结束自己的生命之前,波格丹诺维奇已经杀死了十几个人,其中大部分是他的邻居和家人,包括他的妻子和儿子。他的生活背景透露出可能的创伤经历，也就是他的父亲在他小时候就自杀了。他的生活背景里没有透露出暴力游戏史，而这正是本章所要介绍的重点。

这种暴力游戏史与几个月前发生在美国康涅狄格州纽敦市的大规模枪击事件有关。本章是关于暴力视频游戏的研究，为什么要讨论一个游戏在其中似乎没有起到任何作用的案例，而不是讨论发生在美国纽敦的枪击事件呢？媒体在报道塞尔维亚枪击事件时，并没有提及暴力游戏在其中毫无作用，这一点值得思考。如果选择性地使用暴力视频游戏导致暴力行为的案例可能会导致公众对视频游戏产生误解，并且会给公共政策（社会，政府等）带来不必要的影响（Ferguson，2013）。因此，不仅是媒体研究本身需要我们进行批判性的分析，向公众传播类似研究时也需要进行批判性的思考。让我们看一个关于暴力视频游戏影响的研究。

101

在研究的第一个实验中，心理学家布拉德·布什曼（Brad Bushman）和克里格·安德森（Craig Anderson）（2009）将被试随机分配到实验组和对照组，让被试分别玩20分钟的暴力视频游戏和非暴力视频游戏。在游戏结束的几分钟后，也就是在被试填写问卷的过程中，实验室外开始上演一段由研究人员导演的争执。两位男性或两位女性正在为恋人争吵，而被试能够清楚地听到争吵的声音。在“争吵”结束后，攻击者离开，只剩下脚踝受伤的受害者在痛苦地呻吟。研究人员对被试从结束游戏到出手帮助争吵中的受害者所需要的时间进行了记录。在这个实验室研究中，视频游戏内容的暴力性和非暴力性是**自变量**（independent variable），被试帮助受害者的反应时间是**因变量**（dependent variable）。研究表明玩暴力视频游戏的被试需要更长的时间去帮助受害者，而且还认为争吵的程度没有那么严重。在第二个实验中，布什曼和安德森在电影院外导演了一场意外，一名脚踝缠着绷带的女性**实验同伙**（confederate）的拐杖掉了。研究人员在被试视线范围之外记录了观看电影的被试过了多长时间才前去帮助这位故意扔掉拐杖的实验同伙。与第一个实验的结果一样，接触暴力媒体内容的被试过了更长的时间才向实验同伙提供帮助。

帮助行为仅仅是布什曼和安德森提出的**一般攻击模型**（General Aggression Model，GAM）所预测的结果之一（Anderson & Carnagey，2004）。根据这一模型，暴力视频游戏引发了攻击性的想法、感受以及更加强烈的情绪唤醒。一般攻击模型从社会认知理论的视角看待攻击性，认为随着接触视频游戏中暴力内容的时间的增加，个体更容易接受暴力行为脚本，可能习得在相关情境下的行动的心理表征，对暴力的敏感性也会提高，进而行为和人格会受到影响，如帮助行为减少、攻击性增加等。

现在已经有大量具体的关于暴力视频游戏和较为宽泛的关于暴力媒体的研究文献。在有大量研究存在的情况下，**元分析**(meta-analyses)这种能够整合各项研究结果的研究方法就成了帮助我们得出一般结论的有用工具。在安德森和同事们(2010)进行的元分析研究中，暴力视频游戏与攻击性行为之间的平均**效应量**(effect size)为0.189。不同的研究表明，接触暴力视频游戏与攻击性行为、认知和情感相关，并且会导致个体的亲社会行为减少、共情能力降低。

## 当前思考

102

在元分析中，暴力视频游戏和攻击性行为之间的相关性的效应量范围在0.04到0.29之间。尽管之前提到过，安德森和同事们(2010)的元分析暗示暴力视频游戏和攻击性之间有因果关系，但是另外一项由弗格森(Ferguson, 2007a)进行的元分析则表明这种关系并不存在。此外，一些学者认为绝大多数研究聚焦于视频游戏的暴力特征，而另外一个被忽视的特征——竞争性，也许可以更好地解释攻击性产生的原因。

尽管绝大多数研究表明接触暴力视频游戏会导致攻击性，但批评人士指出，重要的是需要考虑不同研究中的效应量的大小。效应量解读标准是0.10、0.30、0.50的相关性分别对应不同程度的效应量(Cohen, 1994)。相关研究对暴力媒体影响的效应量的估计各不相同，但效应量普遍不高。与其他贡献因素相比，如基因、自我控制和童年遭受虐待(相关性介于0.25—0.75之间)，视频游戏对暴力行为的影响就相形见绌了(Ferguson & Kilburn, 2009)。

并非所有研究都支持一般攻击模型，一些研究(Ferguson等，2008)对该模型进行了测试，发现短时间内接触暴力视频游戏的个体不会比接触非暴力视频游戏的个体产生更大的攻击性。同样地，实验室研究也没有发现长期接触暴力视频游戏的个体会产生更大的攻击性。于是，弗格森和同事们(2008)提出了另外一种模型，即**催化**

剂模型(catalyst model),该模型考虑了个体的攻击性和暴力的先天倾向。这些研究人员认为基因中具备暴力倾向的个体更有可能会使用暴力媒体,并且其暴力行为在高压环境中更容易被激发。尽管这些人可能会模仿他们所看到的暴力行为(如视频游戏中所见),但暴力媒体本身并不是导致这些行为的根本原因。因此,该模型的支持者强调个体先天的暴力倾向以及个体在寻求暴力媒体中所扮演的活跃角色。

重点阅读:Ferguson, C. J., & Konijn, E. A. (2015). She said/he said: A peaceful debate on video game violence. *Psychology of Popular Media Culture*, *4*, 397 - 411.

一般攻击模型和催化剂模型最大的区别在于对暴力媒体和攻击性之间因果关系的解释。一般攻击模型的基本原理是认为暴力媒体导致了攻击性反应的增加,而在催化剂模型中,暴力媒体被认为是影响了攻击性行为的表现形式(实践在游戏或电影中看到的行为),但并非其成因。此外,也有人对实验室中攻击性测量的方法表示担忧,关键问题在于实验室内测量的攻击性是否可以推广到这种高度控制的环境之外,即现实生活中。就像你在本章会读到的那样,这场辩论已经变得极具争议性,一方被指责夸大了媒体的影响,而另一方则被指责否认了媒体的作用。这种充满政治意味的争论,存在干扰和阻碍科学研究为公共政策制定以及大众提供信息支持的倾向。

103

重点阅读:Ferguson, C. J. (2008). Violent video games: How hysteria and pseudoscience created a phantom public health crisis. *Paradigm*, *12*, 12 - 13, 22.

## 现场研究

与布什曼和安德森(2009)第一个实验类似的研究通常会被指缺乏**外部效度**(**external validity**)(Wood, Wong, & Chachere, 1991)。布什曼和安德森(2009)在第二个实验中进行的**现场研究**(**field study**)则回应了这种批判。现场研究是在自然场景(更真实)中对目标变量(如暴力媒体和攻击性)进行观察与测量。从技术上来讲,布什曼和安德森是通过操作电影的类型(暴力和非暴力)来完成现场实验的。这种研究的优势之一在于，它更接近日常生活中自然发生的行为。但是，在这种研究中，“自然”的程度也有所不同。理想状况下，研究人员为了追求外部效度的最大化，会选择无需人为操作自变量就会自然发生的场景中对个体的行为进行观察和记录（Tunnell，1977）。

在布什曼和安德森的研究中，被试在电影院（自然场景）帮助一位他们认为的受伤者（自然行为）。虽然这个情境是由研究人员有意设计的，但这仍是人们在实验室外的真实世界中可能会经历的事情。将其与典型的实验室研究进行对比，例如，被试在一间大学教室里玩了一段时间的视频游戏之后，要求他们对一段假想的片段做出回应，你觉得哪种情况听起来更像是日常经历？

你可能会好奇，现场试验的外部效度这么好，为什么研究人员还会采用其他的研究方式。因为，不幸的是，外部效度的提高是以降低内部效度为代价的。例如，对于现场实验而言，控制除自变量之外可能会对研究结果造成影响的**混淆变量（confounds）**是一种挑战。但是，在现场实验中，你也可以将部分因素控制得像实验室一样好。例如，韦斯佩和弗莱斯雷（Wispe & Freshley，1971）在实验中设计了实验同伙不小心掉落购物袋的场景，实验中的自变量为掉落购物袋的人的种族。研究人员尽可能地对两名扮演“掉落购物袋的人”的女性的其他差异进行控制（如衣服颜色、身高、体重等）。从下面这段描述中，我们可以清晰地看到研究人员对实验的内部效度和“购物袋掉落”的一致性的考虑：

104

在购物袋接触地面时，掉落购物袋的人表现出适当的惊讶和不悦的手势。带着明显的沮丧，她绕着购物袋缓慢地走5—10秒，以留出被试向她提供帮助的时间。购物袋掉落的时机是确定的，所以当购物袋落地时，被试与掉落购物袋的人之间的距离大约是10英尺（约3.05米）。由于掉落购物袋的人背对着被试，而且她的目光锁定在掉落的购物袋上，因此在帮助行为发生之前，他们之间没有任何的眼神交流（p. 60）。

让我们重新回到布什曼和安德森（2009）的研究。回顾研究人员在电影院外设计的意外事件——一位女性同伙看起来需要帮助。

在这个场景中，有一些因素需要考虑。你可能会想到这位需要帮助的人周围的人数是否会影响被试提供帮助的时间。另外一个不那么明显的因素是，与大学生被试相比，现场研究中的被试的人格特征以及个体差异要更加显著。实验开展的文化背景以及所在的国家可能也会为解释研究结果提供更多线索。布什曼和安德森(1998)也提到，比较现场研究和实验室研究可以发现，在实验室中，研究人员能够更好地控制接触的内容和时间，此外，实验室研究通常会用到更具攻击性的内容，并且接触内容和攻击性测量之间的间隔时间更短。最后，如果实验同伙被告知了或者自己意识到了实验的真实情况，这就有可能影响他们的行为，他们可能会为了支持研究假设而有意地作出相应的表现(Ramos 等，2013)。

尽管许多因素都会影响现场研究的结果，但如果只是因为这些难以控制的因素会对研究结果带来不小的影响就放弃这一研究方法的话，那就太不值得了。布什曼和安德森(2009)通过现场研究发现观看暴力电影的人比起观看非暴力电影的人过了更长的时间才去帮助"受害者"。由于这个现场研究的结果和实验室研究(第一个实验)得出的结论是相似的，我们可以对这个研究更加自信，不用太过质疑它的内部效度。

## 元分析结果不一致

如前所述，关于暴力视频游戏对攻击性的影响的元分析研究，所得出的结果并不一致。另有一些研究人员发现单个研究也得出了不一致的结果(有影响或无影响)，并对这些研究进行了元分析，发现得出的结果仍然差异很大(Anderson & Bushman，2001；Anderson 等，2004；Anderson 等，2010；Ferguson，2007a；Ferguson，2007b；Ferguson，2015a；Ferguson & Kilburn，2009)。就像前面所提到的，不同的元分析得出的暴力视频游戏与攻击性之间的相关性最低为 0.04，最高达到 0.29。研究人员怎么会得出如此不同的结果？为了回答这个问题，我们需要考虑研究设计的不同。元分析中，研究人员需要决定哪些实验应该被收录分析，哪些则不应该。例如，安德森和同事们(2010)进行的元分析收录了 2008 年及之前发表在同行评审期刊和未发表的相关研究数据，发现这些研究中暴力视频游戏和攻击性行为之间的平均**效应量(effect size)**为 0.189。

弗格森(2007b)的元分析得出的效应量比较小。如图 7.1 上半部分所示，不同研究之间的一个关键区别在于研究人员对除暴力视频游戏之外的其他变量的控制情况，相关性降低意味着这些变量对攻击性的影响较大。弗格森(2007a)只收录了 1995—2007 年间发表在同行评审期刊上的文章，研究样本更加局限，导致这篇文章的效应量估计范围在 0.04—0.14 之间。最近一项元分析尽管扩大了收录的范围，但是弗格森(2015a)仍然得出了相似的效应量估计范围(0.17—0.6)。这些效应量的大小差异导致“双方”都声称对方的元分析是有缺陷的。一方认为对方存在收录时间太早以及实验设计不规范的研究的缺点，而另一方则认为对方只收录同行评审文章，得到的效应量估计不够准确。不谈元分析，如果仔细地阅读其中一些文献，你就会发现“双方”出现争论的其他原因。

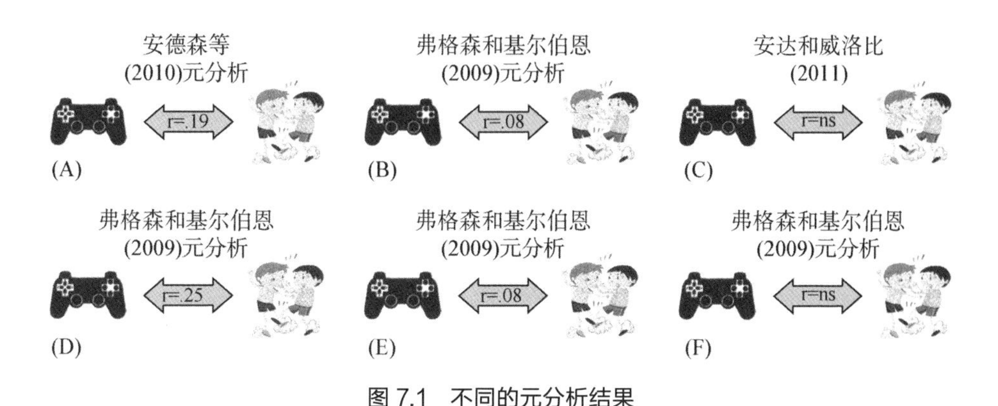


图 7.1　不同的元分析结果

注：图片上半部分：安德森等人(2010)的元分析(A)表明接触暴力视频游戏与攻击性之间显著相关(r=.19)。当弗格森和基尔伯恩在元分析(B)中控制了包括家庭暴力和人格特征在内的其他变量之后，两者之间的相关性降低了(r=.08)。当安达和威洛比(2011)在元分析(C)中控制了竞争性等游戏特点之后，相关性进一步降低(r=ns)。

图片下半部分：弗格森和基尔伯恩(2009)发现在不同的元分析之间，攻击性测量越直接(元分析(D)是间接测量，元分析(E)是测量对他人的攻击性行为，元分析(F)是测量暴力行为)，其与接触暴力视频游戏之间的相关性就越弱。

## 视频游戏的不同特征

106

视频游戏在多个特征维度上存在差异，有些游戏是快节奏的，有些是慢节奏的；有些是仿真的，有些是纯虚构的；有些是竞争性的，有些则不是。其中一些特征可能与攻击性无关，而另外一些则可能有关(见图 7.1 上半部分)。这些特征的重要程度取决于它们与因变量之间的关系，因变量在这里指的是攻击性。如果存在这种相关性，那么这个特征就是一个潜在的混淆变量。例如，一个非常确定的研究结果表明，挫折，无论是来源于视频游戏还是其他情境，都会导致攻击性(Berkowitz，1989)。假设研究人员让实验组的被试玩含有暴力元素同时令人挫败的视频游戏，结果发现游戏的暴力特征导致了攻击性的增加。然而，这个结论并不准确。暴力有可能是一个关键性的变量，但如果研究人员没有对挫折这一因素加以控制，那么攻击性的增加也可能是游戏中的挫折感造成的。

在上述研究(Bushman & Anderson，2009)中，研究人员让被试先玩各种各样的暴力游戏(如《格斗之王》)，然后对游戏的一些特征维度进行打分，包括内容是否有趣、是否引人入胜、是否令人激动和兴奋等。研究发现游戏的这些特征本身并不会影响暴力与攻击性之间的关系。安达和威洛比(2011)则认为研究人员忽视了一个关键的游戏维度——竞争性——他假设对游戏竞争性的控制会影响暴力游戏与攻击性之间的关系。正如假设的那样，研究人员发现在游戏竞争性相同时(难度和游戏的节奏也相同)，玩暴力游戏和非暴力游戏的被试在攻击性行为上没有显著差异。在另一个实验中，研究人员发现玩竞争性非暴力游戏的被试比玩竞争性较低的暴力游戏的被试表现出更高的攻击性。因此，竞争性与因变量攻击性相关。此外，暴力视频游戏比起非暴力游戏往往更具有竞争性。安达和威洛比(2011)的研究对未能控制竞争性因素却得出暴力视频游戏影响攻击性水平的研究提出了质疑。研究人员之所以未能重现以往的研究结果，可能还有其他原因，包括对可能的混淆变量的控制、不同样本的选择以及不同方法的应用，如不同的攻击性测量方法等。

## 批判性思维工具

### 实验室中构念效度的测量

**问题导入：研究人员在多大程度上评估和汇报了研究中所使用的测量方法的效度？**

除了考虑视频游戏的不同特征之外，媒体研究人员还有一项同样重要的任务——对攻击性的定义和测量。研究人员在怎样进行研究最好这一问题上尚未达成一致，这让理解视频游戏研究变得更具有挑战性。之前提到的安达和威洛比(2011)的研究采用了一种被称为“辣酱分配法”的研究方法。在研究中，被试被告

107

知自己正在参与的是一项关于食物偏好的研究,他们需要为一个不喜欢辛辣食物的人准备品尝的辣椒酱。当然,这是告诉被试的**掩饰故事(cover story)**,没有人会真的吃下"死亡辣酱"。因此,被试选择的辣椒的**辣度**和**数量**就可以作为攻击性的测量方法。另外一种比较受欢迎的方法,是在设定好的反应时间任务中让被试与虚构的对手进行竞争,当被试的反应比对手更快时,他就有机会通过耳机让对手听到一阵噪音。在原本的任务中使用的是电击而不是噪音,这导致了人们对其在伦理上的担忧,但修改之后的版本因为尚未有统一和规范的使用方法以及外部效度的不确定性而受到批评(Ferguson & Rueda, 2009)。此外,任务的竞争属性也引发了一些质疑,例如被试是否有可能在任务中将噪音视为一种获得竞争优势的方式(Adachi & Willoughby, 2011)。

这些测量方法有效吗?关键问题在于这个方法的效度如何,以及是否能真正测量需要度量的内容(如攻击性)。研究人员可以通过评估自己所使用的测量方法与其他公认的效度较高的测量方法之间的相关性来确定测量方法的**效度(validity)**。试想加入一个俱乐部的过程,为了成为会员,你可能需要一个已经是会员的人为你担保。同样地,研究人员能够通过确定教师对学生攻击性的评定与同一研究样本父母对孩子攻击性的评定之间的相关性来检验后者的效度。当研究人员检验针对同一构念(即攻击性)的不同形式的测量方式(父母评分和教师评分)所获得的结果之间的相关性时,确定的是**聚合效度(convergent validity)**。如果研究人员能够使用父母评定的分数来预测事件发生的可能性,如孩子因为打架而被退学,那么确定的就是**预测效度(predictive validity)**。辣酱分配法的效度已经得到了验证(Adachi & Willoughby, 2011; Lieberman 等,1999)。

发表在同行评审期刊上的文章,会有一段关于研究(如辣酱分配法)的信度(一致性)和效度的专门的研究综述,提供详细的关于研究信度和效度的原始文献。在此,以假设攻击性测量方法(Hypothetical Aggressive Measure, HAM)的形成为例。研究人员使用了几种攻击性测量工具,分别是敌意量表(Hostility Inventory, HI)、身体攻击性量表(Physical Aggressiveness Scale, PAS)、攻击性量表(Aggression Inventory, AI)、一种测量社会期望的工具(社会期望量表,Social Desirability Scale, SDS)和一种测量神经质,即易焦虑和情绪化的人格特质

108

的工具(神经质量表,Neuroticism Scale, NS)进行了测量。表7.1中给出了假设攻击性测量与其他几种测量结果之间的相关性。假设攻击性测量与其他几种测量攻击性的量表和敌意量表得分之间的显著相关性,表明其具有构念效度。研究人员往往会检验类似假设攻击性测量等测量方法与社会期望结果之间的相关性,从而避免被试在测量中的回答反映的是他们希望别人看到的东西而不是自己真实的想法。假设攻击性测量和社会期望量表之间的相关性几乎为零,表明可以排除这种可能性。测量构念效度的最后一个重要的步骤就是说明这个方法的区分度,即不会与其他某些测量方法的结果相关,这种效度被称为**区分效度**(discriminant validity)。这里的假设攻击性测量与神经质量表测量结果之间的不显著相关性反映了其区分效度,表明攻击性和神经质是两种不同的构念。

表7.1 相关性结果

| 测量方法 | 假设攻击性测量(HAM) |
|---|---|
| 敌意量表(HI) | 0.52* |
| 身体攻击性量表(PAS) | 0.45* |
| 攻击性量表(AI) | 0.44* |
| 社会期望量表(SDS) | 0.08 |
| 神经质量表(NS) | 0.11 |

与身体攻击性量表(PAS)显著相关

与神经质量表(NS)无显著相关

注:* $p<0.05$

使用噪音测量方法的研究都发现接触暴力视频游戏会导致攻击性的增加(与对照组相比噪音的强度更强、时间更长),但也有人对这一测量过程的效度提出了质疑(Ferguson & Rueda, 2009)。如图7.1下半部分所示,使用间接测量或中间变量测量攻击性(如噪音测量方法)的研究,得出的暴力与攻击性之间的相关性要高于使用直接测量方法的研究。

此外,批评人士还指出这些研究存在对攻击性的测量缺乏一致性(如表7.2所示)、缺乏标准化的测量过程、使用效度未得到认可的方法以及缺乏生态效度(如Ferguson & Kilburn, 2009)等问题。图7.2中列举了实验室研究评估标准、使用的方法以及确定这些方法的价值时所必须要思考的问题。

109

表 7.2　噪音测量过程的不一致

| 方法 | 描述 | 研究 | 如何测量 | 结果 |
|---|---|---|---|---|
| 噪音测量 | 被试在竞争性的反应时间任务中与一位虚构的对手进行比赛。每一轮的获胜者可以通过耳机向对方传递一段噪音。被试会被告知，最高等级的噪音可能会导致对方听力受损。被试所选取的噪音强度和持续时间将被作为测量攻击性的依据。 | Anderson & Dill (2000) | 使用噪音强度和持续时间；<br>未告知被试有潜在的听力受损后果 | 强度上显著，持续时间上不显著 |
| | | Konijn，Nije Bijvank，& Bushman(2007) | 使用噪音强度，未使用持续时间；<br>告知被试有潜在的听力受损后果 | 强度上显著 |
| | | Ferguson 等 (2008) | 使用噪音强度，未使用持续时间；<br>未告知被试有潜在的听力受损后果 | 强度上不显著 |
| | | Hasan 等(2013) | 使用噪音强度和持续时间；<br>未告知被试有潜在的听力受损的果 | 强度和持续时间上均显著 |

110

**实验室中的被试真的表现出了攻击性行为吗?**
在一些使用竞争性反应时间任务的研究中，被试被告知8、9或10级的噪音会导致永久性的听力损伤。但是，批评人士认为被试可能是想使用噪音在任务中取得竞争优势而已（是一种竞争性而不是攻击性的反应）此外，还可能是在回应需求特征。

**测量方法的效度如何?**
一些测量攻击性的方法（如辣酱分配法）与其他测量攻击性的可靠方法之间具有显著的相关性，说明该方法具有构念效度。但是，研究表明竞争性反应时间任务缺乏构念效度。与此相关的另一问题是，在使用这些测量方法时，是否存在一致认同的或标准化的操作方式（标准化测量）。

**结果与理论一致吗?**
竞争性反应时间任务得出的结果与一般攻击模型一致，而这一模型是基于社会认知理论提出的。

**结果是否具有外部效度?**
未能证明竞争性反应时间任务和“真实世界”中的暴力行为存在相关关系。此外，视频游戏和暴力犯罪率之间也呈现负相关关系。

**攻击性行为具有生态效度吗?**
通过使用（弹丸）枪射击他人或者让他人食用过量的辣椒酱来测量被试的攻击性，具有一定的生态效度，因为在实验室外也可能存在类似的攻击性行为表现形式。而施加电击和噪音则并非如此。

图 7.2　实验室研究的评价标准

111 ## 研究结果的推广性

如果你关注的是实验室中攻击性行为的表面性，并且希望寻求其与“真实世界”中行为的相似性，你可能会倾向于在心理学研究中不使用实验室研究。例如，在阿尔伯特·班杜拉（Albert Bandura）经典的波波娃娃实验中殴打一个充气娃娃，或者在媒体研究中给别人过量的辣椒酱、在别人耳朵里制造噪音，这些又与真正的攻击性有什么关系呢？这是一个很好的问题，也是批判性思维形成的一个标志。一些心理学家认为，攻击性的表现形式与攻击性的基本概念关系不大（Tedeschi & Quigley, 1996），这容易误导我们关注行为的表面性。安德森和布什曼研究发现，与攻击性相关的实验室研究和现场研究之间具有极高的相关性（Anderson, Lindsay, & Bushman, 1999）。例如，攻击型人格能够预测现实生活中的攻击性和实验室中的攻击性行为（Bushman & Anderson, 1998）。请回顾安德森和布什曼（2009）在实验室研究和现场研究中所取得的关于暴力媒体影响帮助行为的一致结果。这是“理论”的推广，也是“变量之间概念关系”的推广（Bushman & Anderson, 1998, p. 44）。思考布什曼和安德森（2002）所做的下面一项研究，研究中他们给被试提供一个假想的场景，并让被试在玩暴力或非暴力视频游戏后作出回应。其中一个场景如下：

一天晚上，托德在下班回家的路上遇到了黄灯，他不得不踩了急刹车。然而，在他后面那辆车里的人以为托德一定会闯黄灯，结果撞上了托德的车尾。两辆车都受损严重，但幸运的是，这两个人都没有受伤。托德下车检查了车的受损情况，并走向后车。

研究人员要求被试写下他们认为托德“接下来会怎么做、怎么说、怎么想或有什么感受”（p. 1684）。在该场景中，玩暴力游戏的被试比对照组被试给出了更具攻击性的回应。你可能会拒绝接受这一研究结果，因为这个研究过于“表面”，所有的被试都仅仅是在心理学实验室中对一个虚构的情境作出了回应。但是，先不要直接拒绝这一研究结果，而是要从理论的角度来考虑它。理论表明接触暴力媒体会增加个体在这种模棱两可但是令人沮丧的情境中的攻击性期望，而这也与现场研究中的发现具有高度的一致性。

## 评价暴力视频游戏与攻击性之间关系的理论解释

正如本章前面所提到的,暴力视频游戏的主要模型是一般攻击模型。一个好的理论应该具有全面性且与其他已经确立的理论一致。然而,在某些方面,一般攻击模型似乎与其他理论不一致。例如,批评者认为这一理论未能充分说明生物和人格的作用(催化剂模型对这两个方面进行了补充解释,Ferguson 等,2008)、未能区分真实暴力和假想暴力(人的大脑会明显区分这两种暴力)以及关于暴力的观点与进化论不一致(Ferguson & Dyck, 2012),这些方面会降低这一模型的可信度(Haig, 2009)。

112

精确性和可证伪性是衡量一个理论的另外两个重要标准,它们之间密切相关,一个不够精确的理论也就更难被证伪。不幸的是,一般攻击模型中对暴力视频游戏和攻击性的操作性定义都非常不精确。暴力游戏本身(如枪击、格斗)以及暴力游戏和非暴力游戏(如竞争性)之间都存在显著的差异。在暴力视频游戏和攻击性的定义和测量上也不够精确(Ferguson & Dyck, 2012)。弗格森和戴克(2012)解释了前者存在的问题:"将诸如经典游戏'吃豆人'(Pac-Man)、多人游戏'魔兽争霸'(World of Warcraft)和枪击游戏'使命召唤'(Call of Duty)都归类为暴力视频游戏。如同,因为《圣经》(*Christian Bible*)、《红色英勇勋章》(*Red Badge of Courage*)(史蒂芬·克莱恩(Stephen Crane)所著的关于美国南北战争的小说)和《恶兆》(*Cujo*)(史蒂芬·金(Stephen King)的恐怖小说)刚好都包含了暴力元素,因此将其归类为'暴力文学'"一样不合理(p. 657)。使用有效并且可信的工具也是一个理论成功的关键,缺乏工具的构念将是空洞的,且理论也无法被证实或证伪(Cramer, 2013)。

另外一个评价理论的标准是看它的应用价值。理想状况下,一般攻击模型应该能用来预测青少年暴力从而启发公共政策。尽管支持者认为这一模型具有应用价值,但批评者指出犯罪率的趋势与接触暴力媒体的趋势并不一致(Ferguson & Dyck, 2012)。此外,这些批评者也认为一般攻击模型在犯罪学和刑事审判中的作用微乎其微。

好的理论离不开研究数据的支持。仅有一个研究结果与理论不符,并不足以说明该理论不可信,但是,我们也不能忽略证据的权重。与支持该理论的研究相比,不支持该理论的研究应该被赋予更高的权重(Cramer, 2013)。心理学家认为采用“得分记录表”(box score)方法(Ruscio, 2004)是不合适的,因为这种方法仅仅要求我们分别统计支持与不支持该理论的研究,并比较哪一方的数量更多。科学家不应该过多“证明”他们的理论是“正确”的,而应该尝试证伪。此外,与使用不同指令要求或测试工具的重复研究相比,直接重复研究过程而得出与理论不一致的结论的研究应该被赋予更高的权重(Ferguson, 2015b)。

113

## 逻辑谬误

### 政治辩论中的失败

在一些说明暴力视频游戏负面影响的文章开头,研究人员会提到一些耸人听闻的大规模暴力事件,而这些事件中的施暴者都使用过暴力媒体。与此同时,这些研究人员指出要预测极端暴力是相当困难的,不应该指望媒体研究人员能够研究出这样的结果,也不应该对其有这么高的要求。带有选择性的并且为了方便而使用这些骇人的案例反映了**确认偏误(confirmation bias)**,像“研究背景”中提到的贝尔格莱德枪击事件这类不涉及暴力媒体的事件则被媒体研究人员忽视了(Ferguson, 2013)。强调这些符合暴力媒体的事件会导致公众对其危害性的过高估计。由于媒体耸人听闻的报道,我们会倾向于过高地估计类似枪击等致命事件发生的可能性。媒体的曝光让我们能够接触到这类事件,并且在我们记忆中留下了深刻印象,因此它们出现的频率会被高估,这也被称为**可得性启发法(availability heuristic)**(Tversky & Kahneman, 1973)。在最近的美国校园枪击事件后,本书的一位作者在广播节目中听到有受众认为,学校已经失控,家长应当考虑让孩子退学并通过网络课程完成学业。然而,数据表明美国校园枪击事件并没有增加,而且与枪击事件相比,每年会有更多的儿童在自行车事故和溺水事故中丧生(Nicodemo & Petronio, 2018)。

此外,研究表明对事件的生动报道会进一步加剧受众对该事件的过高估计。比如,通过比较媒体对凶杀案和胃癌报道的生动性(如血腥的犯罪场景)和频率(Reber & Unkelbach, 2010),你会毫不意外地发现,比起胃癌,凶杀对我们来说更有风险。生动的案例和标题是十分有用但却具有欺骗性的工具。换而言之,我们更有可能死于胃癌，而不是凶杀案。毕竟，与看着一个人在胃癌的折磨中慢慢死去相比，凶杀更具有戏剧性、更突然、更令人震惊，也更让人感到遗憾和害怕（除非患胃癌的是你的亲人或朋友）。

## 人身攻击

布什曼和其他研究人员被认为在推动了“社会工程”进程的同时也制造了道德恐慌，而持相反态度的一方也被指责简单地否认了这些无法拒绝的证据，这两种情况都反映了**人身攻击**(ad hominem attack)谬误。我们在其他具有争议性的、富有政治色彩的科学辩论中也会发现这种现象，例如，斯坦福监狱研究和 BBC 监狱研究人员之间的辩论。人身攻击是指对研究人员的抨击，一旦成功，就会让我们在未经思考的情况下忽略这个人的观点。换句话说，研究人员个人的缺陷，会让我们认为他得出的论点不成立（Risen & Gilovich，2007）。如果我们要走出辩论时常常会陷入的这种标志性的自我防御泥沼，就要理性地处理好自我认同与科学发现之间的关系（Pratkanis，2017）。否则，科学批判会给研究人员带来威胁，相反的研究结果会招致对研究人员个人的攻击。让我们谨记，谦卑的态度和自我批评正是科学进步的核心。

114

布什曼(2016)引用了一些心理学领域内受到广泛认可的研究来说明为什么人们会难以接受那些表明接触暴力媒体会带来不良影响的研究结果。首先，人们可能会担心这类研究结果导致政府限制此类游戏。当我们感到自己的选择自由可能会被限制或侵犯时产生的**心理逆反**(psychological reactance)会影响我们对游戏的态度，并且会推动我们去争取自由（Brehm 等，1966）。其次，布什曼指出**认知失调**(cognitive dissonance)可能也会在这里起作用，就像吸烟的人会拒绝承认吸烟的危害一样，喜欢玩暴力视频游戏的人可能也会拒绝承认游戏的影响，从而避免这种行为与态度上的不一致所带来的不适。最后，研究表明人们会倾向于认为暴力视频游戏会影响他人而不会影响自己，即所谓的**“第三者效应”**(third person effect)（Sharrer & Leone，2008）。

## “稻草人”问题

考虑争论双方的观点是如何被曲解的也很重要。有意识地曲解对方的观点从而能够更好地进行反驳，这种策略被称为**稻草人**(straw man)谬误（Pope &

Vasquez, 2005)。它可能会以下面某种形式出现,例如,“并不是说在游戏中你偷了一辆车就表示你真的会出门去偷一辆车”,或者“我玩了暴力视频游戏并不等于我会去学校开枪射击”,这些论述都是对媒体研究观点的错误解读,目的是为了让这些观点更容易被推翻(也就是“稻草人”)。尽管媒体研究人员使用备受关注的例子来支持自己的观点,证明这类研究的有效性,但是没有一项研究表明人们会将自己在视频游戏中的特定行为盲目地在其他地方实践。同样地,不仅极端暴力的形式是难以预见的,而且这些复杂的行为也不能被解释为仅仅受暴力游戏或其他任何形式的暴力媒体的影响。你可能会想到最近的一篇元分析文章,其标题就是稻草人谬误的例子:“愤怒的小鸟会造就愤怒的孩子吗?”宣扬暴力媒体有危害的学者们指出“他们并不认为暴力媒体是攻击性的唯一成因”。然而,那些怀疑暴力媒体危害的人也并没有宣称媒体学者们认为这是唯一的原因。其中一名怀疑论者,克里斯托弗·弗格森(Christopher Ferguson)写道:“这种听起来合理的论点似乎是在暗示怀疑论者不理解多元因果关系……我们认同暴力和攻击性是由多种原因导致的,但这并不意味着媒体暴力就一定是其中的一个原因。”(Ferguson & Konjin, 2015, p. 399)

115

## 中庸谬误

一些论点可能也会陷入**假两难推理**(false dilemmas)或无效析取谬误(Pope & Vasquez, 2005; Risen & Gilovich, 2007)。例如认为暴力视频游戏要么会让人在学校开枪射击,要么就没有任何影响。此外,这场争论中也可能存在**中庸谬误**(golden mean fallacy),又称折衷谬误,认为真理可能存在于对立双方的折衷观点里(Pope & Vasquez, 2005)。两方折衷的观点可能表现为:“好吧,如果一些研究表明视频游戏有积极的影响,而另外一些研究表明视频游戏有消极的影响,那么真理就一定介于两方观点之间”,或者“如果关于这个问题尚没有一致的结论,并且一些研究表明它有积极影响,那么也一定会有消极影响”。同样地,弗格森和古虹(Ferguson & Konijn, 2015)指出一些学者可能会倾向于“将自己视为中立的,认为‘中立’从来都比对立两方的观点更有价值”(p. 12)。

## 批判性思维工具

### 认知偏差

**问题导入：是否能考虑到认知偏差会影响自己对研究的搜索和理解?**

本章所探讨的有关暴力媒体的研究并没有得出一致的结果，这也激发我们思考心理科学研究中的另外一个更为广泛的问题。面对同样模棱两可的研究时，研究人员是如何从大量的证据中得出不同的结论的呢？许多研究都可以帮助我们来理解这一常见的问题。除确认偏误之外，我们常常还会受到另外一种认知偏差的影响——**同化偏差**(assimilation bias)，即使用未成定论的研究结果来支持我们立场的倾向。这种带有偏差的信息加工方式多年前首次在斯坦福大学学者查里斯·洛德、李·罗斯和马克·莱珀(Charles Lord，Lee Ross，& Mark Lepper，1979)的研究中被证实，研究人员向死刑的支持者和反对者提供了两项研究，两项研究仅在一个方面有重要的差别——一项研究的结果支持死刑，而另外一项研究的结果表明这种刑罚无效。在阅读完研究文献之后，争论双方的观点并没有得到中和，相反，反对者更加反对死刑，而支持者更加支持死刑。研究被试认为支持他们立场的研究比支持相反观点的研究更加严谨、可信。洛德和同事们(1979)的研究展示了与个体立场相反的研究结果是如何反直觉地使一个人更加确信自己的立场的，这也让我们理解了为什么暴力视频游戏研究中不同的结果并没有让持不同观点的研究人员质疑自己观点的"准确性"。

116

研究的重要性也会影响我们对其质量的判断(Wilson 等，1993)。在威尔逊和同事们(1993)进行的实验中，被试都是从事研究的心理学家和医学院的教职工，其中许多人都有做科学期刊编辑的丰富经验。然而，研究人员在研究中却发现了宽厚偏好(leniency bias)的存在，即被试推荐重要研究(关于心脏病的研究)而不推荐不重要研究(关于胃灼热的研究)的倾向。此外，研究人员还发现了忽视偏差(oversight bias)的证据，即相较于不重要的研究而言，被试会认为关于心脏病的研究更加严谨，设计更加规范。作为批判性思维者，我们应该意识到研究人员和包括期刊编辑在内的评价研究的人可能存在的认知偏差，也要意识到作为读者的我们可能存在的偏差。除了考虑上面所提到的认知偏差之外，我们也要时刻记住心理学的概率特性，以及此类研究中多种变量共同作用的效果。这就使得分离单个变量（如暴力游戏）变得十分困难（Ramos 等，2013），因此会出现不一致的研究结果以及重复实验的失败。

考虑到媒体研究的复杂性，我们不仅应该进行批判性的思考，还应该对其模糊性持宽容态度，这也给我们带来了最后一个值得思考的问题。批评布什曼以及其他媒体暴力研究人员的学者可能会说："像布什曼这样的研究人员并没有证实暴力视频游戏是有害的。"如果"证实"在这里指的是确定无疑，那么布什曼和其他研究人员的确没能通过一般攻击模型提出的机制"证实"暴力视频游戏是有害的。但是，这并不是一个适宜于所有研究人员的标准。不确定性是科学研究中的惯例而非特例。当科学研究向我们呈现了相互矛盾的结果时，为了摆脱困境，我们应该对这一话题进行更加深入的思考。尽管可能有无数的研究支持某一理论，但是所有的理论都是试验性的，一旦出现相反的证据，它们都有可以被调整甚至被抛弃（Lilienfeld 等，2015）。

117

## 本章小结

许多研究都表明接触暴力媒体，包括暴力视频游戏，与攻击性反应相关。尽管研究者已经在不同类型的研究中通过不同的工具对这些研究进行了重复操作，但是，越来越多的研究并没有发现这样的相关作用。其中一部分原因在于如竞争性这类视频游戏的特征的影响可能更为突出。尽管元分析可以帮助我们得到更加权威的变量之间关系的结论，但是元分析结果本身也得出了不一致的结果，这是由于被纳入元分析的研究的质量和特点均不相同。实验室研究和现场研究检验了暴力视频游戏与攻击性之间的关系，这两种不同类型的研究相互补充，实验室研究能够增加内部效度，而现场研究则能够增加外部效度。这两种研究的局限性可以分别通过重视检验理论的概念关系和警惕潜在的混淆变量弥补。除研究类型之外，我们也需要考虑攻击性测量方法的效度。不难想象，玩暴力视频游戏的儿童会表现出攻击性行为，当一种理论可以解释这种现象后，其他研究也相继反映出这种关系，而得到众多研究支持的理论才能够被学者广泛地接受。这种接受需要考虑该理论的全面性和准确性，与其他理论的一致性，能否启发新的假设，以及能否从认知科学、行为科学和心理学的实验室研究、纵向研究和现场研究中得到数据支持。一般攻击模型曾经是媒体研究领域的主要模型，其支持者认为它具有上述特点。然而，批评者却认为它只能作用于特定的情境，因为人格和生理特征能够调节暴力视频游戏与攻击性之间的关系，并且能够影响个体对这种媒体的偏好和使用（如攻击型人格；Adachi & Willoughby, 2013; Cacoppo, Semin, & Bernston, 2004）。另外一个模型，催化剂模型应运而生，并且回答了这些问题。研究结果的不一致在综合这些研究结果的元分析之间也同样显著。媒体研究被卷入社会政策的制定中，包括研究结果的模糊性等在内的特点，引发了研究人员甚至普通大众的激烈争论。在考虑本章所提及的方法论问题的基础上，再来评价这些研究结果显得十分重要，此外，我们还应该注意在争论中出现的认知偏差和逻辑谬误等问题。

## 研究展望

118

在前文所提及的争论中有两派核心的学者，他们将在各自所支持的模型，即一般攻击模型和催化剂模型的引导下继续进行研究。在最近的研究中，布什曼和同事们探究了 3D 技术对游戏效果的影响。例如，勒尔和布什曼（2016）发现玩 3D 暴力游戏的人比玩 2D 暴力游戏的人在游戏过程中感觉更加投入，在游戏后的愤怒感更强烈。回想一下，催化剂模型解释了基因的暴力因素以及这种倾向性会影响暴力媒体的使用，这也是一般攻击模型的局限性。弗格森和戴克（2012）认为未来验证催化剂模型的研究应该检验基因与环境、暴力媒体环境以及家庭暴力之间的相关关系。揭露催化剂模型潜在作用的关键在于证明高压环境因素会触发具有暴力倾向的个体的攻击性。因此，游戏技术和基因研究的进展可能为支持一般攻击模型和催化剂模型的研究带来新的途径。如果未来能够证实基因是攻击性的前因变量，那么我们在应用此类知识时可能会遇到更加微妙和复杂的道德和伦理困境。

正如本章开头所提及的，你需要更多地应用批判性思维来理解已经积累的有关暴力视频游戏对社会中攻击性行为影响的研究。暴力视频游戏与酒精、枪支一样看起来并不会消失。关注社会中人类福祉的有志之士应当放弃使用过于简单的方法来解决此类复杂的社会问题的念头，并且在不影响公民个体权利的情况下，使用更加全面的和有创造力的方法来抑制暴力。由于不同形式的暴力是世界各国所广泛面临的问题，因此我们在尊重个人自由、努力保障人类的安全和尊严的前提下，向世界其他国家学习经验也是一种明智的选择。

## 问题与讨论

1. 为什么暴力视频游戏会卷入美国的枪击事件？

2. 如果作为被试参与辣酱分配法或噪音法实验，你会如何反应？哪一种情境看起来更加真实？哪一种情境最能诱发攻击性？为什么？

# 第 8 章　恢复的记忆：我们敢相信它吗？

主要资料来源：Loftus，E. F.，& Pickrell，J. E.（1995）. The formation of false memories. *Psychiatric Annals*，*25*，720 - 725.

## 本章目标

本章将帮助你成为一个更好的批判性思维者，通过：　119

- 思考导致不准确的或者错误的记忆的因素
- 检查目前我们对创伤记忆的了解，并思考这类记忆与其他记忆的区别
- 评估创伤记忆研究中的技术方法以及支持这些技术的证据
- 思考确认偏误在恢复记忆中的作用
- 评估自助产业以及支持以商业方式提供精神健康服务的科学证据

### 导入

阅读下面关于人类记忆如何运作的解释，选择你觉得最能描述这种复杂心理能力的选项。

**选项 A：**大脑就像一台录像机，储存着我们所有生活经历的精确图像。当我们试图回忆过去的某件事时，只需要按下倒带开关，过去经历过的所有细节都会突然准确地再现。

**选项 B：**记忆就像是一个拼图游戏，我们通过回忆一些信息片段，并使用其他可能的信息来确定这些信息是否适合拼凑在一起，从而得到一幅准确而详细的场景图片。

**答案：**如果你选择了选项 B，那么你与人类记忆的研究发现最"合拍"。一般来说，我们认为记忆是有选择性的，是基于我们在既定情境中选择自己

关注的内容而建立起来的。我们还认为记忆是重构的，这样我们就可以添加一些没有出现的细节，而这些细节在逻辑上似乎符合当时的情况。因此，我们对记忆的准确性很有信心，确信某些并没有发生过的事情当时一定发生过，即使在我们回忆不起来的时候也是如此。



接下来的内容将以记忆提取是一种心理重构过程这一观念为基础。另外，本章将带你思考记忆的可塑性以及个体对记忆的自信心与记忆的准确性之间的关系，并评估恢复记忆的相关文献与记忆科学之间的一致性。

## 研究背景

46 岁的特雷西和丈夫搬到了她姑姑的男友唐纳德·特鲁拉克(Donald Truluck)位于佛罗里达州阿拉楚阿县的房子里。一旦在特鲁拉克身边，特雷西就会产生一种不安的感觉。几年后，一些片段开始浮现在她的脑海中。通过治疗，特雷西恢复了她 12 岁时遭受性虐待的记忆，而虐待者就是特鲁拉克。这个人后来承认了虐待行为(Blakeley, 2015)。奥利维亚·麦基洛普(Olivia McKillop)是一位成功的儿童演员，并且一直都处于"均衡发展的状态"，直到高中，她经历了包括恐慌症在内的一系列情绪障碍。通过治疗，奥利维亚最终恢复了关于乱伦的记忆，并确定自己受到了父亲、祖父和哥哥的虐待。这类案例在科学界引发了持续的争论，通常被称为"记忆之战"。20 世纪 90 年代是记忆之战的顶峰时期，在这场争论中：一方认为童年性虐待的记忆往往会受到抑制，可以通过治疗恢复；另一方则质疑抑制是对创伤的典型反应，质疑治疗师用来恢复记忆的技术，并注意到病人在治疗过程中很容易被植入错误记忆。

用于恢复记忆的治疗技术存在什么问题？心理学家伊丽莎白·洛夫特斯(Elizabeth Loftus)解释说，当一个人开始相信一段经历已经发生时(在错误记忆的情况下，它并没有发生)，通过想象而添加的细节会强化这一信念(Newby, 2010)。本章我们将会探讨这场争论，并且会特别关注洛夫特斯的实验研究，这些研究对该领域有着非常重要的影响，并且对我们有关记忆的许多假设提出了挑战。

20世纪70年代，洛夫特斯和同事们进行了一系列研究，其中，有一项研究向大学生们展示了一组幻灯片，描述的是汽车撞到行人的一起事故（Loftus, Miller, & Burns, 1978）。其中，一组的被试看到的是车祸发生在一个让行标志前的幻灯片，而另一组的被试看到的则是车祸发生在一个停车标志前的幻灯片。在被试观看完幻灯片之后，研究人员提出了一系列问题，其中一个问题包含了有关标志的误导信息。具体是指，各组有一半的被试被问到"当一辆红色日产车在停车标志处停下时，是否有另一辆车通过"，而另一半的被试则被问到"当一辆红色日产车在让行标志处停下时，是否有另一辆车通过"。当被试被要求选择他们观看过的幻灯片时，那些被给了误导信息的人（看到的是让行标志，但被问到的却是停车标志）比那些被给了一致信息的人更有可能选择不正确的幻灯片。这些研究以及此后的许多研究（Loftus, 2005）都反映了这种**误导信息效应**（misinformation effect），即接受误导信息后记忆发生了变化。另外一些研究则进行了更加深入的探讨，涉及植入错误的**自传式记忆**（autobiographical memory）和详细的错误记忆，或称**丰富的错误记忆**（rich false memory）。

121

洛夫特斯和皮克雷尔（1995）用一种通常被称为"在商场走失"的方法证明了错误记忆很容易被植入。根据亲属（如母亲）提供的信息，研究人员向被试邮寄了一本小册子，里面简要地描述了他们童年时期发生的四件事，其中三件是真实的事件，一件是虚构的事件。这一虚构的事件就是5岁时在商场走失。图8.1是一名被试的小册子中的一页，描述的是虚构的走失事件。被试被要求写下他们对这件事的记忆，或者写上"我不记得这件事"。在之后的访谈中，他们被要求尽可能多地回忆这件事。结果显示，25%的参与者记起了小册子中的虚构事件。

122

在另外一系列研究中，洛夫特斯和同事们（Braun, Ellis & Loftus, 2002）通过引入一个不可能的事件来说明记忆确实会出错。例如，在迪士尼度假时与华纳兄弟公司的角色（如兔八哥）握手，或者与在被试去过迪士尼几年后才推出的新角色（如《小美人鱼》中的爱丽儿）握手。研究人员向被试展示了两则含有虚假信息的广告，内容是在迪士尼遇到了一个虚构的角色。其中一则是以自传体广告的形式出现的：

回到你的童年……回忆童年的动漫角色，米奇、高飞和达菲鸭……试着回忆

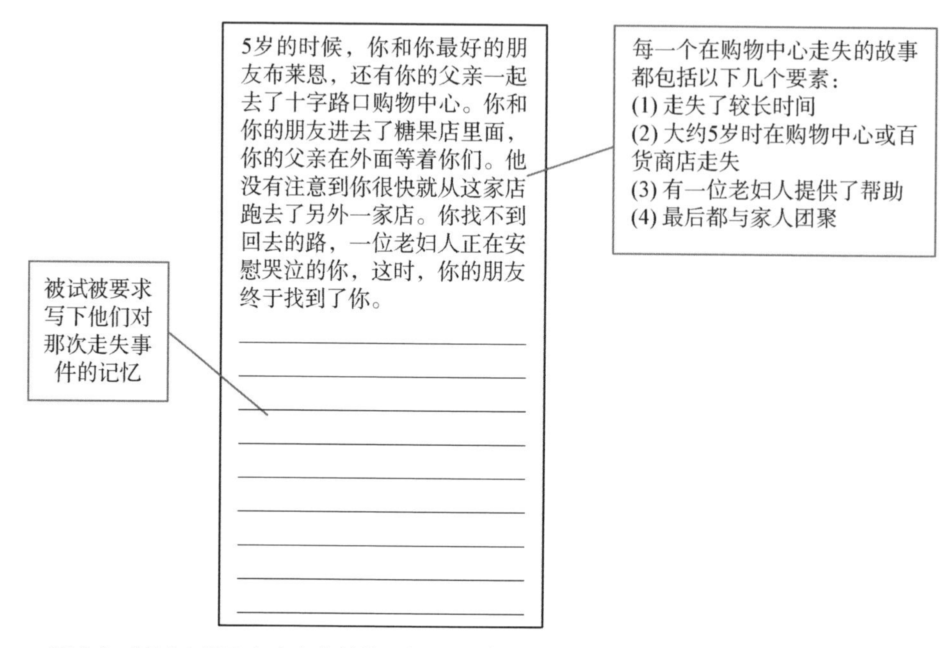


图 8.1　被试小册子中走失事件的示例页面（被试被要求写下他们对这一事件的记忆）

你的父母最终把你带到它们在迪士尼的“家”的那一天。(p. 6)

研究人员要求被试分别在浏览广告前后对 10 岁之前发生的一些事件的可能性进行评估，包括与兔八哥和爱丽儿握手。与那些浏览非自传体广告的**控制组**(control group)相比，浏览自传体广告的被试更确信自己与那些角色握过手。在浏览与兔八哥握手的广告之后，有 16%的被试声称曾与兔八哥握过手。研究人员用**想象膨胀**(imagination inflation)来解释这种增强错误记忆信心的现象。当被要求想象在儿童时期不太可能发生的事件时，被试在按照要求想象该事件之后反而更加确信这一事件真实发生过。例如，盖瑞和同事们(1996)发现，在按照要求想象事件之后，近四分之一的被试在报告时更加确信自己在幼年时曾经被绊倒并用手打碎过窗户这件事，并且与控制组相比，被试的确信程度增加了一倍。许多研究都得到了类似的结果，说明人们的记忆很容易出现错误(Lynn 等，2015)。

## 当前思考

对记忆的直觉告诉我们，我们对伴有强烈情绪的事件的记忆，即**闪光灯记忆**

(flashbulb memories)，是格外准确的。我们对此类记忆越有信心，它们就越准确。而抑制是一种常见的应对创伤的机制，在这种情况下，记忆就像录像机和磁带一样工作。然而，研究表明，闪光灯记忆并不比任何其他类型的记忆更准确(Talarico & Rubin, 2003)，此外，信心并不意味着准确(Clark & Loftus, 1996)，抑制并不是对创伤的常见反应(Fitzpatrick 等，2010；Malmquist, 1986)，我们的记忆是在重构而不仅仅是在记录事件(Loftus & Ketcham, 1994)。调查研究表明，公众对记忆的误解持续存在(Loftus & Loftus, 1980；Lynn 等，2015；Patihis 等，2014；Simons & Chabris, 2011)。例如，西蒙斯和查布里斯在美国进行了一项大样本调查之后发现，63%的人认同记忆就像录像机一样工作的观点，大约48%的人同意对事件的记忆不会随着时间的推移而改变。这种对记忆的错误观念不仅存在于公众之中，也存在于专业的心理学家之中(Loftus & Loftus, 1980；Lynn 等，2015)。

123

重点阅读：Lynn S. J., Evans J., Laurence J. R., & Lilienfeld, S. O. (2015). What do people believe about memory? Implications for the science and pseudoscience of clinical practice. *Canadian Journal of Psychiatry*, *60*, 541 - 547.

恢复记忆的需要源于一种观念，这种观念认为创伤与分离和抑制有关。**分离(dissociation)**是一种去人格化的机制，它会阻碍人们对记忆的提取，使记忆暂时无法被访问。同样，许多人(包括临床医生)认为，与分离一样，**抑制(repression)**，或者说无意识地阻断记忆，是人们对创伤的另外一种常见反应(Patihis 等，2014)。麦克纳利(McNally, 2007)指出，一些临床医生认为遭受性虐待的儿童会“在遭受虐待的过程中转移注意力”(p. 33)。研究表明，当在童年遭受性虐待的受害者接触到与创伤相关的词汇(如强奸)和中性词汇(如灯光)时，他们对创伤相关的词汇(如强奸)的回忆能力要比对中性词汇(如灯光)的回忆能力更强(McNally, Ristuccia & Perlman, 2005)。有些学者认为，抑制只在特定的虐待情况下才会发生。特尔(Terr, 1991)对此作出了区分，第一种是涉及单一的、孤立的创伤记忆，这种记忆往往能被很好地记住；第二种则是涉及重复的创伤记忆，这种记忆特征更加符合童年性虐待的记忆。在后一种情况下，受害者更有可能使用抑制和分离机制，记忆更加不准确。

弗莱德(Freyd，1994)也提出了一个用于解释在创伤治疗中恢复记忆的案例的理论。根据**背叛创伤理论(betrayal trauma theory)**，当创伤(尤其是童年的性创伤)是由照料者造成的时，这就会涉及有依恋关系的人的背叛，此时，通常用来编码记忆的机制，包括对创伤本身的记忆都会被阻断。弗莱德认为，因为个体依赖于自己的照料者，而对创伤的知觉会导致依恋关系的破裂，并将自己置于危险之中，所以孩子对创伤的遗忘或失忆是具有选择性的。弗莱德和同事们(Freyd，DePrince，& Gleaves，2007)通过大量的研究发现，相较于被非照料者虐待，人们更难回忆起被照料者虐待的经历，这与背叛创伤理论相一致。特尔和弗莱德得出的创伤记忆和"常规"记忆之间质的区别至关重要，但是，实验研究的结果却似乎与他们的理论相矛盾。

124

对创伤与抑制研究的回顾得出了不尽相同的结论。布鲁因(Brewin，2007)指出，分离可能与记忆片段有关，创伤期间经历的强烈情绪可能会破坏外显记忆和自传体记忆，但会增强情绪记忆和**内隐记忆(implicit memory)**。这与在本章开头所提到的关于特雷西的案例是一致的，因为这位女士在治疗开始之前对虐待没有任何记忆。然而，布鲁因并没有在个案研究之外找到强有力的证据来支持个体对童年性虐待记忆的抑制。林德布尔姆和格雷(Lindbolm & Gray，2010)表示将创伤发生时的年龄等因素(即混淆变量)纳入考量时，结果并不支持背叛创伤理论。虽然创伤在某些情况下是否会导致抑制和分离仍是一个悬而未决的问题，但上述关于创伤记忆的说法与我们对记忆的了解是不一致的。研究表明，**创伤后应激障碍(post-traumatic stress disorder，PTSD)**是童年遭受性虐待之后的常见后果(Fitzpatrick 等，2010；Malmquist，1986)，这种障碍以侵入性症状为标志(根据DSM－5手册，通常表现为侵入性思维、多梦以及反复地回想)，但与分离无关(Roediger & Bergman，1998)。此外，强烈的情绪会增强记忆的编码和提取过程(Lynn 等，2015)。实验研究表明，反复回想也会增强记忆，这与特尔的第二种类型的创伤记忆理论不一致。罗伊蒂杰和伯格曼(Roediger & Bergman)也指出，抑制的概念与思想抑制研究的结果不一致，研究表明，被抑制的信息反而更容易被回忆起来。总之，用分离和抑制来应对创伤与我们当前所了解的记忆的工作方式并不一致(Lynn 等，2014)。

## 确认偏误：所有情况都可以追溯到童年性虐待经历吗？

为性虐待受害者设计的自助类书籍一开始就假设乱伦是一种常见的现象，而这段记忆可能被部分或全部抑制，直到在虐待发生的几年后，甚至几十年后才能被记起。苏·布卢姆（E. Sue Blume）在其著作《幸存者的秘密：揭露乱伦及其对女性的危害》（*Secret Survivors: Uncovering Incest and its Aftereffects in Women*）（1990）的导言中指出，“即便不是大多数，但还是有许多乱伦的幸存者甚至不知道曾经发生过虐待！”（p. xxi）为什么会这样呢？是我们前面所提到的抑制和分离两种机制在起作用吗？还是**否认（denial）**机制也在起作用？根据布卢姆的说法，在某些情况下，否认是一种应对机制，用来避免遭受信任的家庭成员虐待时的情感痛苦。巴斯和戴维斯（Bass & Davis，1994）认为分离或分裂是应对创伤的常见反应，这时，受害者感觉自己好像“离开了自己的身体”，根据布卢姆的说法，这种“与自我的分离”可能会生成暂时无法获取的记忆。

125

根据布卢姆的说法，否认和抑制是并行不悖的，否认是抑制和埋藏痛苦记忆的结果。布卢姆（1990）指出，抑制“在受害者中以某种形式普遍存在着”（p. 67）。大多数受害者采用否认、封锁、分离和抑制等手段来应对虐待，结果导致他们对虐待几乎没有记忆，或者，用布卢姆的话说，当事人“在长大成人的过程中刻意减轻了痛苦记忆的负担”（p. 95）。这听起来完全合乎逻辑，直觉上也非常合理。康复性治疗意味着病人必须要冲破否认和抑制的围墙。那么，受害者是如何做到这一点的呢？我们需要向病人提供记忆线索来帮助其唤醒记忆。

巴斯和戴维斯（1994）是《治愈的勇气》（*The Courage to Heal*）一书的作者，他们告诉读者治愈是一个“探索和发现的过程，这一过程最终将帮助你更多地认识和了解自己的历史”（p. 78）。在《治愈的勇气》练习册中的“回忆”部分，读者被要求“拓宽他们对记忆的概念认识”，并通过一系列练习来帮助自己理清和恢复记忆。如此，读者得到了一些“记忆片段”（例如，“我记得当我叔叔用皮带打我堂妹时，我躲在地下室里”），并被要求尽可能多地写出这些记忆片段，包括感官线索（例如，“每当我看到救护车或听到警笛时，我就浑身发抖”），身体记忆（例如，“当我被唤醒时，我会立马感到恶心”），诡异的感觉（例如，“当我看到一位父亲和他的儿子走在街上时，我肯定他在虐待那个孩子”），以及记忆的空白（例如，“我不记得 8 岁到 15 岁之间的任何事情”）。在完成“填空”之后，读者被要求反思是否成功地恢复了记忆（“当把这些记忆片段放在一起时，我是否对发生在我身上的事情有了更多的了解”）如果读者仍然不记得，作者就会让读者接着看这本书的另外一个部分——“我害怕什么？”来探索原因。

还有一些其他的练习可以帮助读者恢复记忆，包括一个自由写作练习，要求读者随心所欲地写出自己的想法；还有一个拼贴练习，要求读者让“潜意识做出选择”，从杂志上剪下短语或图片（p. 13）。在后来的练习中，读者有机会通过“相信它的发生”这一部分来克服否认。在治疗中，病人可能会参与类似的想象练习以恢复记忆（Goff & Roediger, 1998）。虽然这些技术可能帮助一些在童年遭受过性虐待的受害者回想起过去并痊愈，但人们对治疗师在开始治疗时的心态或参照标准表示担忧。洛夫特斯（1993）指出，一些治疗师对发现童年性虐待的记忆特别关注，甚至还帮助没有性虐待记忆的患者建立起这种记忆。这些记忆中可能有错误记忆吗？

126

洛夫特斯（1993）讲述了一位研究员去拜访一位年轻妇女的心理治疗师的故事，这位年轻妇女最近声称她恢复了关于童年遭受性虐待的记忆。研究员向治疗师说明这位年轻妇女经常做噩梦，并且睡眠困难。仅仅几次咨询之后，治疗师告诉研究员，这位年轻妇女是乱伦的受害者，但她的这部分记忆已经被封锁了。然而，这位年轻妇女却坚持称自己没有关于受虐待的记忆，但治疗师告诉她“这种情况很常见”（p. 530）。因此，除了担心那些遭受性虐待的人不愿意寻求帮助之外，人们还担心那些正在接受治疗的人被唤起的回忆是一段并不存在的受性虐待的经历。那段并不存在的经历，部分是由一些治疗师的**确认偏误**（**confirmatory bias**）和所使用的导致错误记忆产生的技术造成的。因为用性虐待来解释心理问题是一个普遍的做法。

如图 8.2 所示，除了要担心童年遭受性虐待的受害者将虐待行为保密之外，还要担心没有此类性虐待遭遇的患者可能会被用心良苦、带有先入为主观念的治疗师带进乱伦受害者的“无底洞”。这种希望发现病人童年遭受性虐待的倾向会影响到治疗师提问以及解释记忆缺失的方式。例如，治疗师可能会问带有欺骗性和限定性的问题：“你的症状听起来与其他性虐待受害者的症状一致。你遭受了几次性虐待？”临床医生可能会漠视病人及其家属的任何犹豫或抗拒，并直接将这样的行为视为否认。总之，研究表明我们倾向于寻找证据证明自己的假设，而不

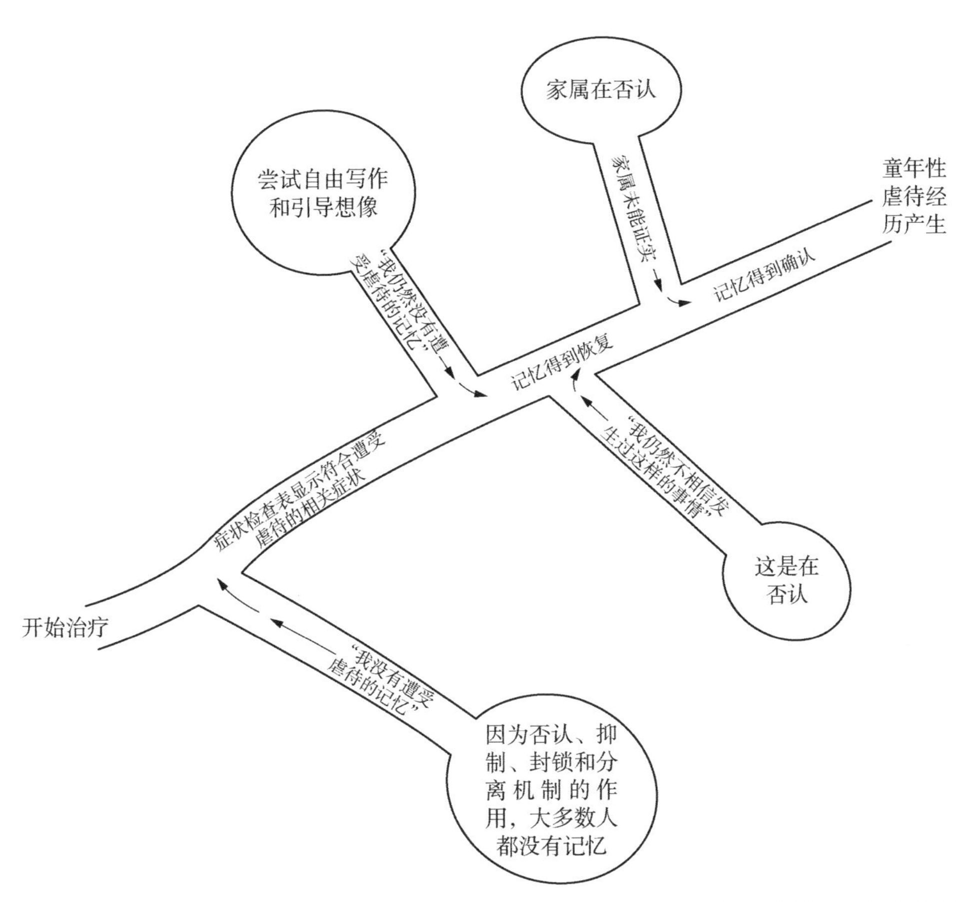


**图 8.2　童年性虐待记忆恢复路径。这张图说明了心理治疗师的思维定势是如何影响患者的，以及随着时间的推移，患者又是如何恢复了错误记忆的**

127

是推翻自己的假设(Nickerson，1998)。这一普遍趋势也适用于临床医生。

孟德尔(Mendel)和同事们(2011)给精神科医生和医学生假定了一个场景：一位 65 岁的病人被怀疑服用了过量的安眠药，正在接受治疗，并要求这些被试对老人是重度抑郁症发作还是患有阿尔茨海默症(这是正确的诊断)做出初步判断。然后，再要求被试阅读含有简短附加信息的病例，做出更完整的笔记，并根据病例信息做出详细分析。最后，在向被试提供完需要的所有信息后，要求被试作出最终诊断。结果显示，13%的精神科医生和 25%的医学生都陷入了确认偏误，他们一直在寻找特定的病例信息以证明自己最初的诊断而不是推翻这些诊断。那些带有确认偏误，寻找线索以验证自己最初的诊断的被试，更有可能做出不正确的诊断。虽然研究结果并不能表明绝大多数医生在寻找诊断线索时都会带有确认偏误，但当你考虑到不必要的检查、不恰当的治疗，以及不恰当的药物治疗可能导致的死亡代价时，13%的比例实在是太高了。此外，在心理治疗领域，确认偏误也会使人付出巨大的代价。许多书都列举了一些由于恢复了错误记忆而引起的法律纠纷和家庭破裂的事件（例如，Goldstein & Farmer，1993，1994；Loftus & Ketcham，1994；Pendergrast，1996）。毫无疑问，用来恢复童年性虐待记忆的治疗方法，包括前文所描述的自助手册都带有确认偏误的隐忧。

在治疗一开始就假定患者当前的症状是由于童年的性虐待引起的，会引发许多令人不安的问题。这一点之所以关键，不仅在于治疗师有可能有失偏颇地寻求支持自己诊断的证据，还在于治疗师的思维定势对患者回忆起来的内容具有潜在的影响。换句话说，如果患者正在探索虐待存在的可能性，那么随着时间的推移，记忆中模棱两可的内容可能会以符合这一目标的方式被回忆起来（即，找到遭受虐待的证据；Marsh & Tversky，2004；Tversky & Marsh，2000）。患者一般不会想到治疗师是有目的地向他们施加压力，要求他们提供这样的信息。正如洛夫特斯和戴维斯(2006)所解释的：

128

如果与患者的关系按照期望发展，治疗师将拥有象征着提升社会影响力的主要属性：亲和力、可信度、权威性……患者可能会对治疗师产生强烈的情感依恋、极大的尊重，甚至是依赖。这些情感会使个体更容易相信治疗师提供的信息并采纳其提供的行为建议，例如，加入受害者团体、阅读受害者的文章，或在家中进行恢复记忆的活动。(p. 489)

治疗中的另外一个相关因素是患者有动机为他们当前的问题寻找答案和解释。塔夫里斯和阿伦森(Tavris & Aronson，2015)解释说，受害者克服创伤和悲剧的故事是鼓舞人心的，这也就不难想象，其他正在为生活中的问题寻求解释的人会认为这种故事正合心意。此外，当一个人认为自己有能力过上比现在更好的生活时，这种故事就可以减轻**认知失调**(cognitive dissonance)所带来的不适（图8.2）。

重点阅读：Tavris，C.，& Aronson，E. (2015). *Mistakes were made but not by me*: *Why we justify foolish beliefs, bad decisions, and hurtful acts*. New York: Houghton Mifflin.

## 审视恢复记忆的技术

除了担忧确认偏误之外，作为心理治疗的消费者，我们还需要审视用来恢复记忆的治疗技术，提出下列这些重要的问题：

作者是否提供了这些技术有效的证据？

作者所依赖的证据的来源是什么？

哪些证据来源是有问题的或者是可疑的？

这些技术与当前关于记忆的科学观点一致吗？

调查显示，心理治疗师经常使用**引导性想象法**(guided imagery)和**催眠法**(hypnosis)等记忆恢复技术来唤醒个体童年遭受性虐待的记忆(Lynn 等，2015)。这些技术会引发许多方面的担忧，包括没有足够的证据表明人们通常会抑制创伤等。此外，用于恢复记忆的技术不但缺少对其有效性的研究支持，甚至更有可能导致错误记忆的产生。例如，引导性想象法需要患者在放松的状态下闭上眼睛，想象治疗师描绘的情境(Lynn 等，2015)。除了让患者相信抑制和否认很常见之外，引导性想象法带来的感觉加工更是增加了患者感受的真实性，甚至会导致丰富的错误记忆(Bernstein & Loftus, 2009)。提倡使用这类技术的作者往往会使用轶事或患者的评价说明治疗有效。这些信息以及表 8.1 所列出的资料都是不可靠的证据来源。

129

表 8.1　不可靠的证据来源

| 不可靠的证据来源 |
| --- |
| 患者的评价 |
| 轶事 |
| 临床专家的意见 |
| 临床的经验和观察 |
| 领域权威的意见 |
| 未经验证的工具或检查表 |
| 新闻报道 |

虽然已经有许多研究证明了引导性想象法的治疗程序有可能会导致错误记忆产生(Braun, Ellis & Loftus, 2002; Garry 等,1996; Loftus & Pickrell, 1995; Paddock 等,1999),但是并没有研究证明引导性想象法在恢复童年性虐待或其他被抑制的创伤记忆方面是有效的。同样,催眠法常被作为一种有效的记忆恢复技术,但这与研究结果并不一致。研究表明催眠能挖掘更多的记忆,但挖掘出来的记忆却并不是更准确的(Lynn 等,2015)。此外,使用其他无效的技术,例如,回想过去的生活(探索过去生活中的问题),病人的脆弱性与治疗师的权威性、使用反复出现的引导性问题,以及治疗师的确认偏误等,都会进一步增强恢复错误记忆的可能性。

林恩和同事们(2015)在对记忆恢复技术的研究回顾中,也提到了阅读疗法和虐待检查表的使用。治疗师会指导患者阅读有关童年遭受性虐待的自助类书籍,包括前文所提到的巴斯和戴维斯(1994)的《治愈的勇气》和布卢姆(1990)的《幸存者的秘密:揭露乱伦及其对女性的危害》。很多书都像布卢姆的这本书一样,从一开始就假设许多女性是乱伦的受害者,而受害者会抑制这些创伤,并且伴有一系列与童年性虐待相关的症状。为了更好地理解和缓解当前的痛苦,在治疗师的指导下,患者通过想象一些场景来探索布卢姆这本书中的症状清单。这看似是一种没有伤害的练习,然而,对其中一些人来说,这可能是打开了潘多拉的盒子。

130 **批判性思维工具**

## 巴纳姆效应:这说得也太对了……

**问题导入:那些看似个性化的信息有可能适用于大多数人吗?**

想象一下,你偶然发现了一个网站,这个网站可以为你提供一个免费的个性剖析图。你回答了许多问题,然后收到了一封电子邮件,结果显示:

你非常需要别人的喜欢和欣赏。

你有许多尚未使用的能力,有待将其转化为你的优势。

你表面上纪律严明、自制力强,但内心深处却往往忧心忡忡、缺乏安全感。

你喜欢一定程度的变化，一旦受到限制和局限，你就会感到不开心。

有时候你会怀疑自己是否做了正确的决定或者做了正确的事情。

有时候你是外向的、善于交际的，而有时候你又是内向的、谨慎的、矜持的。

虽然你有一些性格上的弱点，但通常都能弥补它们。

“哇塞！这说得也太对了！这说的就是我！”你可能会这样觉得。如果你相信这些对你的个性剖析的陈述大多数都是正确的，那么你并不孤单。福勒(Forer，1949)通过提供一个类似的描述，发现他的学生大多数都认可这些普遍有效的、宽泛的描述是他们个性的准确反映。如果我们仔细阅读这些描述，就会发现它们并没有很好地区分人群。换句话说，这些特征对你而言是如此，对别人而言亦是如此。难道大多数人不会觉得他们有时候会严重怀疑自己是否做了正确的决定或者做了正确的事情，或者觉得自己有很多能力没有得到利用吗？福勒的研究结果反映了心理学家所说的**巴纳姆效应(Barnum effect)**，即人们倾向于相信模棱两可(例如，你喜欢一定程度的变化)或自相矛盾(例如，有时候你是外向的、善于交际的，而有时候你又是内向的、谨慎的、矜持的)的、且适用于大多数人的描述只反应了自己的个性特征(Dickson & Kelly，1985；Emery & Lilienfeld，2004)。

福勒在课堂上的调查是为了活跃气氛，没有什么利害关系，然而实际上巴纳姆效应可能会带来更为严重的影响。针对童年性虐待的自助类书籍，如布卢姆那本《幸存者的秘密：揭露乱伦及其对女性的危害》，会提供可以帮助读者确定他们是否是受害者的检查清单。布卢姆在书中指出童年性虐待受害者共有的 37 个特征或症状。这些特征包括害怕独自在黑暗中、做噩梦、身体形象不佳、头痛、关节炎、成年期的焦虑、害怕失去控制、内疚、羞愧、自卑、感觉疯狂、感觉与众不同等。虽然那些有童年性虐待经历的人在这些检查表上的得分可能会高于那些没有童年性虐待经历的人，但研究表明，那些倾向于认可童年性虐待检查表项目的人，也更容易陷入巴纳姆效应(Emery & Lilienfeld，2004)。换句话说，像布卢姆书中的那些检查表，可能有助于发现童年性虐待受害者，心理学家称之为**敏感度(sensitivity)**。然而，检查表也有可能会将太多没有这种性虐待经历的人确定为虐待受害者，这意味着检查表缺乏**特异度(specificity)**，从而过度识别了受虐待经历。

131

## 伪科学书籍

正如洛夫特斯和凯查姆（1994）所说，我们必须明确，童年性虐待是一个沉重的现实问题，许多才华横溢、富有同情心的治疗师正在努力帮助受害者从这种心理困境中走出来。我们担心的却是在治疗之前并不存在虐待记忆的患者可能会通过有问题的治疗技术恢复了错误的被抑制的记忆，此外，脱离科学基础的、具有**伪科学**（**pseudoscience**）性质的描述乱伦的自助类书籍的影响也令人担忧（Pratkanis，1995）。这类伪科学书籍的一个常用工具是戏剧性地呈现令人难忘的案例或故事。当然，在自助类书籍中叙述受虐者的故事本身也无可厚非，像《治愈的勇气》和《幸存者的秘密：揭露乱伦及其对女性的危害》中就充斥着恢复记忆的受害者的生动轶事。然而，当把这些故事作为唯一的证据来源时，问题就出现了。

另一个值得关注的问题是，患者是否有必要建立一个具有共同目标、信念和情感以及共同敌人的团体（例如，受害者支持小组），以参加“记忆之战”，为战胜抑制和恢复记忆而战。艾伦·巴斯和劳拉·戴维斯（Ellen Bass & Laura Davis，1994）在《治愈的勇气》第三版中提出，由于媒体对恢复记忆研究的报道，受害者遭到了攻击。“攻击”一词在这本书“尊重真理”这一章节中出现了很多次。由此，敌人是指那些怀疑恢复的记忆的真实性和怀疑受害者的痛苦和苦难的人。然而，这本书的作者仅仅是宽泛地谈论受害者，而没有区分那些对童年性虐待有真实记忆的受害者和那些在治疗中被发现有可疑记忆的受害者。人格诽谤和讽刺也是伪科学书籍经常使用的策略（Pratkanis，1995）。巴斯和戴维斯（1994）写道，认为恢复的是错误记忆的那些人是在拒绝接受现实并且支持反受害者的宣传。洛夫特斯本人也受到了批评者的贬低，并被指责违反了伦理道德（Crook & Dean，1999）。

132

## 批判性思维工具

### 自助类方法真的有效吗?

**问题导入：是否考虑过支持自助方案的证据的质量?**

仔细思考下面这一则虚构的自助方案广告：

**一个改变你生活的全新的突破性方案！**

**——《英国早报》和《杰克和吉尔早报》中的特别报道**

畅销书作家某某(Jane Doe)博士在这本新书中向我们展示了她的突破性方案，这个方案可以让我们每一个人改变生活方式，让时光回到20年前。在我们的家族历史中，总是存在一些阴暗的方面，幸运的是，作者告诉我们，这些历史可以被改变。“你可以通过改变你的生活方式来改变你的基因！这个为期5周的方案将帮助你重新书写生命的历史，给你的生命注入新的活力和信心，最终帮助你重获新生”。

我使用了本书作者某某博士提供的方案，我非常喜欢这个方案！这个方案非常容易实施，结果也非常惊人！

——乔·克拉克(Joe Clark)

我不仅向病人推荐了这本书，还在给病人治疗的过程中使用了作者某某博士的一些建议。在我20年的从医生涯中，这是我见过的最好的促进身心健康的方案。

——詹姆斯·柯克帕特里克(James Kirkpatrick)博士

柯氏咨询机构主任

让我们从某某博士方案的标题开始思考。请注意，这个自助方案被描述为一种全新的、突破性的方案，而且还受到了不少媒体的关注。在严格的临床测试的要求下，成功的心理学方案往往进展缓慢，而仓促上市的突破性临床方案肯定没有经过适当的测试。科学家们对这些充满希望的新方法会持谨慎和怀疑的态度。他们会很快提出一些警告和预防措施，提醒人们不要因为一两项初步的研究结果而得出宽泛的结论。此外，他们也不会使用治愈、奇迹和保证这些字眼。然而，这个方案却受到了媒体的广泛关注，这一事实可能会让一些人感到安心。但是想想哪一种方案会吸引更多媒体的关注，是一种具有惊人疗效和快速治愈效果的突破性疗法，还是一种常见的长期的效果不大明显的治疗模式？你需要特别提防任何提示“不需要意志力”就能完成临床目标的方案。因此，批判性思维者必须对我们在媒体上看到的信息保持适当的怀疑。

133

截止到2000年初，自助行业已经创造了巨大的财富，它们在英国的销售额为

8 000 万英镑，在美国为 6 亿美元（Gunnell，2004）。由此看来，自助行业的受欢迎程度是毋庸置疑的。但是，我们也有适当的理由怀疑它们的治疗效果。像恢复记忆的技术一样，我们也需要考虑支持自助方案的证据的质量。如表 8.2 所示（Rosen 等，2015），这些证据的质量差异很大。

表 8.2　支持自助方案的证据的质量

| 质量 | |
|---|---|
| 低 | 轶事，患者的评价（对我很有效），以及治疗师的临床判断 |
| | 书是基于某种被记录有效的技术，但自助本身的效果并未得到证实。 |
| 高 | 随机对照试验证明了自助方案是有效的 |

为了证明自助手册是有效的（拥有高质量的证据），研究人员需要比较这些患者在治疗前和治疗后的基线分数（如，抑郁症），包括只使用新的治疗方案（治疗 A），只使用已有的治疗方案（治疗 B），不使用任何治疗方案（控制条件），以及可能的第四种条件，即同时使用治疗 A 和治疗 B 两种方案（治疗 A + B）。此外，研究人员还需要进行复制研究。但不幸的是，这样的研究很少。理查森、理查兹和巴克姆（Richardson，Richards，& Barkham，2008）对英国关于抑郁症的自助类书籍进行了回顾，发现大多数书籍都没有经过实证检验，只有少数几本书引用了科学研究结果。虽然有一些研究证明了自助书籍（如自我管理方案）的有效性，但也有一些研究表明，当面对面的治疗减少时，此类方案的有效性也会减弱（Rosen 等，2015）。罗森（Rosen）和同事们（2015）对无法使用有力的心理科学证据评估心理学家推荐的自助类书籍表示担忧。作为一名消费者，我们需要运用批判性思维，通过考虑证据的有效性、证据与所提出的方案的一致性，以及此类方法的推广者的资质来评估这些自助产品（Rosen 等，2015）。此外，我们还需要注意与这类书籍和自助方案相关的潜在成本，也许金钱上的代价可能很小，但是心理上的风险和代价可能要大得多。阿科维茨（Arkowitz）和利林菲尔德（Lilienfeld）（2006）指出，当个人未能实现自助书籍中所描绘的美好生活愿景时，消费者可能会认为这种情

134

况代表了个人的失败，从而失去改变的希望，这被称为虚假希望综合征。更为严重的是，一些自助书籍中的建议与公认的心理学研究结果背道而驰（例如，发泄你的愤怒；Bergsma，2008）。

如果将上述标准套用在有关童年性虐待的自助书籍上，我们必然会对此类书籍持怀疑态度。例如，之前所提到的《治愈的勇气》这本书完全依赖于轶事和患者的评价来证明它的有效性。书中提供的治疗技术不仅没有在临床实践中被证明是有效的，反而被证明可能会导致错误记忆的产生。此外，罗森和同事们（2015）指出，一些自助类书籍并不能帮助人们训练孩子如厕或者治疗恐惧症。当然，像如厕训练以及轻微的恐惧症，都具有一个明显的、可衡量的治愈标准。然而，像《治愈的勇气》这样的书就不一样了。在这本书中，人们仅仅需要感受到各种症状和记忆片段能够反映童年受虐待经历，并且通过深入地了解当前所面临的情绪问题，就能让人感觉“更好”。

## 我们对创伤记忆的了解

心理学家对像特雷西这样恢复记忆的案例有很多不同的解释，这在本章开头已经讨论过了。心理学家詹妮弗·弗莱德（Jennifer Freyd）和勒诺·特尔（Lenore Terr）试图对恢复记忆的合理性和真实性进行有力的论证。但是，批评者却指出恢复记忆的观点过分依赖于对个案的报道，还指出弗莱德和特尔的理论与我们所了解的记忆机制不一致。此外，还有许多其他可能的解释和研究方法上的局限性都促使人们质疑这些理论的有用性。

批评者指出了恢复记忆研究中所存在的几个问题。例如，其中一项研究通过比较一组 2 岁时被照料者虐待的儿童和一组 3 岁时被非照料者虐待的儿童，发现被照料者虐待的儿童比另外一组儿童的记忆力要差。这样的研究结果似乎与背叛创伤理论相一致，但在这里需要考虑两个潜在的混淆变量。如果虐待发生在孩子 3 岁而不是 2 岁时，那么他们对虐待的记忆力会变得更好吗？另外，记忆是否会随着时间的推移而变得更差（因为对于 2 岁孩子而言，虐待已经过去了更长的时间）？如果你对这些问题的回答是肯定的，你就能和批评者一样识别出创伤发生时的年龄和创伤发生后的时间这两个潜在的混淆变量（Roediger & Bergman，

135

1998)。

批评者还对有关抑制的解释的模糊性表示了担忧。一些恢复记忆的案例可能只是与正常的遗忘有关,而抑制仅仅是用于解释遗忘的其中一种理论。遗忘有可能是由于受害者在虐待时遭受了创伤,也有可能是受害者为避免尴尬而不想披露受虐待的事情(有意识地不披露而不是抑制)。此外,某些看起来是抑制的记忆,实际上可能只是受害者忘记了他们曾经记得的受虐待经历(Lindblom & Gray, 2010; Loftus & Davis, 2006)。

有关性虐待创伤理论特别是背叛创伤理论的文献存在一个普遍的问题,即对于记忆是如何被封锁、抑制或分离的以及记忆在几年甚至几十年后又是如何被恢复的缺乏清晰的认识。背叛创伤理论没有提供关于记忆封锁机制的详细阐述。在创伤发生了几十年之后,一个没有很好地被编码的记忆又是如何被清晰而又准确地回忆起来的呢?(Roediger & Bergman, 1998)研究并没有表明创伤总是会导致分离,但却表明了分离与幻想倾向、想象膨胀和错误记忆有关(Lynn 等,2012)。安吉拉,一个在童年遭受亲戚性虐待的受害者,被要求写一篇关于创伤的叙事。她最终同意叙述这件事,但在她的叙事中却缺少大量的细节。安吉拉只写出了一段文字,因为她已经忘记了当时的环境和虐待的细节。这个案例反映了抑制或者分离似乎可以很好地解释安吉拉朦胧的叙述。此外,还反映了受害者与犯罪者之间的亲疏关系决定了受害者对创伤的记忆情况,这又与背叛创伤理论一致。然而,这个"故事"却并没有想象中那么简单。让我们想一想导致安吉拉的叙事缺少细节的其他可能原因。是不是她故意漏掉了这些细节?遭受创伤时她只有7岁这个事实能否解释模糊的记忆?林布隆和格雷(Lindblom & Gray, 2010)通过考察创伤受害者的叙述,对背叛创伤理论的假设进行了检验。那些像安吉拉这样遭到亲人性虐待的人,比那些遭受意外创伤(例如车祸)的人的叙述更加缺少细节。然而,当研究人员控制创伤发生时的年龄、有意识地忽略细节(与创伤后应激障碍回避症状相关)以及其他混淆变量时,关系亲密度不再是叙述长度和细节的显著预测变量。因此,这项研究表明,虽然许多研究人员将注意力集中在用抑制解释记忆失败上,但仍有其他同样,甚至更有说服力和更简单的解释(Lynn 等,2012)。作为批判性思维者,我们应该对分离和抑制的可能性保持开放的态度,但也不能把耸人听闻、令人信服的恢复记忆的案例作为证据来支持自己的观点。

136

## 本章小结

洛夫特斯和同事们的研究证实了人们很容易产生错误的记忆，并且揭示了错误信息是如何被纳入记忆储存中以及对童年事件的错误记忆是如何被创造出来的。这些研究对恢复童年性虐待记忆的观点与实践产生了明显的影响。想象膨胀意味着仅仅是通过想象一件事就可以使人们对这件事发生过的真实性产生更大的信心。在实际没有发生虐待的情况下，治疗师却从自己认为已经发生了虐待的前提出发，使用如引导性想象法在内的技术而导致了错误记忆的产生。虽然人们认为抑制是对创伤的一种常见反应，但研究并不完全支持这一观点，相反，创伤后应激障碍和对事件的侵入性思维则更为常见。

根据背叛创伤理论，童年由照料者实施的性创伤之所以难以恢复，是因为这段记忆被受害者封锁并且没有被正确地编码。然而，这一理论也有其局限性，包括缺乏对这些记忆是如何被抑制的解释以及研究方法上的局限性，还包括未能考虑一些混淆变量。如果在治疗中用来恢复记忆的技术仅仅依靠患者的评价、轶事证据和临床报告说明其有效性，我们应该对此保持怀疑态度。性虐待受害者检查表就是其中的一种技术，它的宽泛性和模糊性足以引起人们对巴纳姆效应的担忧。我们在评估自助书籍中的治疗方案时，必须要牢记科学是如何运作的，并且要考虑方案是否与科学框架相一致。面对大众媒体的报道，我们应该保持适当的怀疑态度。我们需要仔细审查证据，优先考虑随机对照实验（可信度更大）。

本章开头所介绍的特雷西和奥利维亚分别是记忆之战中的双方用来支持自己观点的案例。在治疗过程中，特雷西案例恢复的记忆是一个确实发生过的事件，而奥利维亚案例恢复的却是有关虐待的错误记忆。因为存在特雷西这样的案例，所以我们必须小心，不能草率地忽视恢复记忆的报告。当然，我们并不想忽视童年性虐待受害者的痛苦。但是，如果我们认可容易产生错误记忆的治疗方法，就像洛夫特斯的研究所证实的那样，然后不加批判地接受任何关于恢复记忆的报告，一旦这些方法被证明是错误的，就会给童年性虐待受害者和那些被指控的罪犯以及整个社会带来伤害。洛夫特斯和其他研究人员的研究挑战了我们关于记忆是如何工作的直觉，并且证明了记忆是非常容易出错的。

137

## 研究展望

记忆之战可能还会继续，而神经科学或许会成为这场战争的新战场。最近越来越多的研究尝试识别抑制的神经机制（Schmeing 等，2013）和可能用来解释记忆准确性的个体大脑的差异（Zhu 等，2016）。美国心理学会（2018）指出了未来该研究领域需要解决的问题，包括创伤记忆的性质，临床上能够有效帮助创伤受害者的技术，以及那些可能会导致错误记忆的技术，还包括容易受到错误记忆影响的个体差异。此外，研究抑制和分离机制也很重要，更为基础的就是研究在经历了一段相当长时间的失忆后还能回忆起童年事件的成功率（Lynn 等，2015）。总之，关于性虐待、记忆恢复和抑制，还有许多值得我们探索的问题。我们希望未来能够有更多基于证据的研究，为那些遭受性虐待和存在其他精神健康问题的患者提供明确的临床方案。

## 问题与讨论

1. 可能会植入错误记忆的研究符合伦理规范吗？当你想让别人说出特定的记忆时（例如被绑架或者犯罪的记忆），怎么做才比较合适？

2. 在研究创伤记忆特别是童年性虐待以及错误记忆等方面的内容时，研究人员所面临的伦理挑战是什么？从这几个方面进行思考，包括强烈的性暗示，童年对性的误解与困惑，以及为什么被试可能“需要”对生活中发生的事件产生错误记忆。

# 第 9 章　超心理学研究：科学还是伪科学？

主要资料来源：Bem，D. J.（2011）. Feeling the future：Experimental evidence for anomalous retroactive influences on cognition and affect. *Journal of Personality and Social Psychology*，*100*，407 - 425.

## 本章目标

本章将帮助你成为一个更好的批判性思维者，通过：

138

- 探索达里尔·贝姆(Daryl Bem)的预感研究
- 解释贝姆实验结果无法被复制的原因
- 思考为什么人们会强烈地相信超心理能力
- 考虑这个问题："什么是伪科学？"
- 思考临床心理学中伪科学的实例
- 展望被视为伪科学的超心理学

### 导入

假设你问一个非常聪明的 6 岁孩子：为什么按下电灯开关，黑暗的房间里的电灯会突然变亮？

孩子可能会观察到，这两个事件(按下电灯开关与灯亮)发生的时间很近，表明两者之间存在因果关系。因此，触动电灯开关导致了灯亮。孩子可能会很自信地说："因为按了墙上的电灯开关，所以灯就亮了。"

你很可能会对这个孩子所表现出来的观察能力感到非常满意。但作为一个成年人，你可能会探索更深层次的背景知识，并提出以下问题：

- 如果供电服务中断，这种因果关系还会存在吗？

- 如果灯泡坏了，这种因果关系还会存在吗？
- 如果电灯开关出现故障，这种因果关系还会存在吗？
- 如果电路短路，这种因果关系还会存在吗？

我们希望你能意识到：当你开始深入地思考某个主题相关知识的影响因素时，通常看起来很简单的因果关系（原因与结果）实际上往往要复杂得多。要想弄清楚上述日常生活中的实例的因果关系，你需要的不仅是表面知识，更需要对知识进行深度的探索。换句话说，这里不仅仅有两个变量在起作用。

如果一个人在黑暗的房间里连续多次观察到灯亮，然后突然出现上面列出的其中一种情况或者存在另外一种干扰因素使得灯不再随着按下开关而变亮，那么接下来又会发生什么事情？会不会有人认为，开关之所以不能再打开房间的灯，是因为受到（坏的）因果报应、意念因素、占星术的影响、坏的运气，或者巫师施法的干扰？也许远处的某个人能够使用心灵感应来阻止电子流动，从而导致开关不能再打开灯光。显然，不同年龄、不同文化背景、不同哲学立场以及不同宗教信仰的人，可能会以不同的方式解释这样一个事件。

我们希望你能批判性地思考原因的复杂性质，并将其应用于对接下来会探讨的偶发事件所暗含的意义与原因的解释之中。

请分析这样一个情况：

詹姆斯·海瑟薇（James Hathaway），一个22岁的大学四年级学生正从学校开车回家，准备与父母共度周末。在过去的几年里，詹姆斯和他的父亲相处得并不愉快。但在开车回家的路上，詹姆斯觉得自己需要和父亲谈谈，让父亲觉得自己在变好，因为他感觉父亲的时日不多了。那天晚上，詹姆斯回到家中与父亲倾心长谈之后，父亲非常高兴地原谅了他。不幸的是，詹姆斯的父亲在那天晚上去世了……5年前，詹姆斯在他的姑姑去世前做了一个梦，梦到姑姑去世了。

## 研究背景

詹姆斯的经历是巧合还是预感，这个问题是本章分析的重点内容。在你分析这个案例的过程中，想一下有关预感、预知和预见的说法。你或许会问，这些内容为什么会出现在心理学教科书里？事实上，在心理学领域中**超心理学(parapsychology)**已经有相当长的历史，它起源于 20 世纪 30 年代的超感官知觉研究，但一直以来颇受争议(Joyce & Baker, 2008)。2011 年，心理学家达里尔·贝姆发表的几项研究结果(详见表 9.1)，提供了**预感(precognition)存在的**证据，这引起了媒体的广泛关注。阅读贝姆的文章就像在阅读斯科特·菲茨杰拉德(F. Scott Fitzgerald)的《本杰明·巴顿奇事》一样，在这本书中，时间在逆行。贝姆采用了公认的心理现象——曝光效应，即反复接触某种刺激会导致人们对这个刺激的偏好更加强烈——通过颠倒事件发生的顺序来测试预感。例如，在其中的一项研究(研究 8)中，贝姆向被试展示了 48 个单词，让他们想象这些单词，然后出其不意地要求被试尽可能多地回忆这 48 个单词。这很简单，对吧？假如你作为一个被试，事先被要求练习这 48 个单词中的 24 个单词，你应该会认为能够更好地回忆起这 24 个练习的单词而不是那些没有练习的单词。这听起来也很容易理解，对吧？关键是，贝姆在记忆测试之后才向被试提供这 24 个练习的单词！尽管贝姆调换了事件发生的顺序，但却仍然发现被试能够回忆出更多的练习单词而不是在最初的记忆测试中用到的控制组单词(即没有练习的单词)。换句话说，贝姆的研究结果表明："在记忆测试之后练习一组单词，实际上能使被试及时回到过去，促进对这些单词的回忆。"(p. 419)"及时回到过去？"难怪贝姆会在他的文章中指出：要是没有任何预感的帮助，一些人会有点难以接受这样的结果。

140

表 9.1　贝姆（2011）的研究摘要

| 研究编号 | 研究设计 |
|---|---|
| 研究 1 | 测试被试在确定图片具体位置之前对色情图片的位置进行察觉的能力。研究人员通过电脑屏幕向被试展示两个窗帘，要求被试选择自己认为后面有照片的那一个。图片放在哪个窗帘后面，是在被试进行选择后才确定的。 |

续 表

| 研究编号 | 研 究 设 计 |
|---|---|
| 研究 2 | 测试被试避免遭受负面刺激的能力。研究人员要求被试从两张中性图片中选择一张图片,在选择完毕后,其中一张图片会被随机指定为目标图片。如果被试选择了目标图片,一个积极的刺激就会潜意识地呈现出来。如果被试选择了非目标图片,一个负面的刺激就会潜意识地呈现出来。 |
| 研究 3 | 一项回溯性启动效应研究。研究人员向被试展示了一幅图像,要求被试指出这幅图像是令人愉快的还是令人不愉快的。然后再向被试展示一个令人愉快的单词或者一个令人不愉快的单词,要求被试进行配对。如果这个单词出现在图像之前(这在启动效应研究中很典型),当单词传递的信息和图像一致时(例如,令人愉快-令人愉快),被试反应时间更短。 |
| 研究 4 | 复制研究 3 的回溯性启动效应研究。 |
| 研究 5 | 一项习惯化研究。研究人员通过屏幕向被试展示了两张图片,要求被试选择他们喜欢的一张。然后,被试会多次无意识地看到这两张图片中的一张。如果这两张图片再次被展示出来,被试就更有可能会选择自己无意识情况下看过的那一张图片。 |
| 研究 6 | 复制研究 5 的习惯化研究,并尝试使用了色情图片。 |
| 研究 7 | 类似研究 5,但检验了另外一个假设:当被试选择了一张喜欢的图片后,如果这张图片被自己无意识地看到十次之后,就会感到厌烦,而不会再选择这张图片。 |
| 研究 8 | 研究人员向被试展示了一份单词列表,要求被试尽可能多地回忆这些单词。记忆测试之后再向被试提供部分单词作为练习。 |
| 研究 9 | 复制研究 8,再加上额外的练习。 |

141

## 当前思考

研究结果能不能被复制是一个需要关注的重要问题,尤其是像贝姆这样具有颠覆性的研究发现。然而,不幸的是,无数次失败的**复制**(replication)实验使人们更加怀疑贝姆这种看似不可能的研究结果。这些失败的尝试大多数都是复制贝姆的最近两项研究(研究 8 和研究 9)。瑞奇、韦斯曼和弗伦奇(Ritchie, Wiseman, & French, 2012)使用了与贝姆相同的实验材料和程序对研究 9 进行了多次复制,但都没有找到支持预感的证据。盖拉(Galak)和同事们(2012)也尝试对研究 8 和研究 9 进行了多次复制,被试总共超过 3 000 人,但与贝姆研究不同的是,有些研究是在网上进行的,研究人员还创建了一个与贝姆不同的单词列表。同样,这些研究也没有得到与贝姆一致的结果。此外,这些研究人员并没有发现感觉寻求这一人格特质与表现相关，而这正是贝姆在众多研究中所报告的。盖拉和同事们还进行了一项元分析研究，综合分析了贝姆的研究8和研究9的所有复制试验结果。同样还是不能支持预感。此外，瓦根马克斯(Wagenmakers)和同事们(2011)还使用了另外一种替代性的统计检验工具重新分析了这些实验数据，但同样没有找到支持预感的证据。 142

重点阅读：Ritchie, S. J., Wiseman, R., & French, C. C. (2012). Failing the future: Three unsuccessful attempts to replicate Bem's "retroactive facilitation of recall" effect. *PLoS ONE*, *7*, 1–4.

## 为什么无法复制贝姆的研究结果?

导致其他研究人员无法复制贝姆的研究结果的原因可能有以下几个。首先，批评者认为，贝姆在实验之前进行了一次"蓄意调查"，做了一系列探索性分析(如使用不同的图像)，最终只报告那些具有显著性数据的分析(Gauvrit, 2011; Wagenmakers et al., 2011)。当研究人员存在某种直觉但又不太确定期望结果是否可靠时，通常会进行探索性分析或者**预研究**(pilot study)。然而，问题不在于是否进行了探索性分析，而在于是否将其结果作为验证性分析来汇报。换句话说，是否在报告这些分析结果之前就已经有了一个适当的**假设**(hypothesis)，即所谓的**先验假设**(a priori)。研究人员通常将**显著性水平**(significance level)或称概率水平设定为0.05或者更大的数字，表示结果偶然获得的概率。如果统计检验的概率水平或p值是0.05，那么就意味着偶然获得这种结果的可能性很低，但不至于为零。换句话说，如果进行了20项研究，可能会偶然获得一项阳性结果，也可能会偶然获得一项假阳性结果(Gauvrit, 2011)。降低p值以减少假阳性或Ⅰ**型错误**(Type I error)的风险，是处理这种进行多个实验研究的正确方法。显然，贝姆没有做到这一点。

其次，确定贝姆的研究是否为探索性分析，还有另外一个重要的原因。当研究人员对变量之间关系的假设有一个明确的方向时(例如，一个人脂肪摄入量越多，体重就越重)，可能会选择采用**单尾检验**(one-tailed test)，因为这将更有力或更好地检测出差异。此外，在概率分布上，单尾检验0.05的显著性水平并不像图9.1所示的双尾检验那样被分割为两个部分(各为0.25)。虽然单尾检验更有力，但却不能检验相反方向上的差异，而且检验不够严谨（不太可能产生假阳性或Ⅰ型错误），这就是为什么大多数心理学家会使用**双尾检验**（two-tailed test）（Jaccard & Becker，2002）。超心理学研究人员接受高于或低于概率的得分来作为支持预感的证据，因而通常也会使用双尾检验（Alcock，2011；Elmes 等，1999）。然而，贝姆却选择使用了单尾检验。尽管这在统计上是一个不合乎常规的做法，但还远不及先进行分析再基于事实提出一个带有方向性的假设那么恶劣（Jaccard & Becker，2002）。

143

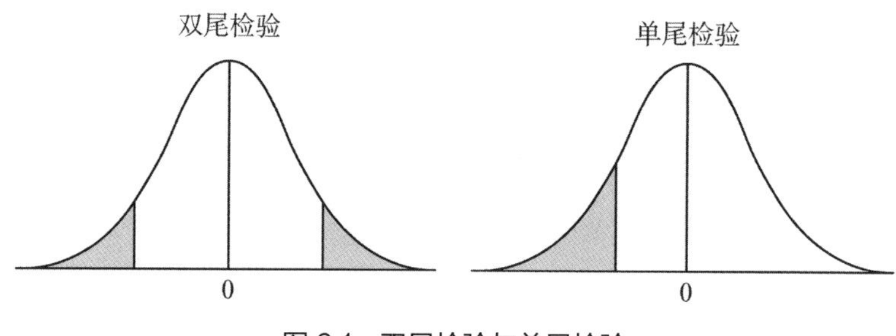


图 9.1　双尾检验与单尾检验

从本质上来说，批评者争论的是，贝姆进行了许多检验，其中有大量不具有显著性差异的检验，但他却只报告了那些具有显著性差异的检验，另外，还只是报告了容易产生显著性差异的单尾检验结果。无论贝姆是否如此，但理想情况下，研究人员都需要事先就方向性和统计分析作出假设，并且接受这个假设。菲尔德（Field，2005）指出："如果你在收集数据之前不对方向做出预测，那么你就无法预测方向并且体现单尾检验的优点。"（pp. 30—31）

## 神经科学能否解决超心理学领域的争论？

在贝姆的预感研究发表之前，哈佛大学的赛缪尔·莫尔顿（Samuel Moulton）和史蒂芬·科斯林（Stephen Kosslyn）（2008）试图使用神经科学来解决超心理学领域的争论。在这项研究中，研究人员随机指定一位被试作为发送者，这位发送者的任务是通过任何可能的非感官方式将刺激"发送"给接收者。而接收者的任务是试图在两种刺激选项中识别出发送者所"发送"的图像，在这一过程中，记录接收者的大脑活动。研究结果表明：接收者偶然（概率为 50%）能够猜测出正确的超心理图像，此外，**功能性磁共振成像**（functional magnetic resonance imaging， fMRI)结果(参见第 11 章和第 13 章关于功能性磁共振成像的详细讨论)显示接收者大脑对超心理和非超心理刺激的反应没有显著差异，在反应时间上也没有显著差异。莫尔顿和科斯林(2008)认为这项研究是从根本层面(大脑活动)进行的研究，比起行为研究所得出的阴性结果，其结果则更能有力地反驳超心理能力。超心理能力必然来源于大脑，因为个体所有的行为都与神经活动相关。尽管存在不支持超心理能力的证据，但与超心理能力相关的研究仍在继续，人们对超心理能力的迷恋仍在继续。

144

## 不同寻常的观点

当研究人员提出像贝姆这样不同寻常的观点并且又有数据的支持时(似乎是支持性的数据)，媒体就会非常关注它。然而，科恩(2002)认为，基于负面证据(即不支持超心理能力的证据)的主张不太可能受到同样的关注。这样的故事情节似乎已经在因贝姆的发现而引发的超心理学争论中出现了。失败的复制研究可能并不会引起媒体的注意，但批判性思维者一定要注意这一点。天文学家卡尔·萨根(Carl Sagan)曾提出“不同寻常的观点需要不同寻常的证据”，尽管像贝姆这样不同寻常的观点引发了一些学者对其合法性的争论，但超心理研究却未能提供一般性的证据，更不用说提供不同寻常的证据。

当这种不同寻常的观点出现在媒体上时，我们可以从批判性思维工具中选择一个简短而重要的问题——“这会导致什么结果?”普拉卡尼斯(Pratkanis, 2017)指出，假设贝姆的观点是正确的，那么我们就很难将这一观点与我们所了解的世界相协调：

> 例如，如果贝姆关于超心理能力的观点是正确的，那么拉斯维加斯就不可能存在。通过超自然过程使胜算稍有偏差，就会让赌场破产，也会让彩票和其他合法的赌博游戏的赞助商破产。如果贝姆的观点是正确的，那么间谍和间谍卫星就没有存在的必要，因为我们应该能够通过超心理能力了解对手的想法。(p. 157)

## 为什么人们会相信超心理能力?

人们之所以会相信超心理能力，有许多原因，包括对科学的怀疑，还包括精神上的需要以及认知上的局限性等。卡尔·萨根(1995)指出，**伪科学**

(pseudoscience)有潜力满足科学无法满足的情感需求,此外,还可以提供一种对看似无法控制的生活事件的控制感。难以解释发生的事情还有随机发生的或者不可预测的事件,会使人们产生霉运或者恶有恶报的想法,从而引发心理上的不适和其他问题。幸运的是,有很多认知技巧可以帮助人们减轻这种不适。思考当进行一项依靠能力而不仅仅是概率的任务时,需要做好哪些非常重要的准备才能让你在某种程度上控制这项任务。例如,你练习得越多,就会变得越好,就越有信心掌握这项任务。同样,你的对手越不自信,技术越差,你就越有信心能够战胜对手。这些说法对任何人而言都是适用的,尤其是运动员。但是,研究表明即使是进行概率游戏,练习的数量以及对对手能力的感知也会影响人们对控制的感知(Langer, 1975)。例如,有一种纸牌游戏,双方从一堆纸牌中随机抽牌,点数大的一方赢(这种游戏在美国被称为"war")。兰格(Langer, 1975)发现,当一方表现得更有能力、更自信时,另一方则下注较少。因此,普通人也倾向于在无法控制事件的情况下感知控制,而相信超心理能力的人则更容易受到这种**控制错觉**(illusion of control)的影响(Blakemore & Troscianko, 1985)。

145

另外一个可能会使人们受到超心理能力影响的因素是,当涉及到随机性时,人们的判断力就会变得非常糟糕。抛硬币4—5次都连续出现背面后,出现正面的可能性会更大吗? 如果你说"是",那就错了,但你的答案却和很多人一样。人们通常会认为出现这样的情况不仅仅是随机的概率问题(例如,人们通常会认为连续7次正面不可能是偶然发生的),这被称为**赌徒谬误**(gambler's fallacy),因为你没有意识到每一次抛硬币都与前一次抛硬币无关,换句话说,连续4—5次正面与下一次抛硬币的结果无关(Tversky & Kahneman, 1974)。同样,人们错误地认为,一个"手气很好的"篮球运动员在连续投进几个球后继续投中的可能性很大(Gilovich, Vallone, & Tversky, 1985)。如果你相信超心理能力,那么出现几个连续的巧合就不太可能仅仅被视为是巧合。

一些研究可能还给出了另外一个解释,即信息的可获得性及其进入大脑的便利性会影响人们对事件发生的可能性的估计,这被称为**可得性启发法**(availability heuristic)(Tversky & Kahneman, 1973,1974)。可得性启发是我们在做决定时或者做判断时经常会用到的一种心理捷径或一般规则。例如,如果某件事物是纯天然的,就对你有益;如果政治家的演讲越长,传达的信息就越好。再例如,根据可得性启发理论，我们可能会在多年观看《崛起》(*The Rising*)，《救赎》(*In the Flesh*)和《行尸走肉》(*The Walking Dead*)之后，高估僵尸末日出现的可能性。相信超心理能力的人可能有过许多类似的经历，他们将巧合的事件归纳出一个“原因”来，从而让事情变得更容易理解。此外，可得性启发可能还解释了另外一个相关的认知偏差，即**错觉相关(illusory correlation)**，具体是指对两个同时发生的事件的错误认知(Tversky & Kahneman, 1974)。你可能曾经有过这样的经历，希望某个人给你发短信，过了几分钟之后，这个人就给你发了短信。

最让人头疼的可能并不是认知偏差本身，而是这些偏差在人们观念中的持久性。避免这种偏差应该很简单，就是提高对这些偏差的认识。然而，不幸的是，我们更善于发现别人的这些认知偏差，却不善于发现自己的(Pronin, Lin, & Ross, 2002)，因为我们自己会采取防御姿态。普洛尼(Pronin)和同事们研究了其中一种认知偏差，即**优于常人谬误(better-than-average bias)**，是指人们在诸如可靠性和为他人着想等不同人格维度上，认为自己优于一般人的倾向。研究中，被试通过比较自己与所在大学的其他学生后进行自我评价，之后再被告知“优于常人谬误”的存在，然后判断自我评价的准确性。这提供一个机会让被试意识到“我已经知道优于常人谬误，在与别人进行比较的时候我可能会高估自己，因此需要避免这种错误”。然而事情并非如此简单，超过75%的被试认为他们要么是正确的，要么实际上还低估了自己的评价分数。因此，意识到谬误本身并不足以消除这些顽固的认知偏差。

146

了解到我们不善于发现自己的认知偏差，也就不难理解为什么我们很难意识到我们倾向于选择性地寻找并解释证据，以证实我们现有的假设，并忽略那些无法证实假设的信息(Nickerson, 1998)。如图9.2所示，这种**确认偏误(confirmation bias)**在促使人们相信超心理能力上发挥了重要作用，并被伪科学者所利用，他们通过提供模棱两可的信息，让人们看到自己想要或者需要看到的东西。例如，今日的星座运势显示，你在寻求别人帮助时有可能会遇到麻烦，你需要解决这个问题。又有谁不适合这样笼统的描述呢？研究表明，即使是在面对不是很明确地支持我们立场的信息时，我们的立场不仅不会动摇，反而会更加坚定(Lord 等，1979)。罗素和琼斯(Russell & Jones, 1980)的一项研究表明，人们对于超心理能力的信念难以改变的原因有，相对于那些支持超心理能力的案例，相

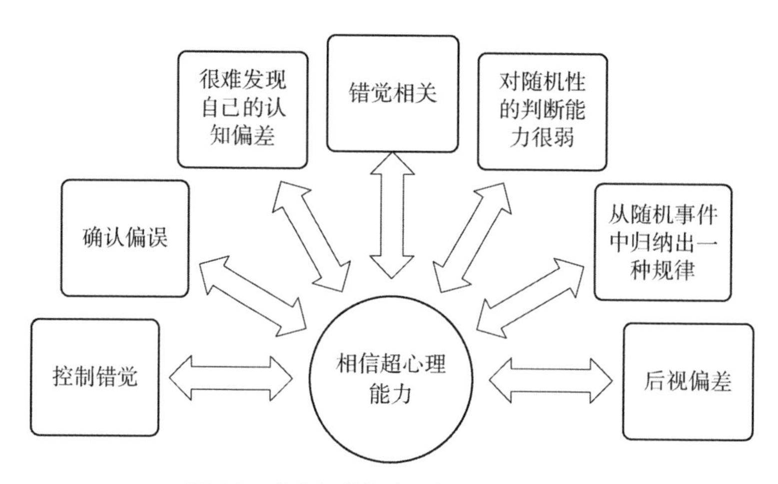


图9.2　人们相信超心理能力的原因汇总

信超心理能力的人可能不太记得那些对超心理能力持怀疑态度的研究。在某些情况下，这些人甚至会将证明超心理能力不成立的研究错误地记忆成与他们的信念相一致的研究。

最后，研究表明**后视偏差**(hindsight bias)可能是人们相信超心理能力的另外一个原因(Rudski, 2003)。鲁德斯基(2003)使用了一套25张不同颜色的卡片，让被试猜测实验者所选择卡片的颜色，然后再让被试尝试通过心灵感应将选择的颜色传递出去。研究人员通过让被试回想他们的猜测是否正确从而使他们能够有产生后视偏差的机会(相反，控制条件组的被试在收到反馈之前就写下了答案)。研究表明，有机会产生后视偏差的被试比**控制条件**(control condition)组的被试猜测的成功率更高。

147

值得注意的是，与其他关于超心理能力易感性的认知解释一样，人们之所以会存在后视偏差，通常是由多种原因导致的，包括理解复杂的问题、减少焦虑以及需要做出快速而谨慎的决定等(Hoffrage, Hertwig, & Gigerenzer, 2000; Rudski, 2003)。在某些情况下认知偏差具有局限性，但换种说法可能会更准确：认知偏差在很多方面是有好处的，但也需要付出一点代价。例如，在经历中寻找规律可以帮助我们理解世界是如何运作的，因此，不接受这种巧合也是有代价的。巴吉尼(Baggini, 2009)解释说：

当我偶然遇到前一天还在想的一位老朋友时，可能会觉得这很不可思议，但是，每当发生这种事情时，我都会想到成百上千个我没有偶然遇到的人。如果我从来也没有遇到过我最近一直在想的人，那将会更令人惊奇。在一个随机的世界里，需要解释的是那些完全没有巧合的事情，而不是发生巧合的事情。（pp. 173—174）

当一个人有过这样的经历，例如，在想起一个老朋友之后会偶然遇到他。有些人可能会将这归因于巧合，而有些人则可能会赞同超自然的解释。研究表明，相较于反思性思维者，那些更倾向于依赖直觉或者在遇到这种经历时较少深入反思的人则更有可能赞同超自然的解释。例如，布韦和波纳芬（Bouvet & Bonnefon，2015）"设法"让被试相信自己经历了心灵感应体验（即能够将随机选择的卡片"发送"给接收者）。虽然大多数被试认为这是不同寻常的，但直觉性思维者更倾向于支持超自然能力的解释，而反思性思维者更倾向于将这一现象视作统计上的意外。布韦和波纳芬的研究是又一个反映个体对超心理能力信念的差异如何导致个体行为产生重大差异的例子。

## 批判性思维工具

### 伪科学

**问题导入：是否仔细研究过证明伪科学存在的技术和论断？**

心灵感应，这种在布韦和波纳芬的研究中被操纵的超心理现象可能会被认为是一种伪科学活动，正如我们将要在"超心理学是伪科学吗？"一节中讨论的那样，科学与伪科学之间没有明确的界限。

请通过评估这一家虚构的提供心灵感应能力训练的公司在网站上发布的广告来思考伪科学的特征：

148

人类历史上有着大量关于心灵感应的记载，有证据表明古希腊人就使用过心灵感应。19世纪末，德国医生赫伯特·韦恩巴特（Herbert Wienbart）在畅销书《我们的梦》(*Our Dreams*)中记录了他影响朋友梦境的个人心灵感应经历。

我们都有过传递某种想法的经历。想一想你是否经历过这样的事情：刚想要一个朋友给你打电话，几分钟后你就听到了电话铃响，结果正好是这个朋友打来的。你似乎在电话打来之前就已经感觉到了你的朋友要做什么，而他的电话正好印证了这种奇妙的感觉。

科学也证明了心灵感应的存在，但是这些研究一直被公众所忽视，因为许多政府机构并不想让公众知道这样的沟通方式。这样的欺骗很具有讽刺意味，因为几十年来政府一直在秘密地进行心灵感应研究。

我们的训练计划非常简单，每周只需30—60分钟，你就能显著提高自己的心灵感应能力。你将学会驾驭内在的通灵能量来促进心灵感应，克服常见的困难和心中的负能量。听一听珍·赫芬顿(Jan Huffington)是怎么说的："仅仅训练了30天，我就已经看到了心灵感应能力的训练成果，感觉到自己拥有了更多的力量！这个训练计划改变了我的生活！"

你也有能力掌控自己的生活！

## 逻辑谬误

让我们一起来解决这个疑问，谈一谈这个网站上的广告是如何使用了伪科学经常使用的伎俩。首先，虽然人们相信并且"使用"心灵感应可能已经有了很长的历史，但从逻辑上来看，这并不能作为心灵感应存在的证据。这种错误的逻辑被称为**古老智慧谬误(fallacy of ancient wisdom)**(Baggini，2009)。事物越古老(例如，使用水疗来治疗精神疾病)就越有可能已经被某种更加有效的治疗方法所取代(例如，认知行为疗法)。然而，这种"由于一种方法长期存在，所以它在今天也是有用的"的说法却是伪科学家们惯用的伎俩。

149 伪科学家们还经常使用**轶事(anecdotes)**来佐证自己的观点(Pratkanis，1995；Shermer，1997；Schmaltz & Lilienfeld，2014)。正如整本书都在讨论的，轶事是一种吸引人但是来源不可靠的证据。无论存在多少引人注目的轶事，都需要科学研究的支持(Shermer，1997)。一个吸引眼球的关于超自然能力的轶事很可能会在一个人的记忆中占据突出的位置，因此也很容易被回忆起来，从而使这个人更容易受到可得性启发偏差的影响（Pratkanis，1995）。然而，很奇怪的是，如果真的存在这种超感官能力，就应该会有大量的报道和传言显示那些一身铜臭味的统计学家跑赢了股市或者中了彩票（Kida，2006）。

重点阅读：Pratkanis，A. R.（1995）. How to sell a pseudoscience. *Skeptical Inquirer*，*19*，19－25.

正如前面所讨论的，你可能会有过这样的经历：刚想起一个朋友，不久之后这个朋友就给你发了短信。我们可以把这种情况归因于心灵感应，但是，当我们想起一个朋友，他却没有给我们发短信时，我们则更有可能把这种情况当作一种巧合（Shermer，1997）。从前面的讨论中知道，我们存在一种倾向，就是会选择性地关注确认的证据或者说契合的证据，而忽略不契合的证据。另外，你对朋友要做的事情有一种感觉也是完全可以理解的，那是因为你知道他的习惯。

具有讽刺意味的是，伪科学的危险信号之一便是在缺少真正科学的审查的情况下对"科学"或"科学"语言的模糊的、不恰当的和无端的使用。你不会从心理科学家那里听到"科学已经证明了"这种类似的话。因为科学家们经常会找到支持假设的证据，但这并不等同于已经"证明"了某个事物的存在。就算是贝姆也没有在文章中说明他已经证明了超心理能力的存在。使用听起来很科学的语言是一种有效的伪科学策略，因为公众对科学是如此推崇（Shermer，1997）。同样有问题的是，有些人认为如果某种论断不能被推翻，那么它就一定是真实的。按照这个逻辑，怀疑论者有责任证明超心理能力不存在，如果不能证明，那么就意味着超心理能力必然是存在的（Shermer，1997）。最后，像"通灵能量"这样的术语有点科学语言的味道，但却没有科学的实质。

类似地，伪科学家们还可能会使用其他科学领域中的术语让他们的观点看起来更加可信，但是他们的使用方式却是不恰当的。伪科学家们有可能会说到这些观点在科学上的可信度，也有可能会说到这些观点涉及最高机密，因为有些人（通常是政府机构的人）不想让公众知道这些信息。这让我们感觉自己知道了一些别人可能并不知道的特殊信息，而这些信息有可能是出于一种阴谋而对我们保密的信息（Pratkanis，1995）。此外，这个训练计划还可以给我们提供"力量"并且提升

150

“掌控自己生活”的能力。怀疑论者迈克尔·谢默尔(Michael Shermer，1997)指出，伪科学家们使用这些带有感情色彩的词语目的是为了激发人们强烈的情绪体验。这样做的好处是，当人们处于一种热情积极的情绪状态时，则更有可能依赖心理捷径而不太可能批判性地分析论据(Lerner，Li，Valdesolo，& Kassam，2015)。

伪科学还有其他几个重要的特征值得我们关注，即缺乏**可证伪性**(falsifiability)和存在万能药问题。上面这个网站上的广告总体而言想要表达的是，你的生活将会因为心灵感应训练计划而得到改善。这种普遍的好处和广泛的适用性也是伪科学的特征之一(Olatunji，Parker，& Lohr，2005)。伪科学家们经常会为一些问题或者无法实现的目标提供解决方案(Herbert 等，2000；Pratkanis，1995)。欧拉藤吉、帕克和劳尔(Olatunji，Parker，& Lohr，2005)提供了一个关于思维场疗法(Thought Field Therapy，TFT)的例子，该疗法除了具有伪科学的一些其他特征之外，还声称提供了一种快速解决许多心理障碍的方法，但几乎没有提供任何科学的证据来支持其有效性。

伪科学家们还倾向于忽视负面的发现，或者将其曲解，并且通常回避一个至关重要的科学标准，即可证伪性。在科学领域中可证伪性是必不可少的，但在伪科学领域中的人们则会尽量避免它。瓦拉奇和科西(Walach & Kirsch，2015)解释说，传统中医通过使用一种叫做气的人体内看不见的能量来避免被证伪。显然，像气这样的无形力量，是难以通过科学手段进行观察、测量和验证的。关于超心理能力，想象一下，我们进行了一项类似于贝姆的研究，我们认为如果实验结果显示一个人猜测正确的次数高于平均的正确次数(猜测图片的位置)则表明这个人存在超心理能力，如果等于平均次数或者低于平均次数则表明这个人的超心理能力被抑制了。换句话说，有关“超心理能力的论据”在这里是不可能被否定掉的，因为我们没有办法去证伪这一理论。批判性思维者可能会问：“我们怎么知道超心理能力是否真的被抑制了呢?”

## 确定心理治疗的科学有效性

不幸的是，临床心理学的应用领域和心理学的其他领域一样，都未能避免伪科学的影响。赫伯特和同事们(2000)列举了一个临床伪科学的例子，即眼动脱敏与再加工疗法(eye movement desensitization and reprocessing，EMDR)。眼动脱敏与再加工疗法要求患者在回忆创伤记忆的同时，跟随治疗师的手势快速地移动眼睛(www. edmr. com)。该疗法最初应用于治疗焦虑症，后来则更广泛地应用于其他疾病。然而，相信该疗法的支持者已经试图解释了关于该疗法的一些负面的发现，这使得该疗法不再具有可证伪性。此外，该疗法的支持者还对治疗效果作出了大胆却未经证实的论断(例如 100%成功)。最终，生动的轶事代替了实证研究的支持，伪科学使用的是听起来科学但是其所用的实际上是与其他科学领域脱节的晦涩语言(Herbert 等，2000)。与贝姆的预感研究一样，除了推测之外，眼动脱敏与再加工疗法的有效性没有得到任何的科学解释。



思维场疗法是另外一种具有伪科学性质的治疗方法，该疗法的支持者认为是编辑和审稿人的偏见("反对者"针对的特定信息)导致了缺少同行评审出版物来证明该疗法的有效性(Olatunji 等，2005)。思维场疗法的可证伪性也是难以捉摸的，因为该疗法作用于体内的生物能量通道，而这些通道尚未得到科学的验证(Schaltz & Lilienfeld，2014)。伪科学中因不可接触而不可测量的现象是很常见的(Bunge，1984)。眼动脱敏与再加工疗法和思维场疗法的共同之处在于，它们并不是建立在该领域现有知识的基础之上，而都是完全新颖的治疗方法，似乎是"凭空而来"的(Olatunji 等，2005)。这种突破性的治疗方法常常会引起媒体的关注和公众的极大兴趣，但却很少受到学术界的关注。欧拉藤吉、帕克和劳尔(Olatunji，Parker，& Lohr，2005)通过观察网络点击量和一个普遍使用的心理学研究数据库(psychology research database，PsycINFO)中的引用量，比较了各种治疗方法的网络流行度和研究关注度。像代币法(token economies)这样成熟并且又有研究支持的治疗方法有近 7000 次的网络点击量，同时也有近 1000 次的引用量。

像思维场疗法这样流行的治疗方法在网络上的点击量接近 2 万次，而在 PsycINFO 数据库中的引用量却不到 30 次。类似的比例也出现在其他同样流行但在科学上受到质疑的疗法中，如前世回溯和潜意识自助音视频等。作为一个普通人，我们应该为那些患有慢性疾病的人有可能得到新的治疗而感到兴奋。然而，作为一个批判性思维者，我们更应该调查研究记录，并思考这些记录在案的发现是否表明这种疗法会比安慰剂更有效，或者会比其他成熟的疗法更有效

(Herbert 等,2000)。

问题不仅在于支持上述疗法的研究相对较少,还在于研究方法上的局限性令得出结论更加困难。赫伯特和同事们(2000)指出,眼动脱敏与再加工疗法的相关文献受到了以下几个方面的困扰,如**心血辩护效应**(effort justification)、实验要求或称**需求特征**(demand characteristics)、对改进的期望或**期望效应**(expectancy effects),以及可能存在的**治疗师期望**(therapist allegiance)效应和**乐观偏误**(optimism bias)等。心血辩护效应、需求特征以及期望效应这三者之间是密切相关的。库珀(Cooper, 1980)通过比较一种成熟疗法(冲击疗法)与虚假疗法对恐蛇症患者的疗效,有力地证明了心血辩护效应对心理治疗研究的影响。研究人员要求接受虚假疗法即被分配到对照条件组的患者参加体育锻炼,并告诉他们这对治疗有益。最终,研究人员通过测试患者接近"活"蛇的意愿,发现接受冲击疗法的患者在治疗后有显著的改善。此外,研究人员还发现虚假疗法组的患者也有所改善,并且两组患者的改善程度无显著性差异。研究人员用**认知失调**(cognitive dissonance)理论解释了这些结果,认为当个体参与一项像治疗这样自由选择的活动并且花费了大量的努力时,便会夸大治疗方法的重要性,以证明自己的努力是值得的。这种理由表明通过治疗患者确实得到了改善。这就好比一个人说道:"我已经把所有的精力都投入到了这个治疗过程当中,所以我一定是真地想要克服恐蛇症。哦,太好啦!我可以接近蛇了!嗯,我想这一定是值得的。"这显然是一个值得关注的问题,因为患者可能想要通过表现出症状改善来取悦治疗师或实验者。此外,患者或被试对治疗的积极预期也可能是改变治疗效果的因素(Constantino 等,2011)。

赫伯特和同事们(2000)在对眼动脱敏与再加工疗法的批评过程中,引用了弗朗辛·夏皮罗(Francine Shapiro)的十几篇文章,其中许多是记录眼动脱敏与再加工疗法有效性的研究。为什么这(可能)很重要?因为是弗朗辛·夏皮罗创造了眼动脱敏与再加工疗法。这并不是不道德的,也不一定表明研究人员在研究过程中会有任何有意识或者无意识的偏差。但事实上,那些创造了治疗方法并且进行了效果研究的人,往往比那些没有这样做的人会更容易得出阳性结果。这种治疗师期望效应归因于人们已经先验地认为自己提出的疗法是优越的(Dragioti 等,2015)。同样,查迈兹和马修斯(Chalmers & Matthews, 2006)提到,人们对新疗法的有效性普遍存在着毫无根据的信任。这种乐观偏误与一种错误的信念有关，即认为一种“新的”治疗方法很可能优于一种较老的或者更成熟的治疗方法。这些认知偏差会从多个方面影响治疗师或实验者与患者或被试的行为。实验者可能会给予被试更多的关注，并可能微妙地向他们传达这种乐观偏误，进而增加他们对成功的治疗结果的期望。赫伯特和同事们(2000)认为，这些影响因素可以在精心的研究设计中加以控制，但在这种情况下，眼动脱敏与再加工疗法看起来就并不像是心理治疗领域中的一个突破性进展了。通过使用多个实验者或治疗师，并且对不清楚实验假设的被试进行行为评估而不仅仅是依靠被试的自我报告，可以减少其中一些偏差的影响(Sheperis, Young, & Daniels, 2010)。虽然上述研究中的方法错误本身并不会将其等同于伪科学，但是当阴性结果被忽视或曲解，轶事成为疗效的主要证据时，至少证明伪科学已经在萌芽了。153

## 超心理学是伪科学吗?

2001 年进行的一项盖洛普民意测验显示，50%的美国人相信超感官知觉，20%的美国人表示不确定。不过，绝大多数科学家对超感官知觉持怀疑态度(Joyce & Baker, 2008)。了解到这一点，似乎有必要考虑一下超心理学在科学中的地位。科学是前进的，它会随着理论的检验、精炼、修正和抛弃而改变并且进步。与之相反，伪科学则停滞不前、拒绝抛弃——该领域内的知识一直得不到进步。邦吉(Bunge, 1984)指出，超心理学是停滞不前的，因为它一直在重复检验相同的假设。一百多年来，超心理学家们一直在寻找超心理能力的证据，但收效甚微，然而这种寻找仍然在继续(Robinson, 2009)。占星学中也存在类似的缺乏自我修正或停滞的现象(Schmaltz & Lilienfeld, 2014)。当发现研究无法被复制时，伪科学倾向于“曲解”这种负面的结果。当涉及超心理学时，如果支持者不选择忽视或者忽略负面的结果，则倾向于将这种结果解释为是由于实验者缺乏超心理能力导致的(Alcock, 2003)。这一现象与缺乏可证伪性密切相关。阿尔科克(Alcock, 2003)解释了这一点在超心理学研究中的作用：

如果被试在超心理能力实验中未能获得高于随机概率的分数，这并不意味着该实验不支持零假设。相反，只要实验的失败足够离谱，以至于被试的实验数据明显偏离了统计预测的方向，那么这就反倒被认为是支持超心理能力存在的依

据……从这个角度去解释，这种足够离谱的失败的实验其实也是一次成功的实验。(p. 39)

同样，复制实验的失败通常被解释为实验者的超心理能力效应，换句话说，就是特定的研究人员拥有超心理能力，因而能够在实验中引发超心理现象，但是其他人却没有这种能力(Alcock, 2003)。如果少数研究人员偶尔能够产生积极的结果(例如5%的次数)，而消极的结果可以被当作超心理能力的证据或被曲解为实验者的超心理能力效应，那么就更容易理解为什么有些支持者能够在面对大量失败的复制实验时辩称超心理能力的存在是有科学证据支持的。

154

根据邦吉(1984)的观点，科学是“基于合理变化的具体事物”(p. 38)。而类似预知观察这样的超心理现象与基本的物理定律相冲突，例如结果先于原因发生。超心理学不是建立在现有知识的基础之上，也不与其他研究领域相联系。批评人士指出将超心理学与物理学联系在一起是不明智的。事实上，这些想为超心理学正名的尝试似乎与生物学、**神经科学(neuroscience)**和物理学中的知识都不一致。有些人认为超心理学缺少相关的学科知识基础，或者说至少缺少一个明确定义的研究主题，并且研究内容是不可被理解、不可被测量的(Alcock, 2003; Bunge, 1984)。贝姆(2011)试图将超心理学与量子物理学联系起来。虽然这并不是贝姆的出发点，但我们仍然需要警惕那些试图把超自然的信念附加到量子物理学上的行为，这样做的目的是为了人们的转移注意力。由于大多数人缺少丰富的量子物理学知识，因此人们很难从这一点上挑战那些支持超心理能力的观点(Bennett, 2015)。虽然贝姆很难给实验结果找到一个合理的解释，但是缺乏解释本身并不足以让我们得出这样的结论，即超心理现象或任何其他目前无法解释的现象是不可能存在的(Baggini, 2009)。

有一些观点是无法使用我们目前的测量工具进行实证检验的。因此，这种说法可能是合理的，即在目前的科学调查研究框架内，这些观点可能是无法证明的。科学不仅要知道“什么事”起作用(就像本章开篇提到的打开电灯的开关)，还要知道这件事“为什么”起作用。当一个已知的原因(“什么事”)不再导致我们通常能够观察到的结果时，关于“为什么”的知识往往会引导我们重新解释这一现象。这就是批判性思维者看重对某一主题知识的深度挖掘的原因。

## 逻辑谬误

在超心理学领域，一些学者满足于使用轶事作为证据，而另外一些学者则会使用经过同行评审的研究方法。然而，正如我们在贝姆的研究中所看到的，撇开方法上的局限性不谈，研究人员对这些超心理能力的测量是间接的（被试在预感任务中的得分高于随机概率），而更为直接的测量方式，即大脑活动并不能证明预感的存在。当方法论上的错误被揭露出来以后，一些超心理学家认为批评者有责任说明这些错误会如何影响结果。超心理学家们将举证责任推卸给批评者，让他们证明所讨论的现象并不存在（批评者应该拿出证据拒绝超心理能力）。转移举证责任是一种无知的诡辩，即**诉诸无知谬误**（argument from ignorance fallacy），它错误地免除了观点提出者证明其观点有效性的责任（Van Vleet，2011）。即便像贝姆的研究一样，结果是积极的，也没有理论可以解释这样的结果。阿尔科克（2003）幽默地指出，这样的结果可能是由一些因素导致的，包括“一个非随机的‘随机生成器’、各种方法上的局限，或者……宙斯”（p. 43）。支持者将举证责任转移到批评者身上，这应该是需要引起批判性思维者注意的危险信号。

155

将科学与伪科学区分开来的其中一个困难是，在像超心理学这样的研究领域中，对超心理能力的定义有着巨大的可变性（严谨的科学与主流的科学都无法回答这个问题；Alcock，2003）。另外一个困难是，其往往一方面追求的是正统的科学研究，而另一方面则是追求针对同种现象的商业化版本。以精油为例，有正统的发表在同行评审期刊上精油研究，也有商业化的精油产品被包装成存在科学证据证明其有效果。例如，很多同行评审的期刊论文研究的是精油对认知和情绪的作用（例如，Moss 等，2008），尽管这些理论解释可能也会受到一些合理的批评（例如，精油是如何增强认知的?）。另外，如表 9.2 所示，商业宣传“闻”起来就有一种伪科学的味道，请允许我在此用“闻”这个双关语。

表 9.2　对比科学与伪科学中支持精油效果的证据

| 科学取向 | 伪科学取向 |
| --- | --- |
| 经过有效测量的发表在同行评审期刊上的对照研究 | 对“科学”证据的模糊阐述和对轶事的依赖 |

续 表

| 科学取向 | 伪科学取向 |
| --- | --- |
| 仅限于对研究中所检验的特定精油及其效果(例如认知或情绪)进行阐述 | 对健康有益的概括性阐述 |
| 从累积的研究结果中得出来的结论 | 诉诸古老智慧(即“精油已经用了好几个世纪”) |

尽管如此,有些人认为像超心理能力这样的超心理学研究主题并不是一个不适合科学研究的主题,然而,拒绝接受实证研究的失败结果才使其伪科学。精油研究也有可能走上类似的道路。虽然有研究表明,接触精油会增强认知能力,但未来的复制实验仍然有可能出现失败的结果,或无法为增强认知能力提供令人满意的理论解释(例如,明确的药理作用)。

156

## 本章小结

达里尔·贝姆的研究结果所引发的关注反映了人们对超自然能力的迷恋,以及科学能够“证明”许多人已经相信的事实的可能性。复制实验对科学而言至关重要,然而,许多研究却未能成功复制贝姆的研究结果。这是超心理学研究的一个遗留问题。无论是大家的迷恋,还是科学家们对超心理学的科学追求,都没有冲淡人们对探索这些现象的兴趣。伪科学的存在得益于人们的认知局限和偏差,但也迎合了人们的情感需求,或许还有精神需求。卡尔·萨根(1995)指出:“它(伪科学)迎合了我们对个人能力的幻想,我们缺少这种能力但又渴望拥有这样的能力,就像漫画书中的超级英雄那样……在某种程度上,它满足了精神饥渴者的某种需要。”(p. 18)也许,我们曾经都有过难以解释的经历,也会凭直觉寻求超自然的解释,但经过反思可能会意识到,我们的解释与现有的科学证据相左。我们必须扪心自问,我们对控制的渴望、情感和精神上的需求以及认知上的局限和偏差,是不是可以更好地解释本章开篇所提到的詹姆斯·海瑟薇的经历以及为什么贝姆实验中的被试选择图片位置的正确次数要高于随机概率统计次数。最能说明问题的是,研究人员山姆·莫尔顿通过功能性磁共振成像研究提出了可能是最具有说服力的反对超心理能力的证据,他一开始其实是想证明超心理现象的存在，但之后却放弃了这一努力，他最终的结论是“什么也没有发现”（Bhattacharjee，2012）。

## 研究展望

未来心理学研究领域似乎可以作为一个“实证检验”的场地，要么支持观察，要么否定观察，或者为超心理现象提供一个替代性的解释。我们期望心理学能够持续地提供理论和研究证据来解释即使存在相互矛盾的证据，为什么人们还是会相信超自然对现象的解释。心理学和其他科学在社会中占据着重要的地位，人们可以在心理学或其他科学中获得比超心理学网站、个人博客以及广告中更为客观的信息。更为值得关注的是，互联网很容易让持极端观点的人高估持同样观点的人的数量。科学思维和批判性思维可以成为“伟大的调解器”，为那些非常引人入胜的、不同寻常的和有争议的人类事件提供一种平衡的推理、科学的证据和替代性的解释。如果预感研究有任何进展的希望，那就需要研究人员证明某些有意义的东西是可以被预测的。富兰克林、鲍姆加特和斯哥勒（Franklin，Baumgart，& Schooler，2014）解释道：

157

能为怀疑论者提供什么最具有说服力的证据呢？最终，我们认识到最具有说服力的办法将是表明在现实世界中确实有一些事件是可以被预测的。如果一种方法能够对人们认为重要而又没有能力使用标准手段预测的事件做出准确的预测，那么这种方法的意义就会变得不言而喻。如果设计出一个实验能够预测概率游戏的结果和股市的涨跌，这肯定最引人注目。（p. 2）

## 问题与讨论

1. 人们对超心理能力的信念会不会随着研究人员对贝姆实验的复制的失败而减弱？为什么？

2. 当你反思自己的个人信仰时，有没有什么证据可以说服你改变自己的信仰？如果是的话，那又会是什么样的证据？

# 第 10 章　人类的关怀伦理

主要资料来源：Gilligan，C.（1982）. *In a different voice：Psychological theory and women's development*. Cambridge，MA：Harvard University Press.

## 本章目标

158

本章将帮助你成为一个更好的批判性思维者，通过：

- 思考卡罗尔·吉利根（Carol Gilligan）的关怀伦理与劳伦斯·科尔伯格（Lawrence Kohlberg）的道德发展理论中关于正义的思想的差异
- 检查研究中的样本选择过程（包括样本大小）和样本的代表性，特别是涉及到男女性别差异时
- 评估男女性别差异的刻板印象
- 思考元分析和效应量如何帮助我们更好地解释研究结果
- 考虑公众对性别差异的认知、政治倾向和直觉思维如何影响研究以及研究人员对结果的解释
- 思考天性与教养之争对政治、社会以及个体的影响

### 导入

考虑下面这个关于性别差异的假设信息：

罗伯特声称，他在网上发现了一项最近发表的科学研究，该研究得出的结论是，所有（100%）的男性比所有（100%）的女性更具攻击性。

假设这项研究是以正确的科学方式进行的，我们可以从这个结论中准确地推断出什么？

#1　如果我们随机选择一位男性，他很可能比女性更具攻击性。（正确）

#2　我们有可能会发现，随机抽样的一些男性比另外一些男性更具攻击性。（不确定）

#3　我们有可能会发现一些女性比男性更具攻击性。（错误）

159

显然，根据本章开头所提供的结论，#1说法是正确的。#2的答案是不确定的，因为提供的结论并不包括男性之间攻击性的比较（男性与其他男性的比较）。#3显然是错误的，因为所有的男性都比所有的女性更具攻击性。请注意，这样的发现可能会让我们认为只有男性才可能担任诸如警察和参加军事行动之类的工作角色。但是……如果这个结论是错误的呢？也许这项科学研究是不恰当的呢？我们有可能遗漏了什么吗？这项研究有可能使用了一个不具有代表性的样本吗？

大多数人都会注意到，一般来说，在工业化社会中男性比女性更具攻击性，但性别内（同性别）的差异又如何呢？我们需要考虑这个问题：一些男性或一些女性会比其他男性或其他女性更具攻击性吗？另外一个需要批判性思维者考虑的问题是：100％的男性比100％的女性更具攻击性这一假设性的极端发现与其他研究中所描绘的真实世界相符合吗？

批判性思维者不应该满足于停止对这个研究主题的探索性分析，还应提出以下问题：

1. 通常，研究对象“自我认同”为“男性”或“女性”。但是，这项研究不能代表那些认为自己是LGBTQ（指同性恋、双性恋、跨性别者和酷儿群体）群体中的一部分的对象，或者那些不认为自己是“男性”或“女性”的对象，又或者那些认为自己既是“男性”又是“女性”的对象。

2. 如果要把人类的行为过分地简化和分类为男性总是这样，女性总是那样，则需要十分谨慎。虽然这种方法可以帮助我们解释大多数人的行为并且使我们的理解变得更加简单，但却可能是以用不同的方式边缘化、贬低和排斥所有人类作为代价。

科普兰和科普兰(Caplan & Caplan，1994)提醒我们，统计学家们开发了一个“文件抽屉问题”统计公式，发现“对于每一个已经发表的显示群体差异的研究，都能计算出(通过使用该公式)其背后一定数量的因未显示群体差异而没有得到发表的研究”(p. 63)。这告诉我们，即便对已经发表的研究文献进行仔细的审查，也可能无法准确地理解这类性别问题的“真实”性质。

## 研究背景

20世纪90年代初，两性关系学专家约翰·格雷(John Gray)在《男人来自火星，女人来自金星》(*Men are from Mars, Women are from Venus*)中描述了来自火星的男性和来自金星的女性之间的根本差异，以及如何利用这些差异来改善人际关系中的沟通。这本书在美国大受欢迎，但其也因夸大了男女之间的差异，以及将两性之间的沟通问题归咎于女性，并且强化了传统的性别刻板印象而受到了批评(Crawford，2004)。

160

十年前，心理学家卡罗尔·吉利根的畅销书《不同的声音：心理学理论与妇女发展》(*In a Different Voice: Psychological Theory and Women's Development*)出版后，也受到了同样的批评。在这本书中，她挑战了劳伦斯·科尔伯格提出的道德发展的主导范式或称模式。科尔伯格认为，无论文化或性别如何，我们都经历着相同的道德发展阶段。吉利根则认为与男性相比，女性的道德推理在本质上是不同的，科尔伯格提出的模式并不适合女性。本章我们将仔细审查吉利根提出的模式，以及道德推理中的性别差异，还有其他更为普遍的性别差异，以及像格雷和吉利根提出的那些观点所带来的启示等内容。

在科尔伯格的道德推理发展模式中，正义处于中心地位。让我们以最为人熟知的海因兹困境为例：一位药剂师给出的价格太高，以至于一位濒临死亡的妇女和她的丈夫负担不起这样昂贵的药。

在欧洲，一位妇女因得了一种特殊的癌症而濒临死亡。医生认为有一种药或许可以挽救她的生命。这种药是镇里的一位药剂师最近发明的一种含有镭化物的药物。这种药非常昂贵，药剂师卖出的价格是一小剂量 2 000 美元，相当于成本价格的 10 倍。这位妇女的丈夫海因兹到处找人借钱，却只能凑到 1 000 美元左右，也就是药价的一半。他告诉药剂师，自己的妻子快要死了，并且请求药剂师把药卖得便宜一点，或者让他以后再付剩下的钱。但药剂师却说："不，我发明了这种药，我是要靠它来赚钱的。"海因兹很绝望，他想偷偷地溜进那个药剂师的店里为妻子偷药。(Colby 等，1983，p. 77)

处于道德发展较低水平(前习俗道德)的个体会根据案例中相关各方的个人需要和个人感知来判断这一困境。当被问及海因兹(患病妇女的丈夫)是否应该偷药时，这些人可能会说"不应该"，因为偷药可能会使海因兹惹上麻烦；也可能会说"应该"，因为海因兹的妻子会很感激他，并且药剂师抬高药物价格是不公平的。处于道德发展较高水平(后习俗道德)的个体，根据普遍正义原则来进行推理判断(例如，人命大如天，为了救人可以去偷药)，而不是像处于中间水平(习俗道德)的个体一样基于规则的道德推理(例如，偷药是违法的；Kohlberg，1975；Kohlberg & Hersh，1977)。根据科尔伯格的观点(见表 10. 1)，道德推理阶段的划分依据是个体在认知上的解释，而不是单纯的行为表现。然而，科尔伯格道德发展的中间两个阶段，即阶段 3 和阶段 4 与道德推理中的性别差异问题最为相关。阶段 3 中对正义的关注与人际关系相关(例如，作为一个好丈夫偷药是正确的)，而在阶段 4 中的推理则以整个社会的利益为中心(例如，为了社会的利益，我们不允许海因兹或其他任何人偷东西)。包括吉利根在内的一些学者认为，女性的道德推理更有可能被划分到阶段 3，而男性的道德推理则更有可能被划分到阶段 4(Gilligan，1982)。为什么呢？吉利根认为，通常用来评估道德推理的假设性道德困境并没有捕捉到女性群体中更为常见的推理类型。她认为，男性通常根据正义的伦理进行推理，而女人则通常根据关怀(关心他人)的伦理进行推理(Gilligan，1982)。

161

表 10.1　科尔伯格的道德发展阶段（摘自：Kohlberg，1976）

| 水平一　前习俗道德水平(聚焦于个人需求和个人感知) |
| --- |
| 阶段 1：遵守既定规则，避免遭受惩罚或产生消极后果。 |
| 阶段 2：个人利益驱动行为，"我想要的便是对的"。 |

续 表

| |
|---|
| **水平二　习俗道德水平(聚焦于社会期望)** |
| 阶段3：善待他人的驱动行为。作为一个好人，就需要取悦那些处于权威地位的人，比如父母和老师。 |
| 阶段4：法律和秩序视角。需要尊重并且根据社会习俗作出判断。需要服从法律和权威人物。 |
| **水平三　后习俗道德水平(聚焦于道德原则)** |
| 阶段5：社会契约视角。根据诸如正当程序和对多数人有利的社会契约和法律观点作出判断。 |
| 阶段6：普遍伦理原则视角。基于对个体人权、人的尊严和社会正义的尊重作出判断。在生活中遇到困境时，应遵循以自我选择的可辩护标准为基础的个人良知的要求。 |

吉利根在《不同的声音》一书中详细地阐述了她的结论，该结论基于三项研究：(1)“大学生研究”，在二年级选修过道德与政治选择课程的学生中，随意选取25人(男性和女性都有)在高年级时参加访谈，并在他们毕业5年后再次访谈；(2)“流产决定研究”，有29名怀孕3个月以内正在考虑流产的女性参加访谈，有21人在做出选择后的年底再次被访谈；(3)“权利和责任”研究，有144名6—60岁男性和女性参加访谈，包括二次抽样参加更集中访谈的36人，收集自我和道德概念的数据，道德冲突和选择的体验，以及对假定道德困境进行判断的数据。吉利根将女性纳入研究(科尔伯格的研究对象都是男性)的好处可能是为了追求更大的**外部效度(external validity)**，至少在流产决定研究中，访谈对象(女性)所面对的是一个真实的、个人的道德困境，而不是一个假设的困境，这在男性中是不存在的。



吉利根(1982)认为，典型的发展概念追求的是个性化、自主性和独立性，然而这一概念虽然恰当地描述了男性的发展，但却并没有充分抓住女性发展的实质，女性的发展是以关系、依恋和对他人的责任以及相互依赖为中心的。问题在于，根据吉利根的说法，在发展理论的历史上，对于女性而言，“不同”总是等同于“不足”。而在解释发展的各个方面的理论中，这种观念却被认为是正确的——道德推理也不例外。如果女性的推理是基于人际关系和对他人的关心和照顾，那么她们的推理很可能处于阶段3。更高阶段的推理可以会通过注重在男性中更为常见的权利和公平推理(一种正义的伦理)来实现。因此，男性的推理会处于较高水平，他们侧重于个人权利以及这些权利不受侵犯的自由。而女性则是更多地基于个体帮助他人的义务进行推理。一个人不能忘记自己的义务，吉利根将这种推理定性为一种优点而不是一种不足。

前面描述海因兹困境的“目的”是让人们理解财产和生命的价值以及生命权高于财产权的逻辑之间的错综复杂的冲突，这种冲突可能会迫使海因兹偷药（Colby 等，1983）。从关怀伦理的角度来进行推理的重点是，药剂师并没有履行对他人的义务。然而，在传统的道德困境中，女性的这种“不同的声音”是不被听见的，根据吉利根的说法，如果以关怀为导向，关键问题就会变为如何才能使海因兹不去偷药。吉利根（1982）认为，反映这种关怀伦理的道德推理，被“科尔伯格道德评分系统的筛子筛掉了”（p. 31）。

与科尔伯格的正义推理一样，吉利根认为关怀推理也是以一种阶段性的方式发展的（见表 10. 2），从反抗他人的权威发展到顺应和抑制自己的需要，从而达到一种成熟的状态，在这种状态下，自我与他人的需要实现了平衡。

表 10.2　吉利根（1982）提出的关怀推理发展阶段

| | |
|---|---|
| 阶段 1 | 只关怀自己 |
| 阶段 2 | 关怀“依赖于他人和受到不平等对待的人”；善良等于关怀他人 |
| 阶段 3 | 关怀他人也关怀自己；关怀不等于自我牺牲，自己也是关怀的受益者 |

总之，吉利根（1982）在《不同的声音》一书中提到了两件事：在科尔伯格的困境中，女性在推理水平上往往与男性不同；还有一种推理类型，关怀推理，没有被科尔伯格的理论所解释，而这种推理有助于解释男性与女性的道德推理差异。

163

## 当前思考

如果不考虑性别差异，我们又会如何审视一个人是否有道德呢？也许每一个人都有必要时而采取“正义”的视角，时而采取“关怀他人”的视角。如果是这样的话，那么关键的两难选择困境可能会变为确定何时何地在何种具体情况下使用这两种道德参照标准的其中之一。例如，布莱克摩、伯兰鲍和立本（Blakemore, Berenbaum, & Liben, 2009）指出，女性的道德取向“在某种程度上更倾向于关注对他人的关怀，而不是抽象的正义原则，但是，她们可以在需要的时候同时使用这两种道德取向（男性也可以这样……）”（p. 132）。

几十年来，其他批评者一直在质疑人们在道德困境中说要如何做的真实性，因为其往往与在现实生活中的道德行为大相径庭。例如，为什么民众选举的官员和宗教领袖公开支持崇高的道德信仰，但他们却没有按照自己宣称的道德标准去做呢？人类说一套做一套这种行为的不一致性不符合我们前面所讨论的道德纲领，是道德心理学中一个很值得探索的领域。

通过回顾道德推理性别差异的相关研究，一般可以得出这样的结论：在采取正义推理和关怀推理时，男女之间存在着微小的差异。然而，根据《不同的声音》中所使用的样本的特点，吉利根关于女性在道德推理中使用关怀伦理的主张值得我们仔细研究。我们还必须警惕那些出于政治目的试图倡导或谴责男女之间存在重大心理差异观念的人，以及在这两种情况下这些人又是如何歪曲和滥用吉利根和其他人的研究的。

吉利根的《不同的声音》所产生的影响不仅局限于道德发展研究。例如，一些写过单性别教育运动的作者认为吉利根的书是他们的灵感来源之一（Rigdon，2008；Salomone，2013；Sommers，2001）。女孩的声音被男孩所淹没而没有被人们听到的这种想法导致了 20 世纪 90 年代美国单性别教育（女校教育）的日益流行（Rigdon，2008）。这些都可以归功于吉利根，对吧！然而，不幸的是，在吉利根看来，男女混合教育环境和单性别教育环境之间的差异微乎其微。同样不幸却又为人熟知的话题可以解释单性别教育的流行——夸张的轶事，媒体不加批判的接受，以及对神经科学的曲解（Halpern 等，2011）。

164 重点阅读：Rigdon，A. R.（2008）. Dangerous data：How disputed research legalized public single-sex education. *Stetson Law Review*，*37*，527－578.

综上所述，是不是所有的男性都倾向于采取正义的视角，而所有的女性都倾向于采取关怀的视角？我们总是会按照自己公开宣称的道德信念行事吗？当定性研究试图捕捉人类反应的丰富性和个性化本质时，在控制变量、测量和概括等方面又会遗漏什么？

## 批判性思维工具

### 概括在什么情况下会变得有问题?

**问题导入：是否充分考虑过不符合刻板印象或概括的例外或情况?**

约翰·格雷在他的自助类畅销书《男人来自火星，女人来自金星》的第三章中写道："男人喜欢去他们的洞穴，女人喜欢交谈。"你在男性和女性身上观察到了这一点吗？有多少男性是这样的？又有多少女性是那样的？是不是有些男性不寻求洞穴生活？是不是有些女性不爱说话？有些男性喜欢聊天吗？有些女性会寻求洞穴生活吗？是不是有一些男性和女性甚至喜欢在洞穴里互相交谈？又有多少男性和女性不符合这种与性别有关的刻板描述？

当分析这种对男性和女性刻板的、过度概括的特征时，这些可能是需要考虑的许多关键问题中的一部分。当然，这些概括是归纳推理的一个结果，而演绎推理则是将这些概括应用到具体情况中。例如，如果你让一个孩子比较火车、飞机和轮船的图片，找出它们的共同点，通常最有可能得出的结论是，这些都是交通工具(归纳法)。

显然，归纳和演绎思维模式本身并无好坏之分。运用这些思维模式所产生的结果要么能够帮助人们进行批判性思考，要么会让人们误以为每个人都是以相同的、刻板的方式(一样的概括)看待世界或者每个人都必须符合刻板的概括。如图 10.1 所示，人们经常使用科学的方法来检验如何通过特定个体的模式创建可概括的理论(归纳模式)，以及探索一般理论如何能够借助特定的数据集预测结果(演绎模式)。图 10.1 所示的循环显示了一种思维模式通向另一种思维模式的过程。

165

假设你采访戴眼镜的成年人并提出这个问题："睡觉时习惯把眼镜放在哪里?"大多数受访者可能会说习惯放在床头柜上或者放在靠近床边的桌子上。当然，有些人可能会把眼镜放在别处，有些人甚至会戴着眼镜睡觉！不过，这种概括或模式对于预测大多数人实际的具体表现(演绎法)是非常有用的。在某些生活情境中，比如在寻找丢失的眼镜或者丢失的钥匙时，能够达到 80—90%的准确度

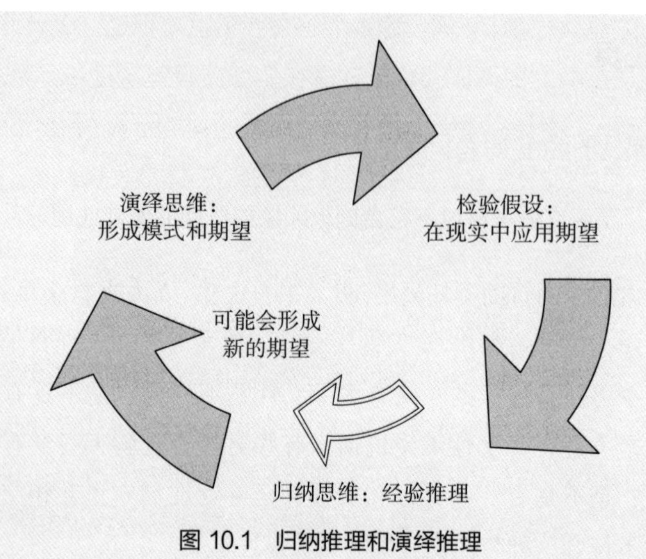


图 10.1 归纳推理和演绎推理

就已经非常有用了。但是，当病人需要通过手术挽救生命时，你可能就会对10—20%的手术死亡率感到不舒服。刻板的概括已经深深地嵌入了人们的思维过程和推理模式之中，在带来便利的同时也会误导和欺骗人们。因此，其他心理过程必须要能弥补这种判断的缺陷或错误。

## 评估证据

吉利根(1982)这样描述她在研究中对受访者的访谈：

所有的研究都依赖于访谈，包括了一系列相同的问题——关于自我概念和道德概念，关于冲突和选择的体验。访谈的方法是根据受访者的语言和思维逻辑，进一步询问，以阐明特定回答的含义。(p. 2)

当研究人员有一套标准的开放式问题，然后再根据受访者的回答询问后续问题时，这个访谈被认为是半结构化的访谈。**半结构化访谈**(semi-structured interview)介于严格的结构化访谈和非结构化访谈之间，前者本质上是一种口头的问卷调查，后者则是一种对话式的访谈(更具有开放性和灵活性；Gaultney & Peach, 2016)。通常，在进行访谈之后，评分人员(通常是与研究人员一起工作并接受其培训的研究生)会使用客观的编码系统或评分系统独立地对回答进行分

166

类，然后再评估评分人员之间的一致性水平或称**评分者间信度**（**inter-rater reliability**）。

对于一篇发表研究结果的同行评审文章而言，研究人员需要在其中报告对受访者回答进行评分或分类的过程，以及评分者间信度，并提供有关样本特征的详细信息。然而，所有这些关键的信息在《不同的声音》一书中都是缺乏的(Luria，1986)。如果吉利根能在同行评审的期刊文章中提供更加详细的描述，使得其他研究人员可以检验她的理论，那么《不同的声音》中有没有这些信息就不是那么重要了。但是，研究中的访谈数据却没有出现在其他任何地方。此外，人们还对吉利根不愿意应要求提供这些数据表示担忧(Sommers，2001)。这种对从精选的访谈中摘取的**轶事**（**anecdotes**）的依赖，以及对一种困境(流产决定)的普遍性的担忧是一个问题，在这种困境中，对人际关系的关怀以及相互冲突的需求和责任显然会出现。此外，没有与男性进行比较就确定男性和女性之间在关怀方面是否存在差异，这让许多社会科学家和女权主义学者对吉利根的结论产生了怀疑(Luria 等，1986)。

## 性别差异真的存在吗？

吉利根的一个说法是，科尔伯格的道德模型是从专门针对男性的研究中发展出来的，对女性而言有偏差。但科尔伯格也有一些研究表明了性别差异，包括女性在阶段 3 推理的倾向性更大。男性在阶段 4 推理的倾向性更大。还有一些研究表明男性与女性没有差异，另有一些研究表明女性推理更有优势。关于男性更有优势的证据是如此令人怀疑，以至于批评者格里诺和麦克比(Greeno & Maccoby，1986)认为吉利根是在“攻击一个稻草人”(p. 312)。当存在众多结果不一的研究时，研究人员依靠**元分析**（**meta-analyses**，参见第 7 章），使用统计程序来综合研究结果，帮助研究人员得出更确定的结论(Cooper，2017)。你可能会思考，为什么不把支持性别差异的研究数量和不支持性别差异的研究数量直接放在一起进行比较呢？

回想一下第 7 章所介绍的内容，这种“得分记录表”方法并不像它看起来那么简单直接。库珀和罗森塔尔(Cooper & Rosenthal，1980)的一项研究非常直接地指出了传统的文献综述方法所存在的问题。研究人员让一群教师和研究生使用

167 传统的文献综述方法或元分析方法对学术论文进行回顾。这些研究的参与者需要评估男性和女性在持久性方面是否存在差异。与元分析相比，使用传统方法的参与者对这种性别差异假设的支持要少得多。在没有对结果进行统计综合的情况下，参与者看到的7项研究中只有2项研究发现了支持性别差异假设的显著结果。如果采用得分记录表方法，就会很容易地看出没有显著差异的结论是如何得出的。

元分析通过对这些结果进行统计综合，产生了大约0.02的综合显著性水平。考虑到人们通常认为统计显著性的概率水平为0.05，尽管不是压倒性的，但这样的结果还是支持了假设。在使用元分析的参与者中，近60%的人得出结论认为，这种影响很小，而在使用传统方法的参与者中，只有27%的人这样认为，并且他们更有可能认为结果不支持性别差异假设。这些结果突显了传统的文献综述方法的一个局限性，即缺乏确定研究是否支持假设的标准(Cooper, 2017)。此外，传统的文献综述方法无法确定这种关系的总体程度，例如性别与持久性之间的关系。元分析通过提供标准化的效应量或关系强度指标来解决这些问题，这些指标不仅可以用于不同研究的比较(Cohen, 1988; 0.2 小; 0.5 中; 0.8 大)，还可以减少偏差。

回到道德推理中的性别差异这个问题上来。元分析告诉了我们什么？到目前为止，研究者们已经进行了三次这样的研究，其中两次是在20世纪80年代(Thoma, 1986; Walker, 1984)，一次是在2000年(Jaffee & Hyde, 2000)。早期的元分析没有发现男性在道德推理上的得分更高的证据(事实上，有一项研究发现女性的得分更高；Thomas, 1986)。雅菲和海德(Jaffee & Hyder, 2000)最近的元分析综合了超过100项研究的结果，总计超过8 000名男性和女性的参与者。得出的效应量表明，男性在正义推理中有很小的优势($d = 0.19$)，女性在关怀推理中也有很小的优势($d = 0.28$)。

重点阅读：Brabeck, M. M., & Shore, E. L. (2002). Gender differences in intellectual and moral development? The evidence that refutes the claim. In J. Demick, & C. Andreoletti (eds), *Handbook of Adult Development*, (pp. 351 - 368). New York: Plenum Press.

现在,可以把这些差异放在具体的背景中进行考虑。元分析告诉我们,男性和女性在正义推理和关怀推理上存在着很小的差异,我们对此有什么看法?就这一点而言,我们又该如何解释在单个研究中所发现的潜在差异?让我们假设,一个媒体机构报道了一项发现显著性别差异的研究结果,标题是:“研究人员发现,男性和女性的推理方式不同,女性关注的是人际关系,而男性则关注的是抽象的原则。”

168

这似乎是一个合理的结论,因为研究人员发现女性平均关怀得分为4.0分,男性为3.5分,而在正义推理方面,女性平均得分为3.5分,男性平均得分为4.0分。“男性和女性的推理方式不同”这个解释的问题在于,它把微小的数量差异,解释为重大的质性差异。换句话说,如图10.2所示,我们将关怀和正义推理中的平均差异视为类别差异(女性采取关怀推理,男性采取正义推理),因为,我们喜欢对事物进行分类(Pound & Price,2013)。

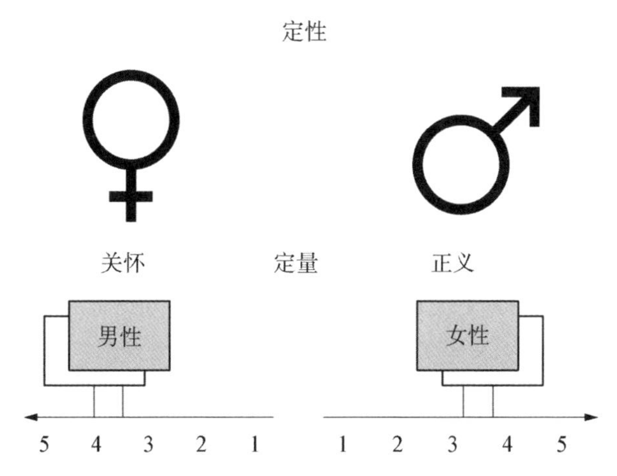


图10.2 将男性和女性之间非常小的平均差异视为类别差异

让我们再来假设有几项研究而不是一项研究评估了性别差异,对这些研究进行元分析发现了0.20(d=0.20)的效应量,这与雅菲和海德(2000)报告的效应量几乎相同。我们如何看待这个看起来很小的效应量?让我们再来仔细看看这个效应量。海德(2005)提供了一个非常直观的例子,说明了分数的分布——在这个例子中,男性和女性之间的道德推理分数——在效应量大小为0.2的情况下会是

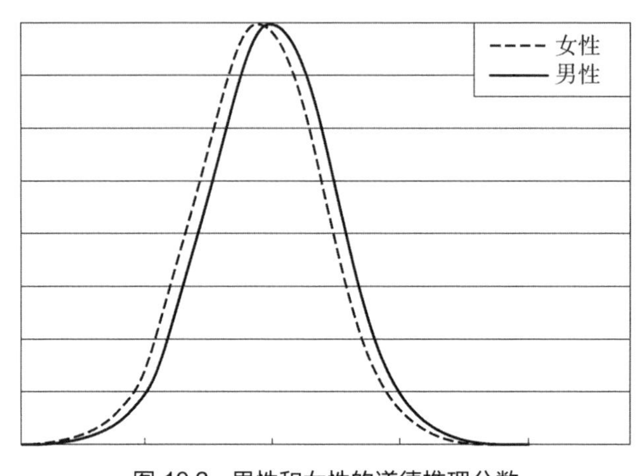


**图 10.3 男性和女性的道德推理分数**

资料来源：经美国心理学会许可转载

什么样子。如图 10.3 所示，这两种分布有 85％的面积重叠。

169 男性和女性之间的相似之处比不同之处更显著，并且相似之处的这种重叠并不局限于道德推理。海德(2005)回顾了包括自尊、人格特征、工作态度和应对方式等在内的多个领域的元分析，发现近 80％的这些特征的性别差异要么很小，要么接近于零。

回想一下，吉利根还提出，关怀取向的发展过程与科尔伯格的道德推理发展过程相同。然而，事实是否如此我们还没完全弄清楚。为了知道其原因，我们需要了解一下表明关怀发展过程的数据类型。假设我们进行了一项研究，测量了一群 20 岁、40 岁和 60 岁的人的关怀推理情况，结果发现，事实上关怀似乎在整个生命成长过程中都在进步，40 岁的人比 20 岁的人表现出更高水平的关怀，60 岁的人也比 20 岁和 40 岁的人表现出更高水平的关怀。因此，似乎随着年龄的增长，一个人会采取更多的关怀推理。然而，这种对**截面数据**(cross-sectional data)的解释存在一个明显的问题，那就是，这种差异也可以用**群组差异**(cohort differences)来解释，也就是说，可能是代际差异造成了不同人群之间关怀推理的差异。从 60 岁的人出生的 20 世纪 50 年代中期到 20 岁的人出生的 20 世纪 90 年代后期，性别社会化发生了戏剧性的转变。关怀学者伊娃・斯寇(Eva Skoe，1998)解释说："老年人是在一个限制较多、性别刻板印象较强的社会中长大的，他们的父母奉行较保守的价值观和社会规范。"(p. 152)因此，我们从截面研究中得出关于发展过程的结论时必须要谨慎。

170

## 有没有控制变量?

除了前面所提到的元分析之外,瑞斯特(Rest, 1979)还回顾了 20 多项道德推理研究,发现只有 2 项研究报告了显著的性别差异。瑞斯特指出,当研究人员不控制被试的教育和职业地位时,则更有可能发现性别差异。在控制教育和职业地位后,会发现性别差异很小甚至根本就不存在(Donenberg & Hoffman, 1988; Jaffee & Hyde, 2000; Walker, 1984)。为了更好地理解这些变量对研究的重要性,请仔细思考这种现象:住在上层社区的人比不住在上层社区的人更保守。这种现象可能真实存在,但是,原因可能是住在上层社区的人比那些社会经济地位(social economic status, SES)较低的人年纪更大。这可能有助于解释上层社区居民和保守性之间的关系。在这种情况下,研究人员需要在控制年龄之后才能收集这些数据并将其纳入统计分析过程。具体是指,研究人员可以采用**偏相关**(partial correlation)分析,来控制第三个变量的影响(Field, 2005)。如图 10.4 所

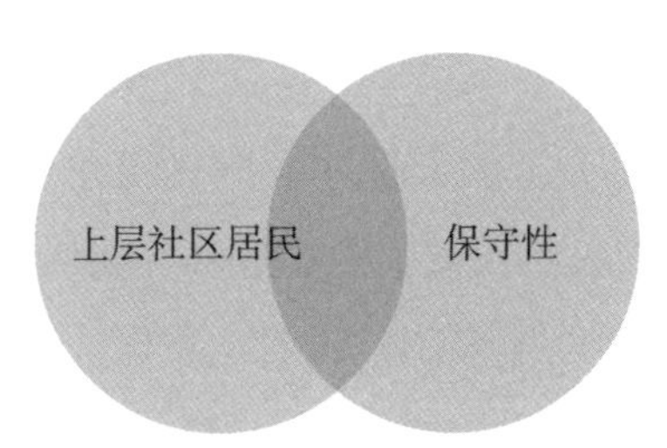


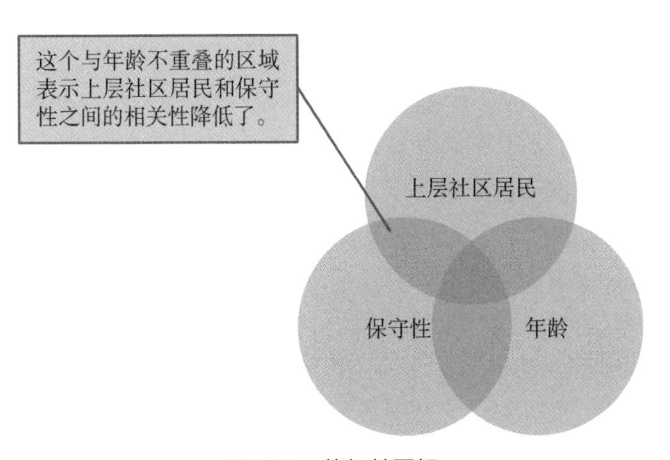


图 10.4　偏相关图解

示，在不考虑年龄的情况下，上层社区居民和保守性之间似乎存在着相关性。

假设上层社区居民和保守性之间的相关性为 $r = 0.44, p = 0.01$。如果研究人员认为第三个变量，如年龄，是一个潜在的**混淆变量**(**confound**)，他们可能会采用偏相关分析方法，控制年龄这个变量。正如你在图10.4中所看到的，年龄和保守性之间有很大的重叠。在控制年龄之后，上层社区居民和保守性之间的相关性不显著，为 $r = 0.12, P = 0.09$。

有人用同样的逻辑为科尔伯格被指出对女性有偏见进行辩护。例如，心理学家劳伦斯·沃克(Lawrence Walker)指出，在报告显著性别差异的研究中，教育和职业地位经常是模糊不清的。换句话说，在过去的研究中，女性的推理能力低于男性的部分原因在于男性的受教育程度和职业地位比较高。在另一项更好地控制这两个因素的研究中，没有发现性别差异(Walker, 1984)。因此，尽管差异很少被发现(沃克回顾的108项研究中只有8项发现了男女之间存在显著差异)，但教育程度和职业地位似乎更能解释这些差异，就像年龄更能解释生活在上层社区和生活在较不富裕社区的人在保守性方面的差异一样。

## 我们能消除性别差异吗?

没有什么会比智力得分上的群体差异问题更能引起激烈的争论了。美国的研究一直发现亚裔美国人、白人美国人和非裔美国人的智商存在着显著的差异，这经常会导致有人指控智商测试存在偏差。然而，重要的却不是分数本身，而是测试分数如何能够预测学业和职业成功等有意义的结果(至少在确定偏见方面)。因此，关键问题是，测试对所有群体智商的预测是否都是平等的，这也就是研究人员所说的**预测不变性**(**predictive invariance**)(Hunt & Carlson, 2007)。例如，如果白人美国人的智商分数与学习成绩高度相关(例如，$r = 0.70$)，而非裔美国人的智商分数与学习成绩没有显著相关(例如，$r = 0.10$)，则关于偏差的指控是适当的。同样，如果道德推理能显著地预测男性的亲社会行为，而不是女性的亲社会行为，则可能存在偏差。因此，心理学家詹姆斯·瑞斯特(James Rest, 1979)指出，科尔伯格的批评者倾向于将男女分数的差异"归咎于测试"。瑞斯特让我们去考虑这样一种逻辑关系，即分数的差异可以由偏差来解释，而不能反映真正的差异。

171

> 如果发现男性整体比女性高，这是否意味着尺子存在性别偏差？测量工具是否因为性别的差异而必然有偏差？性别之间实际上可能存在差异，但不能假设这些差异仅仅是测量缺陷导致的。就道德判断而言，现在社会中的男性在道德思考方面可能会比女性更复杂，原因是社会中的偏差助长了这种差异。目前，男性挣的钱比女性多，这并不意味着计算美元的方法是有偏差的，但是，这可能代表了其他方面的偏差。(Rest，1979，p. 122)

172

虽然性别差异被不恰当地用于证明得分较低群体的遗传或生物劣势，但解释这种差异并不一定只有两种选择：考试题目不行或者遗传劣势。瑞斯特指出了第三种选择——社会或环境是造成差异的原因，我们将在下面的“性别差异的先天与后天”一节中更加充分地探讨这个主题。如果男性和女性在道德推理上确实存在差异(瑞斯特和其他许多人都认为不存在)，这也并不表明科尔伯格的测量标准必然是有偏差的。

## 批判性思维工具

### 样本的代表性

**问题导入：除了样本数量之外，是否还考虑了样本的代表性?**

几个对吉利根方法持反对意见的人特别指出了该方法的样本数量太小以及所选样本的代表性值得怀疑。回想一下，吉利根的结论是基于三项研究的结果得出来的：(1)25 名哈佛大学的大学生参加了道德和政治选择课程的研究；(2)29 名波士顿妇女参加了流产决定的研究；(3)144 名年龄从 6 岁到 60 岁的人参加了权利和责任的研究。回顾第 2 章，取样的便利性本身并不能说明样本的代表性。此外，虽然我们可能会因为样本数量太小而对吉利根的研究结果不屑一顾，但这也不能说明样本的代表性。

有几个关于样本数量的想法最初看起来可能是矛盾的。首先，就可变性而言，样本的大小确实很重要(Kida，2006)。样本越小，我们就越有可能得到一个不同寻常的结果。想象一下，我们想了解英国公众对流产的看法。假设随机挑选五个人，得到这些样本全部赞成流产或者全部不赞成流产的概率有多大？可以肯定地说，比我随机选择 100 个人的可能性要大得多。因此，人们很容易认为，大学生和流产问题研究的样本数量太小是吉利根研究最明显的弱点，从而对研究结果的可推广性提出质疑。然而，实际上样本数量和代表性是两个不同的问题，样本数量小并不一定表明研究的质量和可推广性差(Morling，2014)。小样本肯定会引起人们对其代表性的怀疑，但这并不能直接说明样本的代表性。一个可以代表总体的小样本或者一个不能代表总体的大样本也是有可能存在的。想象一下，我们有一个 6 万人的样本，他们对英国一份政治保守杂志上关于流产的调查做出了选择。这个样本又有多大的代表性？虽然吉利根的样本很少，但更大的问题在于其代表性是否值得怀疑。哈佛大学选修道德和政治选择课程的学生样本是否具有代表性呢(Luria，1986)？一些人也提出了对研究普通大学生以及他们在普通人群中的代表性的关注(Rubenstein，1982)。然而，重要的是要思考，这些被推广的结论是什么，被推广的对象又是谁。

173

**图 10.5　思考吉利根（1982）研究的可推广性**

将对哈佛学生的研究推广到大学生或普通人并不一定有问题(图 10.5)。如果我们就政治态度调查了 100 名来自英国伦敦伊斯灵顿区(一个明显开明的社区)的人，并试图将其结果推广到所有伦敦人，那么我们可能有理由担心这个样本的代表性。不过，如果我们的调查与政治态度无关，那么这个调查的代表性可能并不存在问题。同样地，如果我们研究的是与疼痛相关的面部特征，我们可能不会担心对哈佛学生的研究是否具有可推广性(为什么我们会期望哈佛学生在这方面与其他人不同)，但我们可能会担心一项对哈佛学生所做的关于道德推理的研究。

对于这种特殊的样本，**选择性偏差**(selection bias)也可能是一个问题。回想一下，哈佛学生选修的是一门关于道德和政治选择的课程。再回想一下，卡纳汉和麦克法兰（Carnahan & McFarland，2007）在斯坦福监狱实验（第 6 章）中的研究，其中自愿参加监狱生活研究的被试在一些人格变量上比自愿参加一般心理研究的被试要高。我们会发现那些自愿参加道德和政治选择课程的人与那些不愿意参加的人在道德推理上有什么不同吗？如果是这样的话，我们可能不仅会担心这些学生是否能代表大学生群体，甚至还会担心这些学生对哈佛的其他学生群体有多大的代表性。

## 逻辑谬误

174

### 吉利根的思想经久不衰

约翰·格雷的《男人来自火星，女人来自金星》和卡罗尔·吉利根的《不同的声音》等书在公众环境中的流行可归因于许多因素，包括公众对男女之间与生俱来的差异的坚定信念（Carothers & Reis，2013；Eagly & Wood，2013）以及媒体对此类观点不加批判地接受和传播（Sommers，2001）。批评者认为，格雷和吉利根的观点很具有吸引力，因为这些观点强化了许多人已经持有的关于男女性别差异的信念，而且这也得益于我们倾向于根据性别进行分类和区分（Fiske，2010；Pound & Price，2013）（Stangor 等，1992）。换句话说，我们被关于人类差异的想法所吸引，无论这些差异有多么微小。我们的分类使世界变得更简单，变得不再复杂。然而，我们必须小心避免并准备好找出那些支持我们关于男性和女性的“自然”倾向的论点。认为女性更自然地会基于关怀进行推理，因为这就是女性推理的方式，女性就应该以这种方式进行推理，这是**自然主义谬误（naturalistic fallacy）**，或者说是理所当然谬误（ought fallacy）的一个例子（Bennett，2015）。某件事看起来可能是自然的，也许是一种进化而来的天性，但这并不能说明它是否是可取的，在道德上是否正确，或者是我们应该接受或提倡的东西。

即使当科学无法支持这些想法时，它们仍然会由于一些原因而存在（Mednick，1989）。首先，科学研究可能与我们自己的观察结果不一致（“我看到我的母亲表现出更多的关怀”或者“我的姐姐告诉我女人更关怀他人”）。除了错误地用“感觉”来描述吉利根的关怀概念之外，我们自己的观察和从别人那里听到的轶事也会被认知偏差，包括**确认偏误(confirmatory bias)**给过滤掉——我们只看到了我们想看的东西。科学家和怀疑论者哈丽特·霍尔(Harriet Hall，2016)以一个幽默的例子说明了科学正在与随意的观察和轶事作一场艰苦的斗争："如果你的邻居有关于丰田汽车的不愉快的经历，你很可能会因为记得他的经历而不去购买丰田汽车，即使《消费者报告》说丰田汽车是最可靠的品牌。"霍尔总结道："我们更喜欢故事而不是研究，更喜欢轶事而不是分析。"如果一位女性朋友或邻居告诉你她们面临的困境，她们的挣扎反映了一种关怀伦理，我们可能会更容易记住这一点，而不是心理科学杂志上的一项说明在道德推理方面没有显著性别差异的研究报告。

## 性别政治

意识形态是第二个障碍。一个人对于男性和女性之间的根本差异以及男性和女性在社会中的角色的看法可能会导致一个人忽视、曲解或误用发现差异的研究或相似的研究。这些思想在我们的社会中根深蒂固。保守派可能会接受吉利根的理论，因为他们强调男女之间的差异，并且支持生物学的解释，而自由派更有可能会拒绝吉利根的理论，因为他们寻求最小化差异，并且支持社会文化的解释(公平地说，吉利根并不支持或反对生物学与社会文化的解释)。但这是保守派和自由派的问题，科学是不带政治色彩的，对吗？尽管认为所有关于性别差异或相似的研究都有偏差可能是不准确的，但不可否认的是，研究人员的意识形态影响着他们的研究内容、研究方式，以及如何解释和应用他们的发现(Eagly & Wood，2013；Fiske，2010)。作为研究的消费者，我们可能对科学研究的纯洁性(Neuroskeptic，2012；Wagenmakers 等，2012)和媒体对这类研究的报道知之甚少。布雷斯考尔·拉法兰斯(Brescoll & LaFrance，2004)考察了报纸上对性别差异的报道，发现比较保守的论文倾向于将性别差异的发现归因于生物因素。这又有什么关系？首先，研究中的一些模糊性使得读者(保守派或自由派)能够阅读他们的保守派或自由派文章，并找到他们对研究结果在意识形态上令人满意的生物学或社会文化解释(Eagly & Wood，2013)。互联网也以类似的方式在支持或否定着我们现有的信念。

此外，在随后由布雷斯考尔·拉法兰斯(2004)对本科生进行的一项研究中，研究人员发现，阅读带有生物逻辑解释的文章会增加人们对性别差异的认可。这就是吉利根的理论变得激烈的地方。正如表 10.3 所示，正是（错误地）利用她的研究来强化性别角色的刻板印象，引起了社会科学家、女权主义学者和保守主义学者的注意。

表 10.3　关于吉利根的思想如何被滥用的评论

| |
|---|
| “（重新）产生关于性别角色的陈词滥调”（Crawford，2004，p. 65） |
| “使女性作为照料者和养育者的刻板思想更加具体化”（Hyde，2005，p. 590） |
| “用来支持保守的政治议程”（Mednick，1989） |
| “支持女性确实比男性更有教养的结论”（Kerber 等，1986，p. 307） |
| “允许她的读者得出这样的结论，女性所谓的“关怀关系”的亲和力既是生物学上的自然现象，也是一件好事”（Kerber 等，1986，p. 309） |
| “校园已经按照种族、阶级和性别进行了划分。女权主义学者中的许多人受到了吉利根理论的影响，在这种政治化和两极化中起了带头作用”（Kilpatrick，1992，p. 148） |

## 性别差异的先天与后天

176

关于道德推理中性别差异的理论解释本身并不是政治性的，尽管他们的解释可能会被那些具有特定意识形态的人所偏爱。社会文化解释表明，关怀等特征是通过与特定社会角色（如家庭主妇；Eagly & Wood，1999，2013）相关的性别角色（如养育和关怀）发展起来的，从而导致与角色相关的特征被内化并成为自我概念的一部分。然而，这些角色的分配在很大程度上取决于社会文化的特点，并可能发生变化。心理差异更恰当地存在于角色之中，而不是因为这些角色的性别差异而存在。换句话说，改变角色，个体的心理特征就会改变。

然而，从进化的角度来看（参见**进化心理学（evolutionary psychology）**），男女之间的这些心理差异反映了过去在我们的进化历史中，男女对各自所面临的不同挑战的适应。例如，心理学家谢莉·泰勒（Shelley Taylor）和同事们（2000）提出，增加对后代的养育和对社会支持（即养育和交友）的依赖，而不是战斗或逃跑，是对压力的一种反应，这对女性来说是有进化意义的，她们由于怀孕和哺乳，在进化心理学家所称的**亲代投资（parental investment）**方面付出更多。这让我们回想起吉利根的批评者经常指出她的研究结果特别令人感到不安，因为它们强化了男女之间明显的生物学差异。社会文化和进化的观点本身也暗含着两性之间的差异是否“固定”或稳固以及是否有可能发生变化。

## 本章小结

卡罗尔·吉利根提出了两种不同的道德推理模式，并且认为女性在处理道德困境时往往首先考虑的是人际关系和对他人的关心。当考虑男性和女性之间的差异时，我们有一种过度概括的倾向，在吉利根的理论中，我们需要考虑那些概括所依据的证据的质量。批评者们已经注意到吉利根在方法和数据上的局限性，然而几项元分析的结果却表明，男性和女性在道德推理方面确实存在着微小的差异。尽管这似乎支持了吉利根的论断，但要记住，一个群体之间的微小差异意味着其成员之间存在着大量共同点。此外，更仔细地审视数据还需要考虑研究是否控制了变量，其中两个变量——教育和职业地位——在解释道德推理中的性别差异方面起着重要作用。当研究确实发现了差异的证据时，另一套批判性思维的担忧就会浮出水面。我们希望避免一种反射性的倾向，即通过指责测试来否认这种差异，但同时也要谨防这种差异出于政治目的而被夸大，或者由于我们自己认知偏差的过滤而被曲解。

177

## 研究展望

尽管关怀研究仍在继续，但仔细阅读发展心理学和普通心理学的教科书还是可以发现，这个问题基本上有了定论。研究未能支持男性和女性在道德推理方面有质的不同这一观点。同样，关于交流方式的性别差异的研究也没有表明男性和女性来自不同的星球（Hyde，2005）。然而，关于性别差异的研究仍在继续，当然也包括道德发展领域的研究。最近的研究表明，女性对伤害的敏感性高于男性（FeldmanHall 等，2016），并显示，与男性相比，女性更倾向于对道德困境做出道义主义反应——根据行为是否符合道德规范（例如，杀害他人是错误的）来进行评估，而不是功利主义反应——在功利主义反应中，如果杀人是为了拯救他人，则杀人会被认为是正当的（Friesdorf，Conway，& Gawronski，2015）。鉴于弗里斯多夫（Friesdorf）和同事们在研究中报告的中等程度的效应量（d = 0.57）大于关怀和正义推理的元分析效应量（例如，Hyde，2005），因此可以得出结论：“先前关于道德推理的研究低估了道德判断中的性别差异”(p. 14)。不管男性和女性在关怀和正义推理上是否存在显著差异，卡罗尔·吉利根，甚至连她的批评者都认为，她对在发展理论的建立过程中只研究男性以及这种理论的普遍性提出的质疑，是值得肯定的。

乔纳森·海特(Jonathan Haidt, 2013)最近提出，道德行为更多是反应性的，而不是深思熟虑的，在试图解释我们的行为时，更多的深思熟虑和认知性的解释是一种后遗效应。如今，道德心理学领域有一个明确的跨学科研究框架，包括神经科学家、进化论学家、社会和发展心理学家、灵长类动物学家、经济学家、哲学家和历史学家。以下三项原则反映了这些趋势：(1)道德直觉第一，策略推理第二；(2)道德比伤害和公平更重要；(3)道德会束缚和蒙蔽人。海特认为，“道德推理”目前被视为“更多的是人际的(为社会交往做出判断)，而不是个人的(为发现真相或解决一个人的心理冲突而做出判断)”(p. 294)。如今，人际关系主要受到吉利根关怀框架的影响，而自我内观框架则更多地受到科尔伯格正义框架的影响。

重点阅读：Haidt, J. (2013). Moral psychology for the twenty-first century. *Journal of Moral Education*, *42*, 281 - 297.　178

布雷斯考尔和拉法兰斯(Brescoll & LaFrance, 2004)提到，我们在阅读报道科学研究的文章时可能会放松警惕，并假设这类报道是客观的。然而，无论是阅读媒体所报道的研究报告还是原始报告，作为明智的研究接收者，我们在使用有关性别差异的研究时都需要特别警惕(Fiske, 2010)。面对令人信服的证据，我们还必须愿意抛开自己的意识形态，对自己的观察和假设以及所听到的轶事提出质疑。如果这些都做到了，那么也许未来的研究人员就不会得出像伊格利和伍德(Eagly & Wood, 2013)在更好地告知公众信息的斗争中所做的“科学可能不会获胜”(p. 12)的类似结论。

## 问题与讨论

1. 为什么会有大量的研究人员投入这么多的时间、精力和才华来探索性别差异？科学方法是否促进了人们根据性别差异和性别角色来解释人类的行为？

2. 与道德相关的何种生活情境更有可能激发人们的关怀推理？正义推理呢？想想医学、执法、社会工作、法院系统等应用型职业。

3. 如果发现基于生物因素的性别统计差异很大，该如何处理这些信息？如果发现基于社会因素的性别统计差异很大，又该如何处理这些信息？从文化的角度，思考如何改变生物和社会因素。

# 第 11 章　本杰明·利贝特：人类真的有自由意志吗？

主要资料来源：Libet, B.（1985）. Unconscious cerebral initiative and the role of conscious will in voluntary action. *The Behavioral and Brain Sciences*, *8*,529-566.

## 本章目标

本章将帮助你成为一个更好的批判性思维者，通过：　179

- 回顾本杰明·利贝特（Benjamin Libet）以及在他之后关于有意识的自由意志的研究发现
- 评价包括在生态效度和需求特征上对利贝特研究的批评
- 思考有意识的自由意志研究中内省法的局限性
- 考虑神经科学工具的局限性以及神经科学解释的吸引力
- 认识不同水平的分析的重要性并识别还原论的陷阱

### 导入

假设你对理解人类大脑中的决策过程感兴趣，并着手调查在初次尝试时能够正确地插入一块拼图的情况。也许，你可以简单地询问被试，为什么会选择把这个特定的拼图块放在相邻的拼图块中从而使它们完美地契合。这是一种内省法，这个方法要求研究中的被试回到他们的大脑中，做两件事：(1)重现所经历的记忆；(2)与研究人员分享这些解释。正如你可能期望的那样，一些被试很难说清楚这段经历，而另外一些被试则可以提供关于决策过程的细节。

从早期的内省研究开始，至今也许已经有 125 个年头了。今天，神经科

180

学研究人员可能想要利用功能性磁共振成像(functional Magnetic Resonance Imaging, fMRI)技术,来更好地理解人们在正确地解决在拼图问题时的大脑活动。在这样的一项研究中,我们可能期望结果表明大脑的某个特定区域会有更高水平的活动。然而,功能性磁共振成像结果又提供了多少关于在这种特殊情况下思考和解决问题的信息呢?虽然像功能性磁共振成像这样的神经科学工具似乎在技术上代表了对内省法的超越,但与对内省法一样,我们同样需要对这种方法的准确性表示担忧。

如果我们用日常生活中的场景去形象地说明功能性磁共振成像和内省研究的关系,那么可能看起来像这么一回事。想象一下,你让两个接受过训练的研究人员在一个足球(欧洲足球)体育场外相对的两侧通过听到的声音来解读比赛。这两位研究人员记录下他们对声音的解读,以尝试捕捉比赛中某一特定时刻发生的事情。这种解读与球场内一个训练有素的解说员在体育比赛现场的解说相比,会是怎样的呢?解说员对比赛的描述与球员们在赛后观看一段录像描述自己所做战术决定的原因又会有何不同?如果将整个比赛比喻成一幅拼图的话,体育场外的研究人员不能进入体育场内观看,因此需要将体育场内活动的"听觉"拼图放在一起。类似地,功能性磁共振成像试图依靠来自大脑外部的"噪音"来拼凑大脑活动的拼图。解说员则依靠对这类游戏的洞察力和经验以及观察,试图提供一个关于球员的决定、动作和移动的实时描述。同样地,当依赖于洞察力和经验时,我们可能会对提供解释自己意识内在运作的能力感到自信。不过,内省研究中的研究人员和被试不得不将注意力分散到多个任务中,因此,尽管他们对观察到的东西很有信心,但是也很容易出现不准确的情况。

请继续阅读下去,以便了解更多关于研究大脑和个人选择自由的知识。

## 研究背景

精神病学家劳伦斯·唐克雷迪(Laurence Tancredi, 2010)在他那本颇具煽动性的书《内在行为:神经科学所揭示的道德问题》(*Hardwired Behavior*:

*What Neuroscience Reveals About Morality*）中描述了神经科学如何开始重新定义人类自由意志的概念，进而重新定义个人责任。唐克雷迪认为，神经科学的发现挑战了肥胖可能是因为暴饮暴食或者缺乏自制力的观点。为什么呢？神经影像学研究显示，那些成瘾者在药物存在的情况下“亮”起来的大脑区域，在食物存在的情况下也会“亮”起来（推测是那些对食物“成瘾”的人）。这些神经科学的发现不仅可以改变我们对成瘾行为和精神障碍的理解，还有可能影响法律制度，挑战传统的刑事责任观念。如果大脑真的被控制了，那么我们怎么才能对自己的行为负责呢？除非我们考虑本杰明 · 利贝特的一项开创性研究的结果，否则这样的问题可能看起来很奇怪。该研究结果表明，我们在意识到自己的行为意图之前，一些行为已经由我们的大脑无意识地发起了，因此，自由意志的作用减弱了。考虑到利贝特研究的影响，就像这本书中的其他研究一样，这份研究报告引起了相当多的关注和更仔细的审视，这一点并不奇怪。本章我们将仔细审视这项研究，并思考试图将心理功能还原为生物过程的潜在陷阱。我们还将考虑神经科学解释的吸引力，以及为什么尽管它们很吸引人，但是我们在概括这些发现时还是需要非常小心谨慎。在《内在行为》这本书的结尾处，唐克雷迪让我们展望未来——利贝特和其他神经科学家的研究否定了自由意志。我们将审视自由意志的地位，并思考破坏一个人对自由意志的信仰又会带来什么影响。

181

重点阅读：Tancredi，L.（2010）. *Hardwired behavior*：*What neuroscience reveals about morality*. New York：Cambridge University Press.

有些心理概念似乎很难定义和测量（例如，快乐和攻击性），自由意志似乎也在其中。本杰明 · 利贝特接受了这个挑战，想要审视一个自由意志行为出现的时机。具体而言，他检查了这几件事情的时间顺序：一个简单的动作行为，意识到启动该行为的意图，以及运动皮层的电活动。为了考察一个自由意志动作的协调性，利贝特让被试将目光集中在一个时钟的中间，在这个时钟中间，一个光点（而不是一个时钟指针）围绕着钟面旋转（Libet，1999）。利贝特要求被试注意当他们第一次意识到有行为的意图时光点所在的位置。为了实现研究的目的，这种行为必须是自发的或者自愿的，因此，一旦被试意识到自发的行为“冲动”，就根据指示按下一个按钮。同时，如图 11.1 所示，被试会与记录运动皮层电活动的**脑电图**(electroencephalogram, EEG)仪器相连接，而运动皮层是负责启动运动指令的区域。

1 观察时钟　　2 注意有意识的意图时的时钟位置（行为冲动）　　3 执行操作　　4 报告有意识的意图时的时钟位置

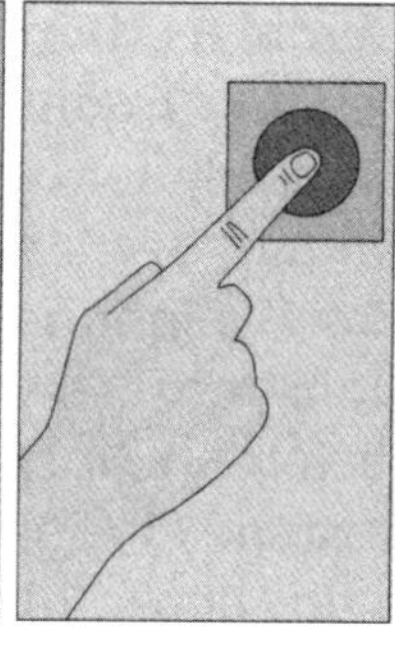
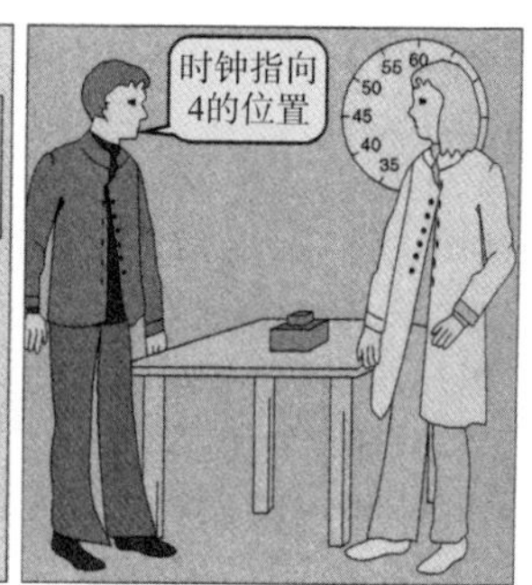


图 11.1　本杰明 · 利贝特的研究范式

182

在被试报告有意识的行为意图之前，利贝特在运动皮层发现了大脑活动的证据。具体而言，这种电活动，也就是利贝特所说的**准备电位**(readiness potential, RP)，在意识到行为冲动的几百毫秒之前就已经发生了。意识到行为冲动发生在肌肉活动的前 200 毫秒，如图 11.2 所示。

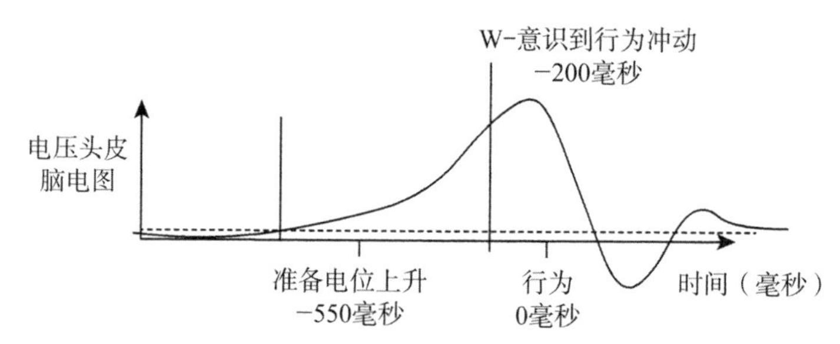


图 11.2　利贝特研究中准备电位、意识到行为冲动和动作行为的时间

这些结果似乎与我们日常生活中或直觉上对自由意志如何运作的理解相冲突。假设当我们有一个行为的意图时，我们会引导大脑将这个意图付诸行动。有些人，包括心理学家丹尼尔 · 韦格纳(Daniel Wegner)，甚至认为这个结果证实了我们并不拥有自由意志，它只是一种幻觉(Wegner, 2002)。在梦工厂的动画片

《魔发精灵》(*Trolls*)(Shay，2016)中，沉闷的卑尔根镇上最令人开心的事情就是在每年的“博啃节”这天吃镇上的人手工制作的“精灵”。有一次节日，魔发精灵在成为卑尔根镇人的晚餐之前逃跑了，厨师因此受到了责备，被赶出了卑尔根镇。几年之后，这位厨师又回来了，她说服国王重新过“博啃节”，并且还说服国王让她当厨师。然而，这位聪明的厨师让国王认为这些都是国王自己的主意。国王说：“这将是有史以来最棒的一次“博啃节”，我想到了一个多么棒的主意啊。”上述的心理学家认为，我们所有人就像国王一样，只是空有一种掌控一切的错觉。

183

根据利贝特的研究结果，虽然我们的直觉理解可能有点天真，但这并不意味着我们缺乏自由意志，我们有意识的自由意志有能力在无意识启动的行为发生之前就将它推翻。在启动行为之前和准备电位之后，我们就可以有意识地否决无意识启动的行为。否决的机会窗口是短暂的，因为只有在脊椎中运动神经细胞接收到否决信号之前的最后 100 毫秒才可能实现否决。为了让你能更好地体会 100 毫秒是多久，我告诉你，平常眨眼的时间就可以达到 400 毫秒(Schiffman，2001)。一旦运动神经细胞接收到信号，否决就已经太晚了(Libet，1999)。

重点阅读：Libet, B. (1999). Do we have free will? *Journal of Consciousness Studies*, *6*, 47 - 57.

这就好像我们的行为是装配流水线上不断滚动的输送带，而有意识的自由意志是质量控制检查员。尽管大多数行为似乎都很好，偶尔我们还是会发现一两个明显不符合我们的质量标准的行为而将其丢弃。就像装配流水线上的质量控制检查员在产品到达检查点之前无法接触到这一过程中的其他步骤一样，我们也无法接触到产生行为的无意识过程。同样，检查员只有在产品经过检查点时才可以选择将其丢弃，而没有责任在产品沿输送带向下移动时对产品进行进一步的加工或修理。根据利贝特的说法，有意识的自由意志以类似的方式发挥作用，即行为如果不被“检查员”所制止，就会继续下去。有意识的自由意志并不是发起行为所必需的。如果没有否决的权力，有意识的自由意志可能仅仅被看作是一种幻觉——一种我们的思想控制我们的行为的感觉，然而两者都是无意识创造出来的(Wegner，2002,2003)。当心理学家丹尼尔·韦格纳将利贝特的研究解释为自由意志的虚幻本质的证据时，许多人质疑这项研究的设计和对结果的解释。人们对利贝特的研究反应强烈并不奇怪，因为自由意志在这里被描述得岌岌可危。

## 当前思考

下面的陈述可能是目前对关于利贝特研究和类似利贝特研究的观点的一个公正的概括：

*研究人员一致认为，神经活动似乎先于意识知道应采取怎样的行动或怎样完成一个简单的任务。*

184　这并不完全是一个支持自由意志是一种虚幻的推测的陈述。要想得出这样的结论，还有太多的问题需要探讨。让我们从"先于"这个词说起。有证据表明神经活动先于自由意志，但神经活动不是自由意志行为产生的原因。然而，神经活动的时间和位置存在相当大的差异(Papanicolaou, 2017)，更不用说自由意志行为本身了，它引起了相当多的质疑。虽然神经活动可能与行为决定有关，但也可能与其他和任务有关的认知操作有关(见下图 11.3)。

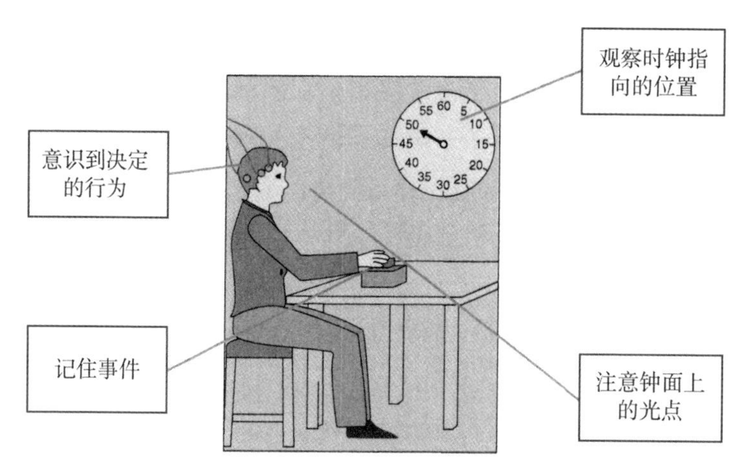


图 11.3　利贝特研究范式中的任务需求

第二个重要问题涉及到行为本身。在一项要求人们活动手腕的研究中，自由意志被充分捕获了吗？虽然被试被告知只要他们感觉到行为冲动就可以做出反应，但这真的代表了一种自由意志的行为吗？事实上，被试被给予指示并对指示作出反应这一过程，让一些研究人员对利贝特关于有意识的自由意志的操作性定义是否准确以及这项任务是否符合生态效度提出了质疑（Bridgeman，1985；Kuhl & Koole，2004）。

利贝特方法中另外一个受到批评的问题是依赖于个人回顾性的自我报告来说明何时有了行为的意识，这种方法存在着严重的缺陷（Wolpe & Rowe，2014）。一些人认为，我们有能力判断自己何时有了意识（Papanicolaou，2017；Rugg，1985）这种假设不一定正确，或者说这种假设在时间上不正确，因为利贝特没有考虑到大脑处理钟面显示的信息所需要的时间可能是几百毫秒（Rollman，1985）。换句话说，当观察到钟面时针指向"3"时，我才可能意识到我想启动行为，但这种感觉被大脑处理并识别为"数字 3"所需要的时间会多达 300 毫秒。此外，一些人还提出，如果意识被看作是渐进的或分级的，而不是全有的或全无的现象（有意识或无意识；Miller & Schwarz，2014），利贝特的发现可能并不成立。

185

即使是解决自由意志问题的新方法也并没有减轻人们的担忧。神经科学家约翰 · 迪兰 · 海恩斯（John-Dylan Haynes）（例如，Soon 等，2013）采取了一种不同的方法来解决利贝特关于自由意志的基本问题。在功能性磁共振成像研究中，他和同事们并没有观察被试在完成不同任务时大脑活动的增加，而是检查了大脑活动的模式。海恩斯和其他人已经证明了大脑活动的模式先于自由意志的行为，但是这项任务仍然是受到限制的并存在许多问题。

让我们暂时回到利贝特的方法来研究另外一个问题：准备电位到底代表着什么？它是否像利贝特所说的那样，代表着一种有目的的但无意识的行为计划？一些研究人员对此表示怀疑。

请考虑以下两个任务之间的区别：（a）你被指示只要出现意识就按下按钮；（b）你被指示在听到点击声时尽快按下按钮。第一个任务（a）就是利贝特在研究中给予被试的任务，正如我们已经讨论过的，意识到行为冲动和行为本身都发生在准备电位之后。但是，如果准备电位真的像利贝特所认为的那样，你就不会期望它出现在第二个任务（b）中。当没有考虑需要做出任何的行为时，你肯定认为准备电位不会出现(我们将此任务称为(c))！然而，这正是舒格尔、西特和德阿纳(Schurger, Sitt, & Dehaene, 2012)所发现的结果，与慢反应相比，快速反应之前的电位会增加。这些结果与利贝特对准备电位的描述相冲突，因为被试不可能计划随机发生的按下按钮行为。因此，研究人员认为，准备电位并不是一种无意识的行为计划，而是一种随机波动的大脑事件，它随着电位的增强而影响行为的可能性，电位越强大，我们就越有可能决定采取行动。然而，因为它代表的是一个随机过程，所以它不是任务(a)所独有的，而是在任务(b)甚至任务(c)完成之前就会出现。以这种方式看待准备电位可以表明，自由意志丝毫没有被利贝特的结果所削弱。在意识到行为的冲动(行为前200毫秒)之前，并不是无意识的"决定"行为，而是随机波动的准备电位更有可能做出行为的决定。假设你现在正在读这本书，旁边有一个水瓶触手可及。你是否决定去拿水瓶将受到随机波动的准备电位的影响。当准备电位达到决策阈值时，你就有可能会伸手去拿它。

在舒格尔和同事们(2012)的准备电位模型中，即使利贝特的发现被复制了一千次也只能让我们相信，在意识到行为的有意识决定之前，我们可以可靠地预测准备电位的存在。这些发现并没有挑战自由意志。对利贝特和其他人的研究提出的实质性问题使得帕帕尼科拉乌(Papanicolaou, 2017)得出结论："任何科学家宣称或表明有可信的科学证据支持意志是被决定的假设，都是不负责任的。"(p. 334)

186

## 考虑需求特征

到底是被试在自由地支配自己的意志，还是情境因素在冲击被试的意志？回想一下，在斯坦福监狱实验(第6章)中的狱警情况介绍会部分，我们曾提出过关于给狱警指示的影响这一问题。在利贝特的研究中会出现类似的问题吗？利贝特认为，被试是在进行一种自由意志的行为，因为被试被告知只要他们感觉到这种意志就可以做出行为反应。然而，这到底是代表了一个自由意志的行为，还是在研究人员提出的一个严格限制的任务中的高度约束的行为？在处理这样一个问题时，我们需要考虑关键变量的操作性定义，在这种情况下需要考虑的关键变量正是自由意志。**操作性定义**（operational definitions）对于如何操作和度量变量进行了规定。例如，如果你正在进行一项关于有害气味对行为的影响的研究，你需要对有害气味进行操作或为其下一个操作性定义。一种选择（Tybur 等，2011）是用屁臭味喷雾喷洒房间的墙壁。尽管泰布尔和同事们对有害气味的操作性定义的独创性令人印象深刻，但利贝特在操作上对自由意志的定义却面临着更大的挑战。虽然利贝特（1985）确实报告说，被试“感觉”这些行为是自发的，但情况可能是被试没有意识到研究人员或环境中包括时钟在内的其他刺激的影响（Dennett，2003）。此外，舒格尔和同事们（2012）对利贝特研究中的需求特征问题解释如下：

> 利贝特的指令允许被试等待一段不确定的时间来产生一个单一的动作。但在任务中隐含着被试不应该等待太久的需求特征：任务是在每次实验中产生一个行为，而被试知道这一点。（p. 2905）

## 关于可推广性的问题

另一个相关的问题涉及到利贝特研究的**生态效度**（ecological validity）或称可推广性。这样的动作（活动手腕或手指或按下一个按钮）可以在多大程度上代表意志行为的所有范围？很多计划需要很复杂的行为，我们有理由认为一个涉及简单行为的任务并不能捕捉到这种复杂性，这些关于自由意志的实际案例也是如此。因此，重要的是，我们要对调查结果的可推广性持怀疑态度。在另外一项著名的研究“波波娃娃实验”（Bandura，1965；Bandura，Ross，& Ross，1963）中，与观看成人因攻击性行为受到惩罚相比，观看成人受到奖励的学龄前儿童在与充气娃娃互动时表现出更高水平的攻击性。基于较差的生态效度而忽视这些发现是非常容易的，但也是不恰当的。我们可能会得出这种不恰当结论，因为受害者在这个案例中只是一个充气娃娃（一个非人类物体）。

187

因此，有人可能会说，波波娃娃实验结果与儿童在“现实世界”中的行为无关。但是，为了验证结果是否具有可推广性，我们可以通过采用其他学习方式或者通过奖励或惩罚他人的行为的方式促进儿童学习。这代表了一种特定类型的**外部效度**（external validity），被称为**建构效度**（construct validity）（Brewer，2000）。

有效的批判性思维要求我们避免忽视基于使用充气娃娃的研究，而要考虑研究结果在不同环境下能被不同刺激所复制的程度。同样的道理也适用于利贝特的研究。虽然批评简单的动作行为损害了研究的外部效度很容易，但我们需要考虑后续的复制研究。利贝特(1999)报告说，有证据表明准备电位先于其他的意志行为，例如写作，但这些研究并没有检查意识到行为意图的时间。因此，没有证据表明，更复杂的行为会遵循同样的模式。

在评估可推广性方面，考虑研究所采用的方法也是具有启发性的。虽然我们可能会发现像大卫·罗森汉恩(第5章)这样的自然主义研究在生态效度方面更令人满意，但正如之前所讨论的那样，该研究在内部效度方面仍有许多有待改进的地方。利贝特的研究正好相反，其**内部效度**(internal validity)较高，但外部效度值得怀疑。

## 内省法

内省法在心理学中已经是一种失宠的方法，这是由多种因素造成的，包括一些人实践方法的不可靠性。心理学史上的这一重要事件也使该学科的重点从心智研究转移到了行为研究上，心理学家开始使用内省法之外的方法(Locke, 2009)。在早期的内省法历史中，心理学方法被限制为非常基本的感觉和知觉元素(Danziger, 1980; Hunt, 1993)。心理学家威廉·冯特(Wilhelm Wundt)使用的内省法包括检查对刺激的感知，如颜色和声音。研究中，被试被要求仔细考虑并报告他们对这些刺激的反应，研究人员记录被试对这些刺激做出反应需要多长时间。

188

作为一种目前还在使用的研究方法，不管内省法的效度如何，利贝特在自由意志研究中对内省法的运用仍然存在着严重的问题。可靠地识别事件时间的能力(准备电位，有意识地察觉到行为意图)受到许多因素的影响，包括感知刺激所需要的时间。感知声音所需要的时间与感知视觉和触觉所需要的时间不同(Danquah, Farrell, & O'Boyle, 2008)。正如前面所指出的，利贝特研究中的被试所进行的可能是无可争议的简单行为任务(例如，活动手腕或手指)，但该研究的批评者(Papanicolaou, 2017)认为，其他任务要求会消耗被试的注意力(例如，监视时钟)。更根本的问题是，研究人员要求被试报告他们对有意识决定的察觉，这就已经假定人们能够准确地报告自己变幻莫测的意识。最后，研究人员认为利贝特的研究缺少一个重要的对有意识的察觉的划分，即完全有意识的察觉和无意识察觉之间的划分。米勒和施瓦茨（Miller & Schwarz，2014）认为准备电位可能先于完全有意识的察觉，但可能不先于部分意识的察觉。这些研究人员建议，有意识的察觉应该被视为一个随着时间的推移而逐渐建立的过程，在利贝特的被试报告完全有意识的察觉之前，部分意识可能已经出现。

## 批判性思维工具

### 大脑的“胡言乱语”

**问题导入：思考对于一项使用脑成像技术的研究（相对于行为科学研究）结果的解释和信心是否可能会受到其神经科学特性的过度影响？**

如前所述，还是有一些复制利贝特研究的尝试，尽管得出的结果不尽相同（例如，Soon 等，2013）。最近的一次复制实验有一些不同，或者说，至少在技术上是不同的。研究人员在事件发生的时间上重复了利贝特的研究方法，还利用了功能性磁共振成像发现“前辅助运动区（pre-supplementary motor area，pre-SMA）”的大脑活动与意图体验相关（Lau 等，2004）。接下来，我们将考虑利贝特的研究与劳和同事们的研究之间的显著差异——功能性磁共振成像的使用。此刻，也许你会对自由意志研究中的不一致性感到有点沮丧，对可能失去的人类特别的构念（自由意志）感到悲伤，然后又在自由意志可能恢复时重新振作起来。也许尖叫着拍打一个枕头会让你感觉更好，或者更好的是，拍打一个充气娃娃。接下来让我们考虑下**宣泄（catharsis）**的潜在好处，以探索功能性磁共振成像技术的力量。

宣泄或发泄涉及攻击性冲动的释放。你可能已经听过无数个关于宣泄多么有效的轶事，或者你可能已经自己体验过“把所有的事情都说出来”的好处。尽管这一观点很受欢迎，但研究并不支持宣泄作为处理愤怒的有效方式，相反，宣泄会增加愤怒和攻击性（Bushman，2002；Denson，DeWall，& Finkel，2012）。仔细

189

想一想研究人员提供的以下解释：

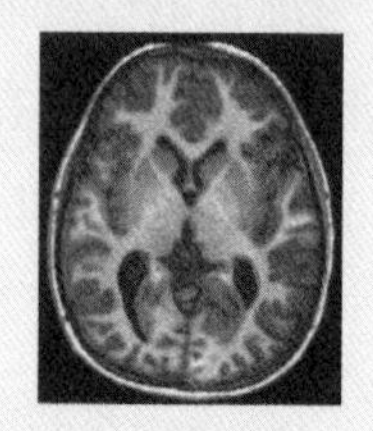

脑部扫描显示，这种愤怒的增加是因为大脑边缘系统回路与愤怒有关。宣泄是无效的，因为它不会导致愤怒或攻击性的减少。由于宣泄是一种无效的策略，因此，愤怒和攻击性反而会增加。

终于，神经科学研究人员发现了为什么宣泄是无效的！再思考一下研究人员提供的另一种解释：

研究人员声称，宣泄是无效的，因为它不会导致愤怒或攻击性的减少。由于宣泄是一种无效的策略，因此，愤怒和攻击性反而会增加。

对神经科学的“解释”印象深刻吧？请将这段解释再看一遍，然后问自己下面这个问题：

问题导入：神经科学信息给解释增加了什么？它是否促进了我们的理解？

如果仔细观察下表左右两边的差异（两种解释之间的差异用粗体表示），我们很可能会得出结论，神经科学信息几乎没有给原有的解释增加什么。

| “使用”神经科学的解释 | “不使用”神经科学的解释 |
| --- | --- |
| 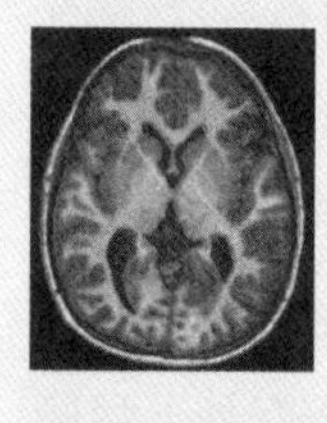 脑部扫描显示，这种愤怒的增加是因为大脑边缘系统回路与愤怒有关。宣泄是无效的，因为它不会导致愤怒或攻击性的减少。由于宣泄是一种无效的策略，因此，愤怒和攻击性反而会增加。 | 研究人员声称，宣泄是无效的，因为它不会导致愤怒或攻击性的减少。由于宣泄是一种无效的策略，因此，愤怒和攻击性反而会增加。 |

190

脑部扫描显示大脑在经历数学焦虑时会“亮起来”，这本身就很有趣，但它对我们理解数学焦虑几乎没有什么帮助（Tavris，2012）。我们知道情绪、认知和行为过程有神经学上的关联。因此，这些例子符合心理学家卡罗尔·塔夫里斯(Carol Tavris)所说的伪神经科学。

神经科学具有诱惑力，韦斯伯格(Weisberg)和同事们(2008)的一项研究清楚地证明了它的诱惑力。研究人员给被试描述心理现象，比如宣泄，然后给出解释，这些解释要么好要么坏，要么包含要么不包含神经科学信息。

重点阅读：Weisberg, D. S., Keil, F. C., Goodstein, J., Rawson, E., & Gray, J. R. (2008). The seductive allure of neuroscience explanations. *Journal of Cognitive Neuroscience*, *20*, 470-477.

回顾第 5 章，在因子设计中，每个数字的值(例如 2×2)表示各个自变量划分的处理水平的数量。从技术上来讲，研究人员使用了 **2×2 因子设计(2×2 factorial design)**，表示有两个自变量且每个自变量都有两个值(好的或不好的解释以及有神经科学信息或没有神经科学信息)。如果韦斯伯格和同事们将有图像的神经科学信息和没有图像的神经科学信息，与没有神经科学信息的对照组进行比较，他们进行的将是 2×3 因子研究，如图 11.4 所示。

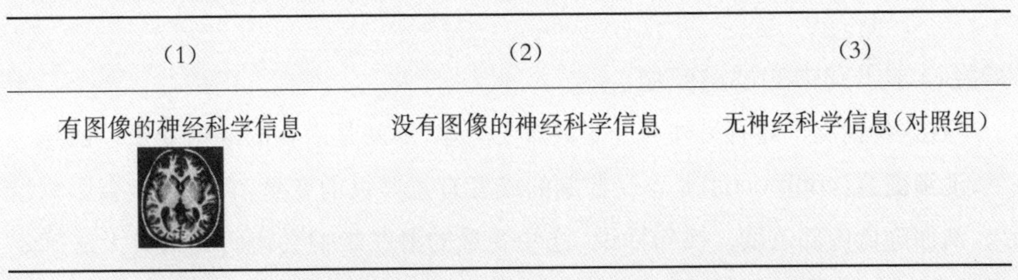


**图 11.4　假设韦斯伯格等人(2008)进行的 2×3 因子设计研究**

一般来说，被试认为包含神经科学信息的解释比不包含神经科学信息的解释更令人满意(见图 11.5)。

| -3 | -2 | -1 | 0 | +1 | +2 | +3 |
| --- | --- | --- | --- | --- | --- | --- |
| 非常不满意 | | | 中性 | | | 非常满意 |

**图 11.5　神经科学解释与非神经科学解释满意度评分量表**

191　此外，如图 11.6 所示，一个惊人的发现是，没有神经科学的不好的解释(本来就是不好的)被认为是不好的，而经由神经科学“装扮”的不好的解释则被认为是更令人满意的。在解释中加入的“脑部扫描”“额叶脑回路”或“大脑边缘系统回路”等字眼是极具诱惑力的，似乎更能打动评分者。即使是对有经验的心理学学生而言，这些研究结果也是适用的。

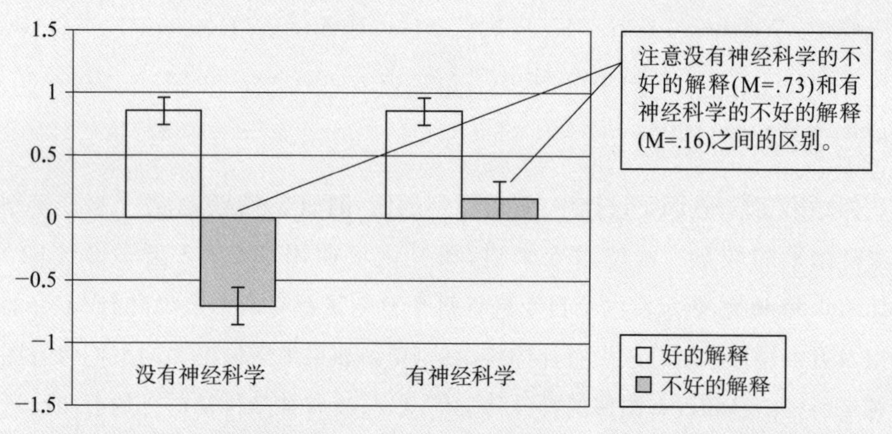


**图 11.6　新手组。评分者对科学解释满意度的平均评分。误差线表示平均值的标准差**

## 神经科学研究中的混淆变量

在这种情况下还有另外一个变量需要考虑，那就是潜在的混淆变量。回想一下，**混淆变量(confounds)**是不受控制的或者有意操纵的变量，它们可能会影响结果，从而降低内部效度。换句话说，这些变量的潜在影响会使研究人员无法确定究竟是自变量还是混淆变量引起了因变量的变化。你认识到混淆变量的危害了吗？假设有一张脑部扫描的图像并附有神经科学的解释，那么会不会是附加的功能性磁共振成像或者正电子发射断层扫描(Position Emission Tomography, PET)图像增加了解释的吸引力？麦凯布和卡斯托(McCabe & Castel, 2008)的一项研究表明这可能是事实，但最近的一项研究表明，除了神经科学信息之外，神经科学图像并没有增加吸引力(Fernandez-Duque 等，2015)。让我们想一想为什么这些研究会得出不同的结果。

组内设计

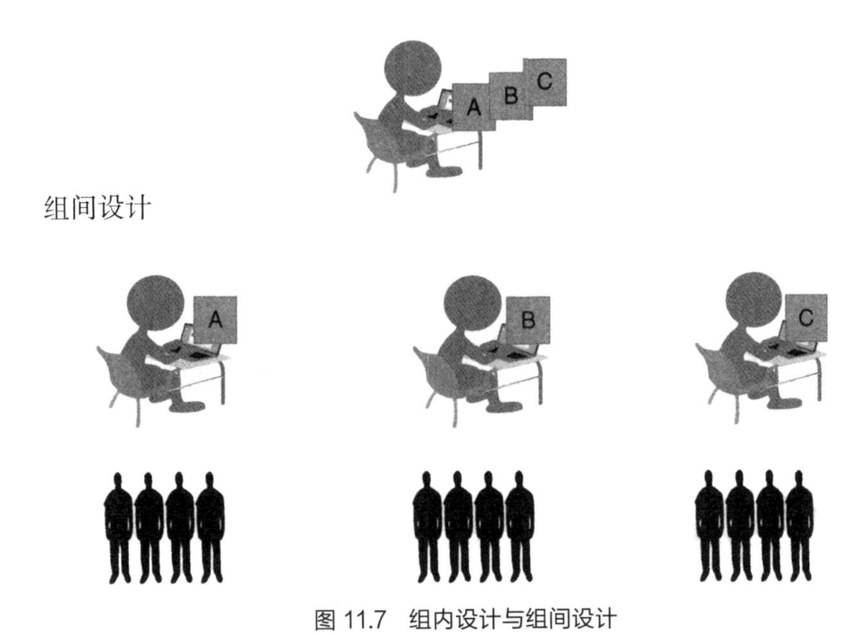


图 11.7　组内设计与组间设计

韦斯伯格和同事们(2008)的研究和麦凯布和卡斯托(2008)以及弗尔南德斯-杜克(Fernandez-Duque)和同事们(2015)的研究在设计上有一个重要的区别。韦斯伯格采用的是**组间设计**(**between-subjects design**),而弗尔南德斯-杜克采用的是**组内设计**(**within-subjects design**)。如图 11.7 所示,在组内设计中,每个被试都暴露在所有的处理条件下。虽然这样做效率更高,需要的被试也更少,但它确实会带来一种潜在的混淆,即所谓的**“延滞效应”**(**carryover effects**)(Smith & Davis, 2013)。当一种情况下的经验影响到另一种情况下的经验时,就会产生延滞效应。例如,假设你正在进行一项研究,比较饮料选择对人们理解心理学实验所造成的影响的研究。我们想比较酒精饮料(一种镇静剂)、咖啡(一种兴奋剂)以及水(中性)给被试对心理现象解释的满意度(韦斯伯格研究中的因变量)所造成的影响。如果按照这个顺序对被试进行测试,可能会发现第二个条件下(咖啡条件)产生了最低的满意度评分。原因可能在于被试受到了延滞效应的影响,因为酒精饮料的影响干扰了被试理解第二份报告中的信息的能力。为了解决这个潜在的混淆,我们可以进行组间设计,将被试随机分配到三种条件中的一种,当然,

192

也可以保留组内设计，但需要**平衡(counterbalance)**这些条件。也就是说，我们可以在被试之间平衡这些条件顺序的影响，有些人先喝酒精，有些人先喝咖啡，而有些人先喝水，以此类推。回到麦凯布和卡斯托的研究，让被试在不同条件下进行比较，有些被试可以先观察有图像的报告 B 再观察没有图像的报告 A，有些被试则可以先观察报告 A 再观察报告 B，这样，研究结果将会更有说服力(Schweitzer 等，2011)。然而，这种比较在组间设计中是不可能实现的。

193

## 功能性磁共振成像

如果你读过有关功能性磁共振成像研究的媒体报道，可能会惊讶于功能性磁共振成像并不能直接测量大脑活动，而是能根据研究结果推断出大脑活动。这种技术测量的是不同条件下大脑某一区域血液中含氧量的上升(Beck, 2010; Vul 等，2009)。换句话说，功能性磁共振成像仅仅表明相较于参加活动 B 时脑区域 X 中的血液含氧量，被试参加活动 A 时脑区域 X 中的血液含氧量会上升。

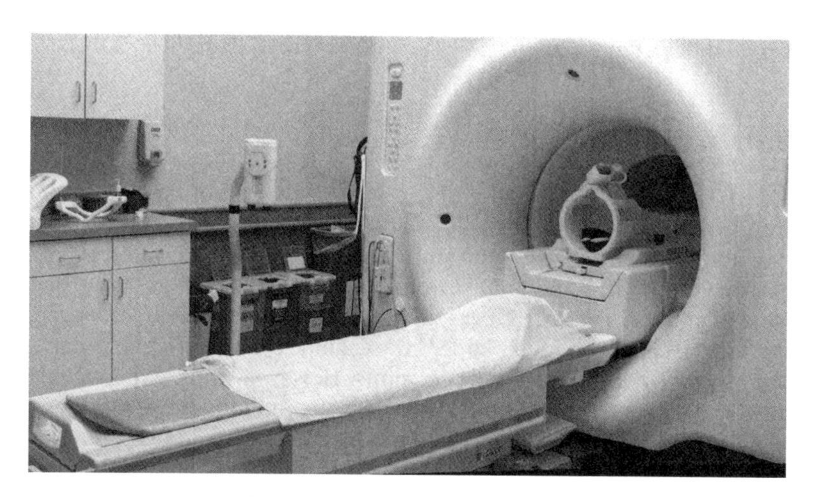

图 11.8 功能性磁共振成像设备

因此，功能性磁共振成像本身并不显示大脑活动，而是显示一种对比情况。如果发现这两种情况下的脑部扫描结果没有区别，也不会得出大脑没有活动的结论(Beck, 2010)，准确地说会得出这两种情况下的大脑活动没有区别的结论。为了突出对比的重要性以及可能会对功能性磁共振成像显示的结果产生误解，请思考下面这个虚构的新闻头条："研究人员发现，爱吃巧克力是有生物学基础的，因为吃巧克力与大脑情感中枢的活动有关。”标题没有表明所做的是何种比较。在这项研究中,也许实验组中的被试吃的是巧克力,而对照组吃的是碱渍鱼(一种使用放置数年的鱼所做的胶状食物)。扫描结果显示的是吃巧克力的被试的大脑活动与吃碱渍鱼的被试的大脑活动的差异。此外,这两种情况之间没有显著的差异并不能告诉我们吃巧克力时大脑没有活动。这甚至可能会导致我们得出一个奇怪的结论：人们从吃碱渍鱼中获得的快乐和吃巧克力一样多!

194

### 完美主义谬误

更普遍的担忧是,复杂的思想,例如涉及道德困境,可以完全通过血液含氧量的差异来理解(Erickson，2010)。具体来说,埃里克森(2010)指出神经科学家们正在测量他们认为代表思想(大脑活动)的东西。这是一个假设,因为我们不知道这种活动是如何变成思想的。但是,我们确实要小心避免**完美主义谬误**(perfectionistic fallacy),或者说应该完全放弃理解大脑和思想之间的关系的努力,因为我们永远不可能完全理解它的想法。换句话说,我们应该放弃这一目标,因为获得“完美”的理解的概率是如此之低(Van Vleet，2011)。

## 逻辑谬误

我们必须思考,在当代处理自由意志问题的研究中所使用的工具是否提供了更深刻的见解,还是仅仅是使用大脑的“胡言乱语”“装饰”了的同样的结果。不幸的是,这个问题似乎没有一个直截了当的答案。有些研究试图使用不同的方法复制利贝特的发现,但有些研究在性质上是不同的,它们的目的是为了确定与决策相关的大脑活动的独特模式。然而,如果我们不加批判地接受后者的发现,将其作为读心术的证据,而忽略了困扰这项研究甚至是更广泛的神经科学研究的准确性问题,我们可能会成为这些诱惑的受害者。无论如何,我们确实需要反思,功能性磁共振成像技术的使用是否影响了我们解释这些发现的方式。正如韦斯伯格、泰勒和霍普金斯(2015)研究中的一位被试所指出的神经科学解释:“胡言乱语地谈论额叶而不解释实际发生了什么,简直就是胡说八道。”(p. 435)

### 还原论

除了狭隘地关注神经科学令人眼花缭乱的技术,而不是关注一项研究发现的实质性内容之外，心理学家、神经科学怀疑论者卡罗尔·塔夫里斯还提出，**还原论**（**reductionism**）是伪神经科学的另外一个特征（Tavris，2012）。还原论以多种形式出现，一般而言，我们关心的是这样一个还原论假设，即心理现象可以用更基本的生物学过程来解释或理解。一旦确定了生物学的过程，我们就可以省去心理学的解释。人们很容易假设，基于大脑或物理层面的解释要比行为或认知层面的解释更为基本。一方面，我们可能会怀疑更为主观的自我报告的有效性；另一方面，如果我们不能理解行为、思想和经历是如何影响大脑的，就更有可能倾向于寻找一个更令人满意的生物学解释，因为它表明这些现象是与生俱来的（Beck，2010）。还原论在精神病理学中最为明显。大脑活动可能与成瘾、抑郁或精神分裂症相关，这一事实并不足以让我们将这种疾病定性为大脑疾病。正如米勒（Miller，2010）所指出的，"按照这种推理逻辑，记录有氧运动后大脑结构和功能的变化的研究会导致研究人员将运动描述为大脑现象"（p. 719）。将行为与特定脑区的活动联系起来本身并不足以成为一个解释（Beck，2010）。作为一个批判性思维者，重要的是要对那些似乎混淆了相关关系和因果关系的解释以及那些暗示这种相关性揭示了"生物学基础"的解释保持警惕。"关联"和"基础"并不是一回事。请记住，相关性并不能证明因果关系的存在。

195

让我们暂时回到利贝特的研究上来。上面讨论的还原论适用于利贝特的研究吗？如前所述，该研究的一些批评者认为，简单的手指或手腕运动并不能告诉我们更复杂的行为的机理。根据**自我决定理论**（**self-determination theory，SDT**），自主性是人类的基本需求之一，无论准备电位存在与否，如果一个人的行为与个体的价值观、目标和信仰相一致，那么这个人就保持了个体的自主性（Ryan & Deci，2004）。问题是当一个人感觉行为被控制时，他又会做出什么样的选择。利贝特实验并非这样，在其中，被试报告了意志或自由选择行为的经历。瑞安和德西提出的观点是，虽然利贝特的研究很有趣，但一个具有重要意义的实际问题是，人们在多大程度上感觉到自己在控制自己的行为？自主性的缺乏与心理问题的产生相关。本章开头讨论的《内在行为》一书（Tancredi，2010）提供了一个假设的日常道德困境：一个喜欢赌博的叔叔找你借钱。作者描述了如何使用严格的生物学术语来解释你对叔叔的反应：

最后，你会体验到"不借钱"给他的反应。这将激活你的感觉系统（听觉和视觉）、边缘结构——特别是杏仁核（情绪反应）、海马体（连接记忆和情绪）、以及前扣带皮层（自我控制）、下丘脑（身体反应，如出汗、心跳加快）和额叶。

## 自然主义谬误

唐克雷迪随后哀叹，我们更感兴趣的是最终的解释结果（你在这种情况下做了什么以及为什么这么做），而不是对潜在的生物学过程的检查。唐克雷迪的抱怨反映了人们对神经科学的控诉。参考大脑活动似乎给解决为什么问题提供了一个基本的答案。然而，瑞安和德西质疑这种深入的生物学分析究竟提供了哪些有价值的信息。这并不能告诉我们"为什么"你决定不借钱给叔叔。我们实际上偏爱最低层次的分析，然而心理学的目的在于理解行为的控制和预测过程。这就是唐克雷迪例子中你为什么"不借钱"的原因，因为你担心叔叔会继续赌博，会再次负债。还记得唐克雷迪这本书的书名是《内在行为》。尽管道德行为是一个流行的术语，但心理现象是可以改变的而道德行为是固定的这一概念具有误导性（Lilienfeld 等，2015）。在"行为是天生的"和"这是他们的天性"之间有一条细细的界线，这就把我们带到了**自然主义谬误**（**naturalistic fallacy**）的边缘，或者说，因为某件事是自然的而推测它是合理的（Levy，2010）。自然而然发生的事情，事实上并不一定是道德的。

196

重要的是，人们感觉到自己能够控制或者自主做决定，正如鲍迈斯特、马斯卡姆坡和迪沃（Baumeister，Masicampo，& DeWall，2009）的一项研究所显示的，对自由意志的信仰是重要的。这些研究人员让被试读一些句子，这些句子可以诱导被试相信他们拥有自由意志或者可以自主**决定**（**determinism**）（例如，大脑活动决定行为），然后在有机会帮助他人的情景中观察这些被试的行为反应。另外一个实验结果显示，处于自由意志状态的人更乐于助人，并且对他人的攻击性更小。这些结果说明了信仰自由意志在社会中的重要性。

## 本章小结

利贝特的开创性研究和之后的研究发现了在作出行为决定的准备电位先于

有意识的察觉的证据，这被解释为挑战了人们对自由意志的理解。然而，一些人已经对这些研究中被试自由意志行为的代表性、研究中的需求特征、被试准确反映和报告有意识活动的能力、用于记录大脑活动的技术的准确性以及准备电位实际代表的内容等问题，提出了许多批评。虽然利贝特的基本发现已经可以被复制了，但其中的许多问题还没有得到解决。关于自由意志情况的结论性陈述在当前看来也是没有根据的，是推测出来的。

利贝特的研究和最近的神经科学研究的结果对法律制度产生着重要影响。正因为如此，我们必须提高批判性思维的能力，并超越神经科学语言和图像的光鲜外表，这一点正变得越来越重要。我们需要牢记这项神经科学研究的三个假设：(1)关于大脑活动必然是对心理现象有关思想的准确反映的假设是有问题的；(2)我们渴望简单的或简化的解释；(3)以及，分析是有不同水平的。让我们记住卡罗尔·塔夫里斯的建议，他提出了这样一个问题："神经科学在我们已经知道的东西的基础上又有什么新的发现吗？"2017年美国某个节假日期间，一家手机公司做了这样一则广告，著名的驯鹿鲁道夫想买一部手机来玩他的驯鹿游戏，售货员问他："那么，什么是驯鹿游戏呢？"鲁道夫回答："愤怒的驯鹿，满地乱跑的驯鹿，飞快的驯鹿……""哦，所以是含有驯鹿这个词的普通游戏吧？"售货员问道。"嗯，"鲁道夫说，"我想是的。"作为神经科学研究媒体报道的消费者，我们需要区分哪些信息能够真正地增加我们对心理现象的理解，哪些又只是向我们提供了"驯鹿游戏"四个字。

197

## 研究展望

关于用神经科学工具检验自由意志，需要记住这一点，这些工具相对较新，并且会进一步发展完善，它们可能会更有力地解决利贝特研究中所讨论的时间问题(Breitmeyer，2017)。然而，是否有可能有"读心术"或使用大脑活动的模式在行为或决定发生之前就可以预测它们，这是一个开放性的问题。海恩斯(2011)提到：

在一个人知道他将如何决定之前，研究这一决定是否可以被实时预测将是一件有趣的事情。这样一个实时的"决策预测机器"(DP机器)将允许我们把某些想法变成现实，例如，通过测试人们是否能够猜到未来的选择是可以由他们当前的大脑信号所预测到的，即使一个人可能还没有下定决心。(p. 18)

请记住，这种“读心术”的准确性是值得怀疑的，海恩斯指出，使用大脑激活模式来预测按钮（左按或右按）的准确性比随机概率高出 10%。这样的结果似乎无法证明媒体报道的“读心术已成为可能！”这个标题是正确的。正如布莱特梅耶（Breitmeyer，2017）指出的那样，尽管媒体过度营销这些结果应该受到一些指责，但研究人员对媒体的关注以及对名声的追求也是罪魁祸首之一。

利贝特研究的批评者呼吁在实验室中测试更加符合生态效度的行为（Breitmeyer，2017）。考虑到自由意志研究的社会影响，这一点尤为重要。埃里克森（2010）解释说，神经科学正在慢慢地给整个法律体系带来不可避免的改变。类似利贝特的研究认为，我们可以选择在公众和法律层面上改变我们对犯罪和惩罚的看法。埃里克森（2010）解释说：“非法行为将被视为一种病态心理的表现，而犯罪的人将无可救药地受到这种病态心理的驱使。”合理的犯罪政策需要的将会是治疗性干预而不是惩罚”（p. 75）。最后，超越对利贝特研究的辩论意味着研究人员必须审视有不同意识水平存在的可能性（Miller & Schwarz，2014）。研究人员可以记录有意识的察觉的渐进过程（如果这是有意识的过程的话），并确定准备电位是否先于对一个意志行为所有水平的有意识的察觉。

198

## 问题与讨论

1. 思考一些你用过的或看到别人用过的思维捷径或启发方式。这样的思维工具有什么优势和局限？

2. 为什么一些哲学家、神经科学家和心理学家如此强烈地支持或反对自由意志的存在？哪怕自由意志仅仅是错觉，它是否仍可能增强人类的心理健康？

# 第 12 章　安慰剂效应：抗抑郁药如何产生效果?

主要资料来源：Kirsch，I.，Deacon，B. J.，Huedo-Medina，T. B.，Scoboria，A.，Moore，T. J.，& Johnson，B. T.（2008）. Initial severity and antidepressant benefits：A meta-analysis of data submitted to the Food and Drug Administration. *PLoS Medicine*，*5*，260－268.

## 本章目标

199

本章将帮助你成为一个更好的批判性思维者，通过：

- 评估随机对照试验的优势和局限性
- 考虑除药物之外还可能有助于改善症状的因素
- 思考安慰剂效应如何产生并起作用
- 评价支持抗抑郁药功效的证据
- 评估生物学解释和疾病模型的局限性
- 思考安慰剂作为治疗方案的潜在用途

### 导入

下列哪些说法是正确的?

1. 抑郁症是由化学物质失衡引起的。
2. 抗抑郁药通过改善大脑中的化学物质失衡来治疗抑郁症。
3. 抗抑郁药可以有效地治疗抑郁症。

如果相信说法 1 和说法 2 是正确的，我们则需要思考得出这种结论需要什么证据。一种声称能够提高大脑中某种特定化学物质水平的药物的存在是否足以证明是这种化学物质水平过低导致了疾病的发生？如果说法 3 是正确的，我们必须考虑所有可能导致人们的抑郁随着时间的推移而减少的原因，包括时间久了自然就不会那么痛苦、对所开处方药的期望、临床医生给予的关注和照顾，当然还包括药物本身的活性成分的有效性等因素。在此特别把药物列在最后是因为我们怀疑很多人往往会忽略其他不那么明显的因素。但很遗憾的是，我们在本章中研究的抗抑郁药试验的许多问题在心理学教科书中并没有得到很好的体现（Bartels & Ruei，2018）。

## 研究背景

大多数人可能想当然地认为上述三种说法都是正确的。我们可能在电视或者广告上看到过抗抑郁的药物，这些药物通过增加神经递质发挥着效用。然而，有越来越多的批评者质疑这种说法，其中一篇文章是本章讨论的重点。科奇和同事们的文章对抗抑郁药的功效提出了质疑，也对抑郁是由化学物质失衡引起的观点提出了质疑。 200

欧文·科奇（Irving Kirsch）和同事们（2008）的元分析研究结果的发表引起了国际媒体的关注。科奇（2016）回忆说，“不知何故，我从一个温文尔雅的大学教授变成了一个媒体上的超级英雄——或者说超级恶棍，答案取决于你问的对象”（p. 2）。公众关注他是因为，他的研究结果挑战了抗抑郁药有用的观点，或者至少是通过一种假定的药理机制在起作用的观点。你也许会问，“不然这些药还能通过别的方式发挥作用吗?”想象一下，在一种极度抑郁的状态下，医生给你开了一种你在电视上看到的药物。你兴奋地开始接受治疗，冲到当地的药房或药剂师那里拿到处方上的药。你不知道的是，医生给你开的其实是安慰剂。你实际上是在服用一种糖丸，其中没有任何已知可以减轻抑郁症的症状的有效成分。然而，经过一周的治疗后，在与医生预约的诊疗中，你说你感觉好多了。

事实上，当人们相信药物能起作用，但这作用并不是药物本身的效果时，**安慰剂效应**(placebo effect)就产生了。科奇和同事们想知道在服用抗抑郁药的人中，到底有多少人是因为这一效应而有所改善的。连科奇最初都认同这种观点，即上百万的人患上了抑郁症是因为大脑中化学物质的失衡，而抗抑郁药有助于其恢复平衡(Kirsch, 2014)。然而，这一发现对制药行业具有毁灭性打击，因为在临床意义上，市场上的顶级抗抑郁药效果并不如安慰剂。即使是在严重抑郁的患者中，服用抗抑郁药的患者和服用安慰剂的患者之间的显著差异也并不是由于药物效用的增强，而是由于安慰剂效应的降低。让我们仔细了解下临床药物试验。

我们一般通过随机对照试验(randomized controlled trials, RCTs)来评估一种药物或治疗的有效性。在一个典型的**安慰剂对照试验**(placebo-controlled trial)中，患者被随机分配到治疗组或安慰剂组，安慰剂组服用的是无效的药物。或者，在**比较试验**(comparator trial)中，患者被分配到两种治疗条件中的一种。换句话说，在比较试验中，两种药物的有效性被比较，而在安慰剂对照研究中，一半的患者将不接受积极的治疗。话虽如此，大多数随机对照试验的设计都是向患者隐瞒其所接受的治疗，就像那些评估患者抑郁的试验(即**双盲法**(double-blind))一样，因此他们不应该知道自己正在接受安慰剂治疗。

201

在评估心理疗法功效的试验中，可以将治疗组与另一种治疗形式或**等待治疗对照组**(wait-list control)进行比较，后者会延迟治疗。正是这最后一组，即等待治疗对照组，让研究人员可以检查分数是否会因药物或安慰剂以外的其他因素而改变。例如，你的症状可能只是随着时间的推移而变得更好。此外，也可能是因为你对药物(实际上是安慰剂)的期望而使抑郁有所改善，也可能是因为抑郁随着时间的推移而减轻，在没有任何药物干预的情况下就会有所改善。等待治疗对照组能让研究人员检验这种可能性。如图12.1所示，科奇和塞伯斯坦(1998)进行的**元分析**(meta-analysis)研究结果显示，等待治疗对照组占抑郁评分改善的25%，而安慰剂组占抑郁评分改善的50%。治疗组中只有25%的改善高出了等待治疗对照组和安慰剂组。

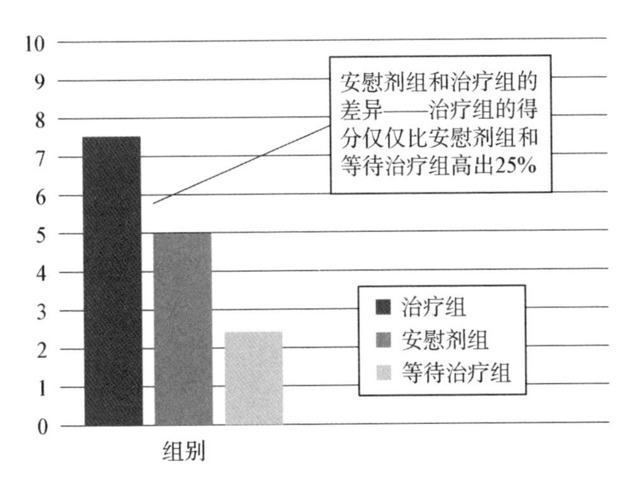


**图 12.1　科奇和塞伯斯坦（1998）抗抑郁药试验中的药物效应和安慰剂效应**

注：y 轴表示抑郁得分的改善。

## 当前思考

2010 年，杰伊 · 福尼尔(Jay Fournier)和同事们(2010)得出了与科奇和同事们相似的结果。他们发现，在轻度和中度抑郁症患者中，药物和安慰剂之间的差异可以忽略不计，但在非常严重的抑郁症患者中却有着显著的差异。除了重复科奇的研究结果之外，研究人员越来越认识到抗抑郁药试验和此类结果的报道也存在严重的问题。

在大多数试验中，在分配到治疗组或对照组之前，所有患者都先进行了安慰剂治疗，那些在“磨合”期间表现出症状显著改善的患者被排除在研究之外(Kirsch，2014)。有些人认为，这可能会排除对安慰剂有强烈反应的患者，从而使药物和安慰剂之间的差异更加显著化(Ioannidis，2008)。这对研究的**内部效度**(internal validity)而言是一个挑战，而**外部效度**(external validity)则因排除标准而受到影响，包括排除轻度抑郁和**伴随疾病**(comorbidity)或有多种精神疾病诊断的患者。排除这类患者会影响研究的可推广性(Ioannidis，2008)。为了评估研究的可推广性，我们不得不问自己，这些药物试验的患者与研究中患有精神疾病的患者有多相似？在招募患者方面，试验的选择性越强，可推广性就越差。研究人

202

员通过进行一项试验(STAR * D)解决了这种可推广性的问题，该试验包括了更能代表普通患者的广泛人群(Kirsch，2010)。

重点阅读：Kirsch，I. （2010）. *The emperor's new drugs：Exploding the antidepressant myth*. New York：Basic Books.

虽然双盲试验的患者不应该知道自己接受了什么治疗，但是，我们有理由怀疑很多人知道(称为破盲；Kirsch，2014)。患者会被告知药物可能的副作用，而有没有这些副作用则会暴露患者所接受的治疗。换句话说，如果患者觉得恶心头痛，并且已经知道这是药物的副作用——那么患者就很清楚自己服用的是药物，而不是安慰剂。科奇(2014)报告称，在一项研究中，近 90%的药物试验患者都猜到了自己在治疗组。

特纳和同事们(2008)认为，一半的抗抑郁药试验并不能证明所测药物的功效，但在这些研究中，只有不到 10%的研究发表了不能证实所测试药物有效的结论(也就是说：有一些研究要么没有发表，要么发表了支持所测试药物有效的结论，然而这并不准确)。换句话说，通过梳理已经发表的文献，人们得到了对一种药物疗效的高度歪曲的看法。正如埃夫里-帕尔默和豪伊克(Every-Palmer & Howick，2014)所解释的，“在开药者可获得的文献中，94%的抗抑郁药试验是有效果的。然而，实际上在美国食品药品监督管理局(Food and Drug Administration，FDA)数据库中只有 51%的已完成的试验是有效果的，这意味着有 32%的药物的效果被夸大了”(p. 911)。同样，美国食品药品监督管理局要求至少进行两次临床试验，以表明在治疗抑郁方面药物比安慰剂更具有统计显著性(Kirsch，2014)，但对无效试验的次数却没有限制。事实上，科奇(2014)解释说，2011 年批准的维拉佐酮(Vilazodone)这个药就存在这样的情况，5 次试验都没有显示出治疗效果。

203

药物试验的另外一个问题是可能的利益冲突，或者制药公司对研究的赞助与药物试验结果之间的关系。凯利和同事们(2006)回顾了 1992—2002 年间发表的研究。在这十年期间，研究人员注意到制药行业对此类试验的赞助从 1992 年的 25%急剧增加到 2002 年的 57%。当研究受到药物公司的赞助时，78%的研究结果都是有效果的，而当没有受到赞助时，有效果的研究结果就下降了几乎一半

(48%)。如果有竞争对手赞助这项研究，这个数字将进一步下降至 28%。

**电影中描述的抗抑郁治疗**

在接下来介绍的内容中，你会发现一些关于电影《副作用》(*Side Effects*)的参考资料(Stern, 2013)。这里有一些关于这个案例的背景资料。

艾米莉·泰勒(Emily Taylor)驾车向墙上撞去，看起来像是要自杀。

在一种试验性药物的作用下，艾米莉在梦游时，刺死了她的丈夫。

主要人物：

艾米莉·泰勒：一个患有抑郁症并且杀死丈夫的年轻女性

乔纳森·班克斯(Jonathan Banks)医生：艾米莉现在的精神病医生，也就是给她开试验性药物的那个人

维多利亚·赛伯特(Victoria Siebert)医生：艾米莉以前的精神病医生

思考以下问题：

艾米莉要为她的杀人行为负责吗？

新药的副作用是谋杀的罪魁祸首吗？

如何使用安慰剂效应来揭露真相？

在 2013 年上映的电影《副作用》中，有抑郁症病史的年轻女性艾米莉·泰勒在自杀未遂后，她的精神病医生乔纳森·班克斯给她开了一种试验性的抗抑郁药。艾米莉在影片中的治疗经历与许多抑郁症患者的经历并不相同——在治疗过程中，她被开了好几种抗抑郁药，出于副作用和无效等原因，她不得不更换药物。影片描绘了一幅令人不愉快的制药业的场景，包括大量的利益冲突、医生按自己的偏好胡乱开药，甚至直接向患者推销药物等。仔细阅读书店里有关心理学的书籍，你会发现近年来人们对精神病学和制药业越来越关注，例如，艾伦·弗朗西斯(Allen Frances)(2013)发表的《拯救正常人：失控的精神病诊断、〈精神疾病诊断与统计手册(第 5 版)〉(DSM-5)、大型制药企业和日常生活过度医疗化等内幕》(*Saving Normal: An Insider's Revolt against Out-of-Control Psychiatric Diagnosis, DSM-5, Big Pharma, and the Medicalization of Ordinary Life* by Allen Frances, 2013)。 204

## 批判性思维工具

### 临床显著性与统计显著性

**问题导入：除了统计显著性之外，是否还考虑了研究结果的实用价值？**

当研究结果具有重要的应用价值时，研究人员想知道这些结果是否可靠或者是否一致（即**统计显著性**（statistical significance）），在抗抑郁药研究中，想要解决的另外一个问题是“这些药物是否真的能以有意义的方式帮助抑郁症患者”，这也是一个是否具有**临床显著性**（clinical significance）的问题。设想一项随机对照试验研究，以检验使用补充药物是否能够显著延长癌症患者的寿命。其中，部分患者接受标准治疗，部分患者在标准治疗的基础上再接受补充治疗。结果显示，患者的生存月数有统计学上的显著性差异，接受标准治疗再加上相应的精神治疗的患者生存时间更长。然而，差异仅为 10 天，考虑到成本和副作用等因素，其临床显著性值得怀疑（Ranganathan, Pramesh, & Buyse, 2015）。

科奇和同事们（2008）最近进行的元分析中的所有研究都使用了汉密尔顿（Hamilton）的抑郁量表来评估抑郁的变化。这个量表给出了从 0 到 53 的分数，得分越高，抑郁越严重。英国国家卫生和临床技术优化研究所（National Institute for Health and Care Excellence, NICE）所提供的药物和安慰剂之间的三个点的差异，为英国药物和安慰剂治疗的临床显著性提供了标准。抑郁情绪只是包括睡眠模式、饮食模式和头痛等躯体症状在内的量表的评估标准之一，而仅仅是这些躯体症状的改变——例如，睡得更好或者不再感到疲劳和头痛——就可以解释药物和安慰剂之间大约两个点的差异（Kirsch, 2014）。科奇的元分析结果未能在除非常严重的抑郁症患者之外的所有患者中找到药物达到这一临床显著性标准的证据。

## 批判性思维工具



### 趋均数回归

**问题导入：变量（如抑郁）的自然波动是否可以被解释为在干预（如药物治疗）下的改善?**

科奇的元分析有一个有趣的发现，即在严重抑郁症患者中，治疗组和安慰剂组在统计学上和临床上均有显著差异。随机对照试验中的患者在研究期间接受多次评估以追踪抑郁的变化。在随后对那些患有严重抑郁或非常严重抑郁的患者的评估中，可能会发现其抑郁的下降，尽管这看起来是治疗的结果，但至少其中一部分是可以用**趋均数回归**(regression to the mean)来解释的。

在心理学家试图验证的许多行为中，存在着一种情况，即行为围绕平均值或平均数的自然波动。由于受到包括运气或巧合在内的多种因素的影响，某一天我们的某个指标可能略高，而另一天则略低。美国职棒大联盟芝加哥小熊队的一位外野手杰森·海沃德(Jason Heyward)，在 2015 年与圣路易斯红雀队签订了合同。如图 12.2 所示，海沃德在之前的两个赛季中的打击率就超过了 0.270，但那一年在圣路易斯，他的打击率达到了职业生涯中的最好成绩 0.293。休赛期，圣路易斯为了签下这位当时的自由球员而与芝加哥小熊队展开了激烈的争夺，后者最

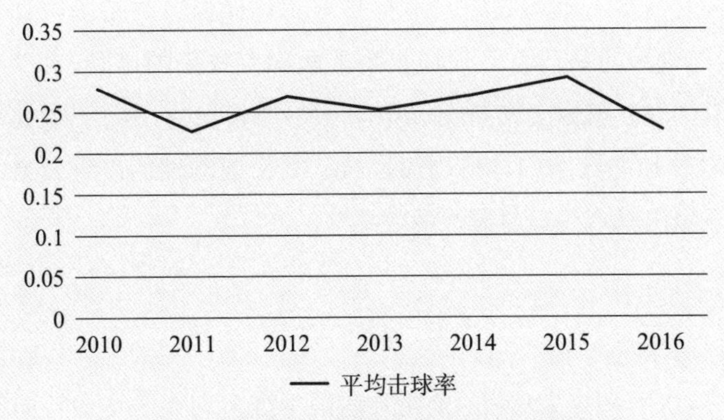


图 12.2 杰森·海沃德职业生涯中的击球率

终与芝加哥小熊队签下了一份 1.84 亿美元的合同。然而，接下来的一个赛季，海沃德的打击率接近职业生涯最低的 0.230(baseball-reference.com)。

再回到抗抑郁药试验中，想象一组患者正在接受抑郁症治疗。其中一位患者乔已经同意参加从今天开始的随机对照试验。乔最近发现他的母亲患了绝症。更糟糕的是，今早在去诊所的路上，他的车在一个环形交叉路口抛锚了。虽然他能搭便车去诊所，但是他的车很可能需要大修，而这些维修费用是乔所负担不起的。乔已经抑郁好几个月了，但今天给他做抑郁评估时，他在汉密尔顿抑郁量表上的得分是 28(重度)。而在过去的几个月里，他的平均得分是 23 分(中度)。无论是被分配到治疗组、安慰剂组，还是等待治疗组，从现在开始一两周后再次评估乔的抑郁症时，乔都不太可能处于这个高水平值，而更有可能倒退回均值。当一项试验开始的时候，抑郁症恰好达到最高水平，这有可能是巧合，但是当抑郁症较轻的时候，一个人有可能会推迟治疗，这也是很有可能出现的一种情况。而当症状加重时，一个人则更有可能寻求治疗。想象一下，正在遭受剧烈疼痛而求助于针灸疗法的人就是这种情况。鉴于研究未能支持针灸的有效性，有可能部分例子只能用趋均数回归来解释(Carroll, 2003)。

206

如果在抑郁症试验中发生这种情况，那么当他们的“真实”平均抑郁得分实际上低于此临界值时，某些患者就可能符合研究的纳入标准(Fountoulakis, McIntyre, & Carvalho, 2015)。随着得分的下降，看起来好像有治疗效果，而实际上症状却没有改善。趋均数回归本身并不能解释积极的结果，然而，正如前面所讨论的，美国食品药品监督管理局只要求两次有效果的试验，对没有效果的试验次数则没有限制。就像史密斯(Smith, 2016)所指出的，由于药物试验中患者选择的随机性以及趋均数回归，“平均而言，每 20 个被测试的没有效果的治疗中就有一个将会显示出具有统计显著性的效果”(p. 53)。

## 安慰剂效应

在电影《副作用》中，艾米莉的前精神病医生维多利亚·赛伯特向她现在的精神病医生建议，让他给她换一种市场上的新药：“有时候，最新的东西会给患者提供信心……他们看到电视上的广告，就会相信。”对一种治疗方法有信心，相信它会起作用,这是安慰剂效应的基础。这就是为什么所有知道接受的是药物治疗的随机对照试验的患者比有可能知道接受的是安慰剂治疗的安慰剂对照试验的患者的效果会更显著(Kirsch, 2010)。更广泛地说,科奇(2005)指出,安慰剂效应已在许多领域被证实与心理和生理变化相关,包括治疗疼痛、哮喘和帕金森病(Benedetti 等,2005; Kirsch & Weixel, 1988)。另外,治疗效果也因药物的强度而异。具体来说,止痛药效果越强,安慰剂反应越强。同样,注射比药丸更有效,药丸的颜色也有影响,红色安慰剂药丸比绿色或蓝色药丸更能有效地缓解疼痛(Kirsch, 2005)。



安慰剂效应起作用的机制有两种,经典条件反射(关于经典条件作用的更深入的讨论,参见第 2 章中约翰·华生的实验)和期望作用。大多数人都在医生的办公室里注射过疫苗,并经历过注射所产生的疼痛(一种**无条件反射**(unconditioned response)),或者说是**无条件刺激**(unconditioned stimulus)。后来,注射器本身让我们产生了恐惧,这是一种**条件反射**(conditioned response)。现在想想你曾服用过非处方药或处方药来治疗某种疾病或处理某种状况的经历,其中的活性成分使你产生了一种反应,如头痛减轻,因此,药丸本身就成为了一种**条件刺激**(conditioned stimulus)。此后,每当你服用这种红色的小药丸时,它总是伴随着解脱的感觉。于是,药丸就有了触发这种感觉的力量,并且它还会让你产生你会变得更好的期待。安慰剂所操纵的不仅仅是大脑,整个身体也会做出反应。

安慰剂可以使大脑产生与积极治疗结果相类似的变化,包括在安慰剂对照抗抑郁药试验中(Benedetti 等,2005)。除了经典的条件反射和期望作用之外,治疗关系可能是抗抑郁药安慰剂效应的另外一个主要因素。不管患者在抗抑郁药试验中接受的是药物还是安慰剂,他们去看医生的次数越多,病情的改善就越明显,这使得尤安尼迪斯(Ioannidis, 2008)推测,也许抗抑郁药只是填补了患者与医生之间因缺乏互动所形成的空白。

## 逻辑谬误

无论采取何种治疗措施,疾病的发展过程都会呈现出波动趋势,有时候疾病会自发地缓解。在这种潜在的变异性之上，我们所做的许多事情，在疾病缓解之后，都会使我们容易受到**后此谬误**（post hoc fallacy）的影响——即认为治疗有效果是因为治疗后我变得更好了（Dodes，1997）。当两件事同时发生时，如在治疗时症状得到缓解（Levy，2010），也会出现类似的错误，即**邻近因果错误**（contiguity-causation error）。患者病情得到改善可能是治疗的效果，但也可能是由于我们错误地解释了其中的因果关系，更有可能只是患者最近的病情趋均数回归，或者是安慰剂效应。

208

## 生物化

电影《副作用》中艾米莉所服用的最新的抗抑郁药的一个副作用是梦游。在一次梦游中，她杀死了她的丈夫。班克斯医生在试图说服她接受“精神错乱无罪的辩护”时，告诉她，她自己仅仅是“生物学的受害者”。我们理所当然地认为抑郁症是由化学物质失衡引起的（而不是生活中一件坏事）（Miller，2010）。神经递质作用于神经元之间的间隙或突触，血清素是一种被认为在抑郁症中起重要作用的神经递质。根据这一理论，抑郁症患者血清素水平较低，选择性血清素再摄取抑制剂（Selective Serotonin Reuptake Inhibitors，SSRIs）可以将血清素再吸收并将其释放回发送信号的细胞或在突触接收信号前的细胞。这会使神经突触中的5-羟色胺含量增加，从而减轻抑郁。在影片的开头，班克斯医生向艾米莉的丈夫解释说，他开的药物是针对血清素的，“有助于阻止大脑告诉你，你很伤心”。然而，并没有证据支持班克斯医生所说的是正确的。如果这是真的，那么针对其他神经递质如多巴胺和去甲肾上腺素或降低血清素的药物就不应该有效。相反，有证据表明，这些药物同样有效。

在一篇批评科奇和同事们的文章中，纳特和玛丽吉亚（Nutt & Malizia，2008）指出，“事实上，患者们的疾病（抑郁症和其他精神疾病）的起源可以通过大脑功能的改变得到明确的解释”（p. 225）。如果说肯定存在着未知的生物学功能障碍，这种说法有什么问题吗？“未知的生物学功能障碍”或“疾病的神经基础”或“精神疾病的生物学基础”等短语与“脑功能障碍和精神疾病之间有联系”或“脑功能障碍和抑郁症之间有关联”等短语是不同的。前者暗示了因果关系，而后者则没有（Lilienfeld 等，2015；Miller，2010）。正如本书其他地方所讨论的，我们需要对大脑、认知和行为之间的因果关系的说法持怀疑态度。

重点阅读：Nutt, D. J., & Malizia, A. L. (2008). Why does the world have such a "down" on antidepressants? *Journal of Psychopharmacology*, *22*, 223 - 226.

问题在于，我们需要有一个很强的因果关系假设以使我们对所发现的相关关系的解释变得更加生动。例如，如果发现患有精神疾病 x 的个体神经递质 y 的水平较低——精神疾病 x 和神经递质 y 之间存在一种相关性——便假设研究人员已经确定了精神疾病 x 的病因。假设大脑决定行为，大脑的功能是由基因决定的，而这些基因又是不可改变的。但问题是，这个推理链条上的每个环节都非常薄弱，证据不足。许多研究记录了免疫系统在认知行为疗法(Schwartz 等，2015)过程中所发生的变化，以及认知和行为疗法所导致的大脑变化。目前还没有任何一种精神疾病的基因(Miller, 2010)会被环境改变(Gottlieb, 2007)，而且证据表明，单一的生物或环境因素(例如低血清素)不会导致像抑郁症这样的复杂精神疾病(Ioannidis, 2008)。

209

那么，科学是否已经证实，抑郁症是由大脑功能障碍，或者具体地说是由一种化学物质失衡所造成的呢？这一结论是否确凿无疑？拉凯西和利奥(Lacasse & Leo, 2005)指出，尽管这一说法很普遍，但它却并不是既定的科学事实。"没有一篇相关领域的文章可以被引用来准确地直接支持任何精神障碍中血清素缺乏的说法，反而，有很多文章甚至提出了相反的说法"。(p. 1213)

请思考：

没有已知的最佳神经递质水平，因此无法确定什么是化学物质不平衡的依据(Lilienfleed 等，2015；Schwartz 等，2015)。

证据表明，对于轻度和中度抑郁症患者而言，在临床上抗抑郁药并不比安慰剂拥有显著的优势(Fournier 等，2010；Kirsch 等，2008)。

抑郁症患者对提高血清素、降低血清素、对血清素影响不大但影响其他神经递质的药物以及甚至不是治疗抑郁症的药物(例如，镇静剂；Kirsch, 2014)，似乎都有类似的反应。

抗抑郁药可以用来治疗多种疾病。所有这些具有巨大的不同特征的疾病都可以用相同的化学物质失衡来解释，这似乎是不太可能的(Lacasse & Leo, 2005; Lilienfeld 等,2015)。

如果化学物质失衡是包括抑郁症在内的精神疾病的根源，那么为什么美国精神病学协会(American Psychiatric Association, APA)的《精神疾病诊断与统计手册》(DSM)没有将其列为任何疾病的原因呢？(Lacasse & Leo, 2005)

## 干预相关的因果谬误

这里我们必须小心的是支持**干预相关的因果谬误**(intervention-causation fallacy)，或者混淆“治疗”和产生抑郁症的原因(Levy, 2010)。抗抑郁药改变了大脑中神经递质的水平(例如，增加血清素的水平)，但这本身并不能表明缺乏血清素是抑郁症的原因。同样，服用对乙酰氨基酚能缓解头痛并不能表明头痛是由缺乏对乙酰氨基酚引起的。抑郁症和其他精神疾病肯定有神经生物学上的相关性，但这并不意味着它们是病因，也不意味着产生神经生物学上的变化的药物指向了病因(Levy, 2010)。

210 那么，为什么化学物质失衡理论被假设为科学事实呢？这个问题的答案并不简单，它涉及的因素很多。许多学者已经指出这源自于直接面向消费者推销药物以及媒体对这些信息的不加批判的报道。研究表明，直接面向消费者推销药物可能会导致医生在给病人看病时更容易开出抗抑郁药，就像上面介绍的电影《副作用》中的情况一样，即使这种药物还没有临床效果的证据(例如，对于一种暂时性症状，如适应障碍;Kravitz 等,2005)。利奥和拉凯西(2007)要求那些宣扬化学物质失衡理论的文章的作者提供参考资料和“引用来源”。然而他们要么对这些请求置之不理，要么仅仅提供了一两个不足以支持其结论的引文。因此，化学物质失衡的说法的存在是由许多因素造成的，包括联邦官员的监督和管理不力、直接面向消费者推销药物、媒体不加批判地接受这一理论，以及我们自己对生物学和心理学、大脑和心智之间关系的认知偏差。

### 疾病模型的局限性

当我们更普遍地挑战抑郁症的化学物质失衡理论或精神疾病的大脑疾病模

型时,确实会遇到这样一个问题,人们常常把另外一种解释看作是对一个人性格的控诉。也就是说,如果精神病不是一种疾病,那么它一定反映的是一种性格缺陷。美国的一个全国性精神健康组织在其网站上提供了以下信息:“精神疾病不是由个人软弱、性格缺陷或缺乏教养所造成的,而是由生物学上的大脑紊乱造成的。精神疾病不能通过意志力来克服,此外,也和一个人的‘性格’或智力无关。”(“Nami-Illinois”, 2017)这种将精神疾病解释为大脑紊乱或个人缺陷的做法代表了一种**分歧谬误(fallacy of bifurcation)**或非黑即白谬误,因为它使我们只能在这两个选项中进行选择(Van Vleet, 2011)。这种过于简单化的做法迫使我们做出错误的选择。

认知行为疗法是治疗抑郁症最有效的方法之一,但它并不是以一种认为一个人在生物学上有缺陷或遭受性格缺陷的信念为前提的。相反,如果带着这种特有的与抑郁相关的消极思维方式,就会强化抑郁情绪。作为批判性思维者,我们应该承认并拒绝虚假的二分法。精神障碍是心理障碍,他们被定义在心理层面,而不是在生物学层面(Miller, 2010; Schwartz 等,2015)。疾病模型的一个假定的好处是,它减轻了与精神疾病相关的耻辱感。然而,有证据表明,人们越来越认为精神疾病没有什么大不了的,而且关于精神疾病患者的脑子有毛病的解释可能会产生负面的影响,会降低临床医生对患者的同理心,进而降低患者对治疗的信心(Miller, 2010; Schwartz 等,2015)。

211

## 我们是不是用药过度了?

在《副作用》这部电影里,艾米莉有服用抑郁症药物的经历。医生已经给她开了几种治疗抑郁症的药物,甚至还有缓解这些药物所产生的副作用的药物。劳拉·斯莱特(Laura Slater, 2004)在她的《打开斯金纳的盒子》一书(见第 5 章)中描述了她试图复制罗森汉恩的研究,如前往精神病院并告诉医生自己总是能听到一个声音。仅仅在几天内,她就去了 9 次医院,她经常被诊断为带有精神病特征的抑郁症,根据报告,她收到了 25 种抗精神病药和 60 种抗抑郁药的处方。《副作用》电影里给人们留下深刻印象的艾米莉的药物清单后来也被证实了是给一个假装的抑郁症患者开的。

尽管斯莱特实验的可信度受到了质疑(Spitzer 等,2005),《副作用》这部电影对这些问题也进行了虚构的描述,但是有严格的研究(Kravitz 等,2005)表明医生有倾向于给中度抑郁症患者开处方药的趋势。尤其是考虑到科奇的研究结果,对于中度抑郁甚至是有适应障碍的患者,最好考虑其他的治疗方式。在克拉维兹和同事们(2005)的一项研究中,医生更有可能记录抑郁症的诊断结果,并在患者提出药物要求时开出抗抑郁药。在《副作用》这部电影里,医药代表请精神病医生班克斯和他的合伙人吃了一顿昂贵的午餐,然后聘请他作为药物试验的顾问。一些精神病学的批评者试图提高公众对这种利益冲突的认识(Angell, 2011; Greenberg, 2013; Kirsch, 2010; Kutchins & Kirk, 1997; Lacasse & Leo, 2005),以及对精神障碍的任意定义、缺乏基于科学或证据的决策,以及《精神疾病诊断与统计手册》(DSM)中精神障碍数量不断增加的认识,包括在最新版本《精神疾病诊断与统计手册(第 5 版)》(DSM - 5)中,缩小了正常行为的定义范围(Angell, 2011)。

重点阅读:Szasz, T. (2008). Psychiatry: The science of lies. Syracuse, NY: Syracuse University Press.

在反精神病学运动达到顶峰时,已故的托马斯·莎兹(Thomas Szasz)认为精神病是一个虚构出来的神话,精神病学的目的是为了进行社会控制(Szasz, 2002, 2008)。在《副作用》这部电影的结尾,班克斯医生能够通过把艾米莉关进精神病院并让她服用剧烈的抗精神病药来对她进行报复(艾米莉曾试图指控班克斯医生谋杀她的丈夫)。艾米莉只能任由班克斯医生摆布,而无法证明自己不是一个"疯子"。沙兹(2002)也提到了类似的问题,他引用了一个真实的案例:一个被指控抢劫的少年被他的律师说服以精神错乱为由逃避牢狱之灾。然而,许多人都认为他在精神病院呆的时间(将近 20 年)比他在监狱待的时间要长得多。

212

作为批判性思维者,我们可能会明智地质疑一个假设,即医生,包括精神病医生,一定需要"做些什么"。当医生在治疗过程中开出很多药物时,他们可能会看到病人逐渐地康复,这当然可以归因于药物治疗,但与病人之间的互动的增加和病人本身的抵抗力的增强也是合理的解释。这里有几个潜在的逻辑谬误,其中一个是分歧谬误——你要么开了药,要么就没有在做你应该做的工作。药物有副作用,尽管这肯定不适用于严重抑郁症或其他形式的严重精神病理学,但医生丹尼尔·奥弗瑞(Danielle Ofri，2011)指出，医生也可以选择不开任何药，使患者免于不必要的干预和有害的药物副作用。那种认为我们不得不做一些即使无效或适得其反的事情的想法也是存在谬误的，这样的行动只能说是医生在心理上有种我总算干了点啥的安慰。临床医生常常对我们认为他们坐着啥事也不干的想法而感到不舒服。

## 逻辑谬误

### 合取谬误

此外，我们还必须小心，在公开批评制药企业和精神病学的同时，要避免将这一切归因于“大制药公司”、联邦政府和精神病学中少数精英的阴谋，这种做法非常不明智。这确实存在利益冲突的问题，但可能不是一个同流合污的阴谋。我们所有人都和这些赞同阴谋论的人一样，在某些情况下，也在为难以解释和具有威胁性的事件寻找解释(Van Prooijen & Acker，2015)。然而，他们有一种倾向，认为事件是意料之外的结果，或者只是运气或偶然的结果(Sunstein & Vermeule，2009)。此外，认为存在阴谋的想法也是错误推理的产物。例如，那些更倾向于支持阴谋论的人也更有可能存在**合取谬误(conjunction fallacy)**(Brotherton & French，2014)。思考一下这个小案例：

约翰，28 岁，工作努力，并且非常有魅力，大学期间主修的是市场营销。

1. 约翰是一名医药代表
2. 约翰贿赂了美国食品药品监督管理局中的相关人员
3. 约翰是一名医药代表，贿赂了美国食品药品监督管理局中的相关人员

213

当被要求对每个句子是否存在阴谋的可能性进行评级时，当第 3 个句子本身被评级为比其他 2 个句子中的任何一个更有可能时，就会出现合取谬误。即认为多重条件“甲且乙”比单一条件“甲”更可能发生的认知偏差。然而，对于阴谋论者来说，这个“甲且乙”可能在直觉上很吸引人，而且有因果关系。最后，虽然人们对利益冲突提出了合理的关切，但我们希望避免基于提出这样论点的人(即以利润为驱动的制药公司)的险恶或自私动机而使论点或研究结果名誉扫地，这是一种

**人身攻击谬误(ad hominem fallacy)**(Van Vleet, 2011)。此外,认为一个人在某种情况下一定是有企图的,这样的想法本身也站不住脚(Baggini, 2009)。

## 抗抑郁药有效果吗?(滑坡谬误)

思考如果用这个答案来回答上面那个问题:"抗抑郁药当然有效果。所有人都知道有效果。这是常识。"这个答案来自于一位精神病医生,可能是基于他多年的临床经验提出来的。然而,我们对于依赖一位临床医生的记忆需要保持谨慎。一位专业的临床医生的记忆,就像我们一样,可以会被有偏差的回忆所歪曲,即积极的案例在记忆中容易被突出,而消极的案例却容易被忽略或遗忘(Kirsch, 2010)。如果"当然有效果"的说法来自于一个没有临床经验的人,那可能是基于个人经验、亲友轶事、媒体等提出来的。无论哪种方式,以"所有人都知道这是真的"为前提来确立一个结论的真实性在逻辑上都是不完美的(Van Vleet, 2011)。想想你最近在电视上看到的一款产品,也许是一款抗衰老产品,也许是一款磁性手环……是否有人提供了一个证明这款产品效果的评价或轶事,表明它可以改善自己的健康状况?这可能是安慰剂效应吗?或者,这会不会是他们在使用这种产品的同时,健康状况出现随机波动的影响呢?作出评价的人可能会接着告诉你,这款产品改善了他们的健康状况,进而引发了其他一系列积极的事件(例如,开始了一段新的恋情),这一系列事件之间的联系没有逻辑解释,这种逻辑谬误被称为**滑坡谬误(slippery slope fallacy)**(Van Vleet, 2011)。

我们需要证据来证明这种有效果的说法,而正确的证据来自于随机对照试验。如果问题是"抗抑郁药是通过纠正化学物质失衡起作用的吗?"那么研究结果似乎表明:"不是。"首先,药物对神经递质的影响似乎并不重要。患者服用去甲肾上腺素再摄取抑制剂,服用5-羟色胺再摄取抑制剂或5-羟色胺再摄取增强剂并不重要,无论这些抗抑郁药是第一代药物还是最新药物。甚至即使它们不是治疗抑郁症的药物也无关紧要(Kirsch & Sapirstein, 1998)。如果问题是"当病人服用抗抑郁药时抑郁症是否明显减轻",那么答案肯定是"是的"。然而,精神病医生报告患者服用抗抑郁药后有所改善的事实并不能作为药物有效果的证据(抗抑郁药和安慰剂的作用效果是不同的)。当病人服用安慰剂时,也会发生同样的情况。他们会好起来的。就此而言,当患者进行锻炼和接受认知行为疗法时,同样的情

214

况也会发生，认知行为疗法比抗抑郁药更能防止抑郁症的复发（Kirsch, 2010）。

### 治疗有效果吗？　心理治疗中的安慰剂对照试验

在心理治疗研究中设计安慰剂对照试验是一个主要的挑战。有一些不明确的因素可能是重要的，比如治疗师是否能够抓住病因的重点，这样的因素和治疗的"药物活性"成分结合起来才有可能会导致病人的变化。为了使之成为合适的安慰剂对照组，你不仅需要确保治疗师的注意力在各组之间相等，还应该确保安慰剂对照组的患者相信自己接受到了干预。弗雷德兰（Freedland）和同事们（2011）指出，"注意，不仅仅是让对照组治疗师坐着盯着对照组患者的时间和治疗组治疗师盯着治疗组患者的时间一样长，这是没有太多意义的"（p. 13）。考虑到这些**注意力控制**（attention control）程序的难度，研究人员可能会选择将一种治疗方法与另外一个对照组进行比较，在对照组中，治疗方法的一个组成部分被移除，或者将治疗方法与其中的一个组成部分单独进行比较（Kirsch, 2005）。无论如何，研究表明认知疗法优于各种不主动的控制组（Wampold 等，2002）。此外，虽然我们显然把使用抗抑郁药看作是一种导致化学物质变化的因素，但也同样应该把心理治疗看作是一种生化性质的治疗（Levy, 2010）。有证据表明，认知行为疗法导致了大脑的变化（Porto 等，2009），但考虑到神经生物学和心理学事件是同时发生的，我们不应该对此感到惊讶。

## 本章小结

正如西普里亚尼等人（Cipriani 等，2018）最近的研究表明，许多抗抑郁药可以显著地改善患者的抑郁症状。尽管如此，相当一部分的改善可以归因于安慰剂效应。对抗抑郁药试验进行更仔细的检查也会发现，患者意识到自己所接受的治疗类型（治疗组或安慰剂组）、有选择地公布有效的结果，以及药物公司赞助研究都存在问题。在评价一种药物的效果时，我们需要意识到疾病的一种自然波动的倾向，这种倾向被归因于与症状减轻相一致的特定治疗。即使不是由于随机波动所表现出来的效果，药物和治疗也有可能与有效果相关联，并且能够通过期望单独起作用。抑郁症和抗抑郁药的神经递质假说被普遍接受，但二者的因果关系尚待证明。这种对神经递质的关注和抑郁症作为一种脑部疾病的表现，虽然意在减轻

215

耻辱感,但是可能会导致患者依赖药物治疗,从而妨害其他非医学的但却有效的治疗(例如认知行为疗法)。虽然人们对不断扩大的精神病学行业、正常行为的病态化和过度依赖药物的现象提出了合理的担忧,但阴谋论却使人们得出了不恰当的因果关系,对此类理论的认可不符合批判性思维的逻辑。

在《副作用》中还有一个有趣的场景,班克斯医生告诉艾米莉,要给她注射阿米妥钠,然后和她讨论杀死丈夫那晚发生的事情。班克斯医生说,在这种药物的影响下,真相将会大白于天下,法官将会发现她没有杀害丈夫的意图。然后,他向艾米莉解释药物阿米妥钠会产生的影响(例如,感觉头晕,昏昏欲睡)。在服用阿米妥钠的几分钟后,艾米莉显得昏昏欲睡,她开始闭上眼睛,最后她昏倒了。班克斯医生把采访艾米莉的录像给地方检察官看。乍看上去,录像带上并没有透露什么,因为艾米莉没有说什么有罪的话,几分钟后就昏过去了。直到班克斯医生解释自己注射的不是阿米妥钠,而是一种生理盐水,地方检察官才大吃一惊,"没有药物,那她为什么会昏倒?用的是生理盐水也会晕倒,是假装的吧?欧文·科奇可能会反对这一结论。艾米莉的反应并不令人惊讶,这是一种安慰剂反应,与班克斯医生的一些病人服用抗抑郁药的反应类似。

## 研究展望

科奇和同事们在安慰剂效应方面的研究工作的一个自然延伸是检查安慰剂作为一种治疗选择方案的潜力。一个重要的问题是:你能以一种开放并且合乎道德的方式使用安慰剂吗?医生给相信自己正在接受积极治疗的病人开安慰剂是不负责任的,也是不道德的。有趣的是,研究表明,没有欺骗的安慰剂也可能有效。查克和同事们(Kaptchuk 等,2010)发现,在知情的情况下服用安慰剂的肠易激综合征患者的症状会明显改善。安慰剂条件下的患者被告知如下:"由无任何效果的物质制成的安慰剂药丸,如糖丸,临床研究表明,通过身心自愈过程,能显著改善肠易激综合征症状。"(p. 2)在慢性腰痛的治疗中也获得了类似的结果(Carvalho 等,2016)。研究人员对安慰剂治疗效果研究的兴趣在未来几年可能会越来越大。毕竟,安慰剂没有药物所可能带来的风险。

216

## 问题与讨论

1. 为什么许多与抗抑郁药试验有关的问题，如直接面向消费者推销药物和不发表没有效果的试验，在心理学教科书中没有得到统一的讨论?

2. 为什么在心理治疗研究中进行安慰剂对照试验如此困难? 考虑患者的变化、治疗方法、治疗环境等因素。

3. 对于医生公开使用安慰剂，人们可能会有哪些潜在的反对意见? 思考公众对医学的认知和对道德与伦理的关心等因素。

# 第 13 章　丰富环境的研究：神经科学研究支持早期学习吗？

主要资料来源：Rosenzweig，M. R.，Bennett，E. L.，& Diamond，M. C.（1972）. Brain changes in response to experience. *Scientific American*，*226*，22 - 29.

## 本章目标

217

本章将帮助你成为一个更好的批判性思维者，通过：

- 考虑丰富环境的研究的优势和局限性
- 思考动物研究结论在人类世界中的可推广性
- 评估丰富环境研究和其他神经科学研究如何启发基于大脑的养育和教育
- 检验神经科学方法的局限性以及过度推广研究结果可能存在的问题

### 引入

想象一下你作为一个小孩的父母，是否会同意以下这些观点：

**家长观点#1：**我不想在刚开始的几年里教给孩子太多的东西，因为我担心他到学校之后会感到无聊或者会产生行为问题。

**家长观点#2：**如果要选择采用以研究为基础的育儿方法，我将更倾向于选择基于大脑研究的神经科学方法，而不是基于心理研究的行为科学方法所得出的结论。

**家长观点#3：**我认为我的孩子一定是右脑功能更加突出，因为他在数学和科学方面表现得很差，但在艺术、音乐、戏剧、舞蹈和创造力等方面表现得很好。

我们的最佳猜测是，虽然父母探讨和关注的东西都是合理的，但是大多数读者可能并不会赞同家长观点＃1。父母担心的不是做得太多，而是做得不够多。父母会担心，一旦到了孩子上学的年龄，可能就会失去这种对孩子敏感的大脑进行充分塑造的机会。我们在其他章节中已经讨论过神经科学的魅力，你可能已经预测到作者的猜想，即神经科学方法会受到大多数人的青睐。不管你在多大程度上赞成家长观点＃2，还是请花一点时间来思考一下做出这个选择的原因。最后，人们在大脑功能定位与大脑半球的专门化上存在一些常见的误解。由于这些在家长观点＃3 中反映的错误观念，经常会被基于大脑的教育和育儿方法所吸收并应用，因此，我们也将在本章讨论与此相关的研究成果。

218

## 研究背景

想象一下，作为一名家长，你从一个网络博客上看到了以下关于如何培养更聪明的孩子的建议：

如果你认为对着宝宝做鬼脸仅仅是在做游戏或者是为了有趣，那么你就大错特错了。研究表明，你的这种类似的行为实际上是在塑造宝宝的大脑！你正在帮助孩子发展重要的情感技能，这将帮助他在将来成为一个具有社会竞争力的成年人！

回想一下第 3 章所提及的**“教养假设”**(nurture assumption)，即父母在孩子成长的过程中对孩子人格的塑造起着重要的作用。该网站的建议，也就是所谓的“基于大脑的教育”(Bruer，1999)，本质上是对“教养假设”的一种认同和强化。父母不仅在塑造孩子的人格方面起着关键的作用，父母的行为还会在孩子生命的最初几年里对孩子的大脑神经网络产生持久的影响。如果你为孩子提供了一个合适的环境，也就是一个刺激的、丰富的环境，你就可以为你的孩子塑造一个更好的大脑。约翰·布鲁尔(John Bruer，1999)在《前三年的神话》(*The Myth of the First Three Years*)中向我们揭示了美国的儿童早期政策是如何利用这个发展假设，也就是利用生命的头几年是人类终身学习和发展过程中一个特殊的时期这么一个机会让你的孩子成为不同寻常的人。当然，并不是所有人都能利用这个机会，当事情向坏的方向发展时，父母就要承担责任。和哈里斯一样，布鲁尔也试图减轻家长的压力，他们都认为，当你仔细审视这些研究，包括环境丰富对孩子影响的研究时，关于“0—3岁”教养关键期的假设就不成立了。

重点阅读：Bruer, J. T. (1999). *The myth of the first three years*. New York: The Free Press.

219　丰富环境研究始于20世纪60年代，研究人员研究了不同的环境和经历引起的大鼠大脑的变化（Rosenzweig, Bennet, & Diamond, 1972; Volkmar & Greenough, 1972）。马克·罗森茨维格（Mark R. Rosenzweig）和同事们进行了一系列研究，比较了在丰富环境、标准环境和贫乏环境三种实验条件下饲养和成长的大鼠的大脑。在遵守标准的实验程序的情况下，研究人员从一窝幼崽中选择了三只雄性幼崽，并将它们随机分配到了如图13.1所示的三种环境中（Rosenzweig, 1999）。

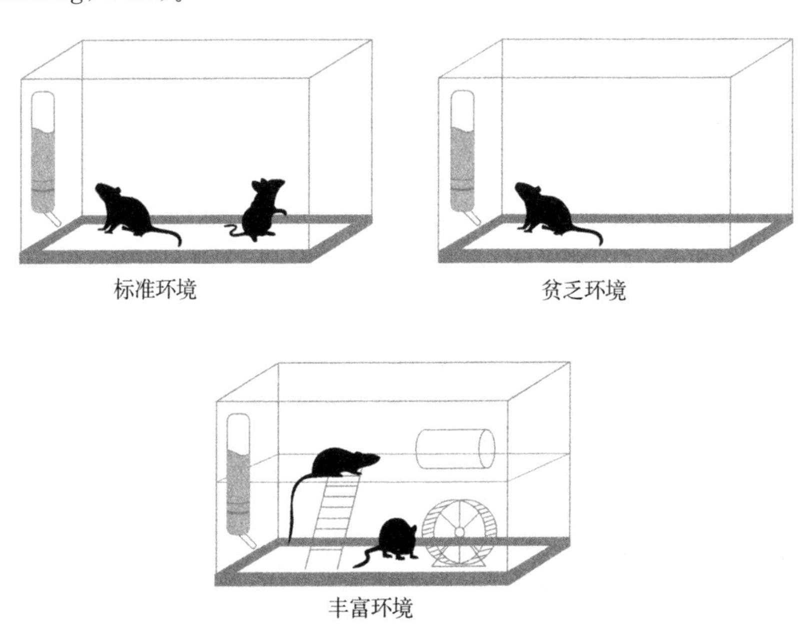


图13.1　罗森茨维格、班尼特和戴蒙德（1972）的研究所设置的标准环境、丰富环境和贫乏环境

根据罗森茨维格、班尼特和戴蒙德(1972)研究的描述,“标准环境”笼子是一个“有足够大小的笼子,里面总是有食物和水”(p. 22)。“丰富环境”笼子比标准的更大(可以容纳 10—12 只大鼠),还提供各种各样的物体,能够让大鼠在一个更加社会化的环境中玩耍。在“贫乏环境”笼子里,大鼠不仅没有玩具,也没有同伴,这意味着大鼠处于社会隔离状态。笼子之间的环境差异非常重要,因为暴露在丰富环境中至少 4 周的大鼠的大脑皮层重量(Rosenzweig, 1999)和厚度才会更重(约 4%)、更厚。这种重量和厚度的增加并不是由神经元数量的增加所造成的,而是神经元大小的变化所导致的(如,细胞体和细胞核;见图 13.2)。

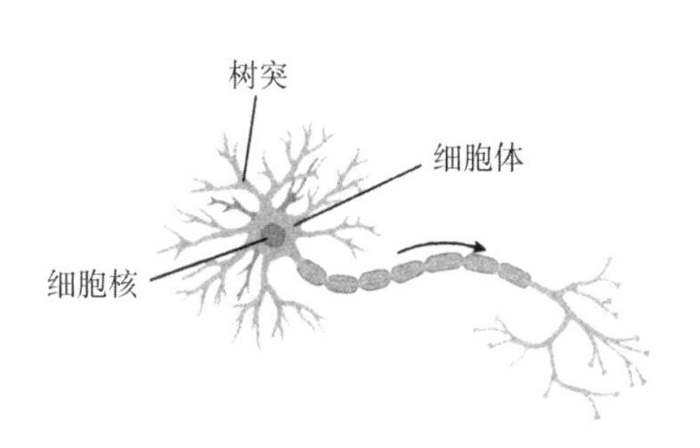


图 13.2　神经元

220

在丰富环境中长大的大鼠,其大脑结构的其他方面也发生了变化,包括神经元**树突(dendrite)**分支的增加,单个神经元突触数量的增加,以及神经胶质细胞的增加(Rosenzweig & Bennett, 1996)。神经**胶质细胞(glial cells)**本身不传导信号,但在维持神经元的生存和健康方面发挥着重要作用(Gazzaniga, Ivry, & Mangun, 2002)。还有几个表明神经活动更加活跃的指标,包括在传递神经信号和维持细胞健康方面发挥着作用的两种酶——乙酰胆碱酯酶和胆碱酯酶的水平更高。大鼠大脑所产生的这些变化,包括化学物质的存在和结构的快速变化表明这是在环境中学习所产生的结果(Rosenzweig & Bennett, 1996)。然而,这些变化在大脑中并不统一,在丰富和贫乏环境中,大鼠大脑皮层枕叶的变化最大,而这个区域与视觉处理有关(Rosenzweig & Bennett, 1996)。后来的研究发现小脑和海马体的体积也会增加(Rosenzweig, 1999)。此外,有一个关键问题仍然有待解决:这些人工实验室环境与大鼠的自然生存环境有何不同?罗森茨维格和同事们在随后的研究中确实发现,与丰富环境中的大鼠相比,置于更自然的室外环境中的实验室大鼠大脑发育得更好。

为什么这一点非常重要?因为如果我们想使用罗森茨维格的研究结果来证明丰富环境会促进大脑的发育,那么对“标准”环境的定义就是至关重要的。如果标准环境的实验室笼子与大鼠自然成长的标准环境相比较而言,实际上是贫乏的，而丰富环境笼子则更加接近于大鼠自然成长的标准环境，那么如图 13.3 所示，罗森茨维格和同事们比较的是处于贫乏环境和标准环境之间的大鼠，而不是处于标准环境和丰富环境之间的大鼠。



为了比较标准环境和丰富环境中的大鼠，我们需要构造一个比罗森茨维格和同事们所创设的丰富环境更加丰富刺激的环境。幸运的是，一些研究人员构造了这样一个"超级丰富"的环境(见图 13.3)，它不仅提供了很多可供日常玩耍的玩具，还提供了各种越来越复杂的迷宫学习任务。然而，与丰富环境相比，这种"超级丰富"环境并没有使大鼠生长出更多的突触(Camel, Withers, & Greenough, 1986)。

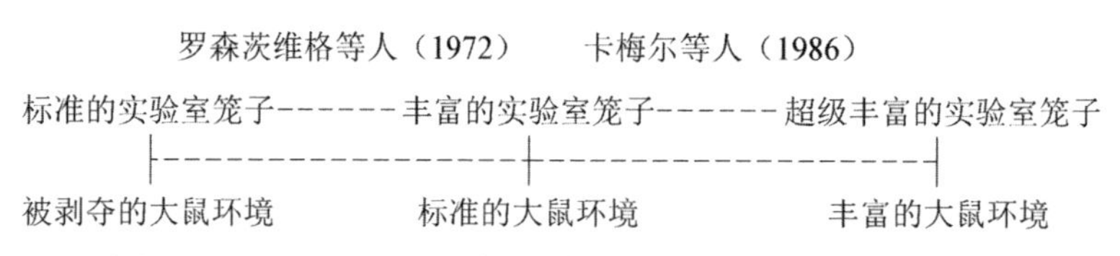


图 13.3　卡梅尔、威瑟斯和格里诺（1986）的研究结果对丰富环境假说提出了质疑

## 当前思考

对丰富环境的研究表明，额外的刺激对于大脑生长发育的益处可能是有限的(Bruer, 1999)。即使是罗森茨维格、班尼特和戴蒙德(1972)也建议在推广和使用他们的研究结论时要注意：

> 实验室中的环境对动物大脑所产生的影响，有时会被用来说明人类的教育问题。在这一方面，我们需要注意。我们很难从一种实验情境下的大鼠行为推断出另一种实验情境下的大鼠行为，更难从大鼠行为推断出小鼠行为、猴子行为，甚至是人类行为。(p. 28)

这些警示往往会被忽视，因为丰富环境研究影响了一批企业和机构，这些企业和机构旨在将这类研究发现通过"0—3 岁"教养项目、基于大脑的教育和大脑培训等方式应用于人类。这些培训方案的宗旨之一就是希望在童年时期促进儿童大脑突触和树突的增加。然而，神经科学研究表明，突触的减少同样是一个重要的神经发育过程。此外，一些与生命最初几年的学习与关键期或有限的机会窗口有关的说法缺乏证据。但是罗森茨维格的研究证明了环境剥夺的潜在危害，以及不仅在童年时期，也在成年时期存在的神奇的大脑可塑性。他们还证明在丧失丰富环境时，大脑会急剧变化，并且这种变化会持续地进行(Rosenzweig, 2007)。 222

## 批判性思维工具

### 审视动物模型

**问题导入：跨物种（非人类→人类）推广研究结论是否合理?**

一般而言，动物研究对于心理学中的多个研究领域，包括动机、情绪、压力和健康等研究领域知识的积累作出了重要贡献(Domjan & Purdy, 1995)，此外，还有一些特定类型的研究，比如剥夺研究，只能在动物身上而不能在人类身上进行，因为这与伦理道德相悖。但需要注意的是，机构审查委员会既负责保护人类受试者，也负责保护动物受试者。研究人类在自然状态下发生的剥夺，可能会引入混淆或混淆变量，从而无法判断因变量的变化是否是由自变量的变化所导致的。而在动物模型中，这些混淆变量可以通过实验来控制。例如，研究人员可以精确控制剥夺的时间(例如，3 个月的母爱剥夺)，以及与实验室内的依恋对象和物体的接触与滋养(Boccia & Pedersen, 2001)。这些变量与自然状态下发生的剥夺研究相比可能存在着很大的差异。

这些动物研究还有另外一些实用价值。纵向研究，即在发展心理学中通常用来追踪人类整个生命变化的过程，可能会花费相当多的时间、精力和资源。许多动物(如啮齿动物)的寿命较短，相较于在人类身上进行纵向研究而言，在动物身上进行追踪研究进而获得研究结果所需要花费的时间和成本只是人类研究的一小部分(Boccia & Pedersen, 2001)。

但是，不同物种的大脑是否存在差异呢？就这一点而言，大鼠(或小鼠)或猴子的大脑是否与人类的大脑差别太大，以至于无法做出任何推断呢？我们需要考虑的一个假设是，大脑在不同物种之间是一致的，或者说，如果确实存在差异，那么也是微不足道的。正如普罗伊斯和罗伯特（Preuss & Robert，2014）所指出的那样，这种假设与我们目前对进化的认识并不一致，即不同物种之间存在着重要的差异。即使是亲缘关系很近的物种也会表现出差异，这些差异包括不同的大脑结构、不同的细胞结构和组织结构，以及相似结构的不同功能（Passingham，2009；Preuss，2000）。人类的大脑不仅仅是大鼠大脑或者猴子大脑的放大版本。此外，223 另一个进化原理可以帮助我们在不同物种间推广研究结论。人类产生新的独特能力并不需要生长“新”的大脑区域。猕猴的前额皮质比人类的前额皮质要小，可能是因为人类的前额皮质是由大脑中一个更古老的系统（嗅觉系统）发展而来的（Gazzaniga 等，2002）。这就好比你可以改造和重新利用家中现有的空间，而不能建造一个新的空间，与此相类似，人类的进化是在最大化地使用现有的大脑结构（Passingham，2009）。此外，存在相似性并不总是重要的。

一些动物模型，被称为**类比模型（analogous model）**，试图识别在不考虑基因的亲缘关系的影响下，研究偶发性环境因素对不同物种所产生的相似影响。例如，将大鼠、小狗或者人类暴露在不可避免的负面环境刺激中，或者暴露在无法控制的习得性无助环境中，即一种容易产生抑郁的心理状态，会阻碍学习，导致生物体放弃尝试摆脱不愉快的环境（Reeve，2001）。

正如罗森茨维格、班尼特和戴蒙德（1972）所声明的，将这些研究发现应用于教育领域或公共政策时需要考虑这样一个事实：丰富环境研究是在大鼠、小鼠、小猫和猴子身上进行的。虽然啮齿类动物的一些独特特征（如体型小、价格便宜）为研究提供了便利，但其他特征也引起了人们对跨物种研究结论推广的担忧。例如，大鼠是夜行性动物，每天睡 15 个小时，对于“0—3 岁”教养假设而言，更重要的特征是大鼠的平均寿命仅有 2—3 年（Cunningham，1996）。实验室大鼠的寿命要短得多，在我们看来很小的大鼠的生长期实际上可能远远超过人类前 3 年的生长期。图 13.4 生动地描绘了与大鼠终身发展阶段相当的人类发展的不同阶段。

考虑到大鼠的寿命，以及这些大鼠是在断奶时被挑选出来参与实验的，然后在不同的环境中生活 30 天，因此这不能准确地说明这些研究结果适用于儿童早 224 期（Bruer，1999）。与断奶大鼠相比，青年大鼠的皮质厚度也有类似的增加，但是

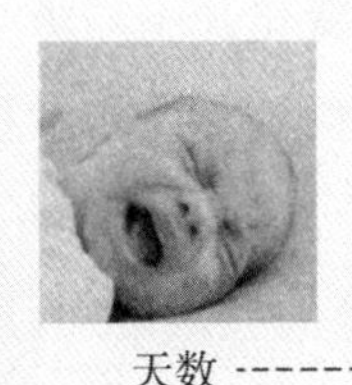

**图 13.4　大鼠的终身发展阶段以及与之对应的人类发展阶段**

中年大鼠和老年大鼠则需要更长的增厚期，年长的大鼠的增厚效应较小(Bruer，1999；Riege，1971；Rosenzweig，1999；Rosenzweig，Bennett，& Diamond，1972)。神经元的可塑性可能存在于人的终身发展过程中，即使是在经历丰富环境之后再经历贫乏环境，丰富环境的影响也会持续，如果环境刺激发生变化，贫乏环境的影响也不是永久的(Camel，Withers，& Greenough，1986；Rosenzweig，1999)。

尽管大鼠大脑与人类大脑在某些方面完全不同，比如前额叶皮层，但是帕辛汉姆(Passingham，2009)解释说，大鼠大脑中的海马体是高度发达的，对大鼠大脑中的海马体功能的探索和发现能够更好地帮助我们理解海马体在人类记忆中所发挥的作用。同样，回想一下，一些动物模型也是类比模型。罗森茨维格和同事们的研究表明，无论物种或共同祖先是什么，丰富和贫乏的环境刺激都会影响大脑的发育。

考虑到丰富和贫乏环境的研究结果已经被许多物种的研究所复制并证明(Rosenzweig，1999)，大量的研究是使用实验室大鼠进行的，这似乎并不是一个严格的限制。作为批判性思维者，我们希望了解一项研究发现是否是基于动物研究的，并注意到其潜在的局限性，同时也要避免轻易地否定这项研究。此外，还需要思考一些关键问题：使用了什么物种？有多少物种的研究结果可以被复制？解剖相似性在研究中重要吗？是否存在某个特定的物种的某个方面能与人类进行相关的有意义的类比？

## 罗森茨维格的研究与基于大脑的父母育儿方式

如前所述，无论好坏，罗森茨维格的研究已经影响了人们对教育方式和育儿方式的观点和行为。虽然丰富环境的研究表明，环境引起的大脑变化并不局限于人生早期发展阶段，但这些研究经常被用来作为证据证明父母在孩子生命的最初几年里必须要干预并塑造他们的发展。这种做法持续存在的一个原因有可能是，人生早期发展阶段以大脑的快速发展为特征，其中包括突触数量的大量增加，即突触繁荣。**突触**(synapses)是大脑中神经细胞或**神经元**(neurons)之间在功能上发生联系的部位，是这些细胞之间相互沟通的桥梁。2 岁时，人类的突触密度比生命中其他任何时间的突触密度都要大。然而，在这一生长期之后，即 2 岁之后即会进入突触丢失或**修剪**(pruning)阶段(Lenroot & Giedd, 2007)。如果更多的突触等同于更高的智力，那么人们可能会认为 2 岁的孩子比他的父母更聪明，也可能会产生动机去保护这些突触。根据布鲁尔(1999)的观点，这种看法是在对大脑发育，特别是对突触生长和修剪的错误理解的基础上产生的。

225

首先，大脑发育并不是一个简单的建立越来越多的突触的过程。细胞增殖和修剪或者细胞死亡不仅仅在生命的头三年发生，在产前阶段和产后阶段均会发生，脑细胞在不同的大脑区域以不同的速度增加或减少。突触的生长和修剪以及髓鞘的形成，即一个神经细胞完全形成的过程，一直会延续到青春期。事实上，约翰逊(2001)指出："相对于其他物种而言，人类大脑发育的一个显著特征是其出生后的发展阶段相对较长，因此，儿童的发展环境对其大脑发育后续阶段的影响程度更大。"(p. 173)青春期是人生发展阶段中一个认知能力显著提高的时期(Cobb, 2010)，然而，出乎意料的是，突触的消除或修剪正是这种能力提升背后的原因之一。突触的消除，以及其他过程(包括髓鞘的形成)，并没有降低大脑的能力，反而似乎提高了大脑的处理能力和效率(Spear, 2007)。虽然突触的过度生长似乎意味着一种特殊技能的出现(例如爬行)，但这种技能的优化又伴随着突触的修剪(Fox, Calkins, & Bell, 1994)。当我们了解了青春期突触修剪的重要性，并且掌握了精神缺陷与更高的突触密度相关的证据时，就会对"要么使用，要么失去"突触，以及保护突触数量之类的观点提出质疑。关于"突触越多越好"的说法似乎是一种谬误，而不是一个神经科学领域的事实(Mead, 2007)。

让我们以更具批判性的眼光来审视前面所提及的给家长提供的育儿建议。那个网站上的建议认为对着孩子做鬼脸会促进孩子的大脑发育。如果说对着孩子做鬼脸的目的是通过建立更多的突触来促进宝宝的大脑发育，那么正如前面所讨论的，这个建议似乎是错误的。但是，如果说所谓的促进孩子的大脑发育是指通过优化突触以促进大脑神经细胞之间的“连接”，那么就会产生一个新的假设，即孩子的这种发展过程在很大程度上受到了父母行为的影响，比如父母对着孩子做鬼脸的行为。虽然生活经历肯定会影响大脑的发育，但是这种大脑的发育在很大程度上是由基因决定的(Bryck & Fisher, 2012; Fox 等,1994)。人类具有理解面部表情、爬行以及其他方面的能力，已故神经学家威廉姆·格里诺(William Greenough)(Greenough, Black, & Wallace, 1987)将此称为**经验期待(experience-expectant)**发展。除了极端情况之外，无论是在何种文化或者抚养环境中，所有人都会掌握爬行能力，都会学会理解其他人的面部表情，或者其他促进大脑发育的经验期待行为。这种类型的大脑发育似乎依赖于突触的过度生长和修剪。

226

根据格里诺的说法，大脑发育的另一种方式涉及到新突触的建立，即**经验依赖(experience-dependent)**。与基于经验期待的大脑发育相反，基于经验依赖的大脑发育具有文化特异性，这促使有机体了解和适应个体独特的生存和发展环境。这正是研究人员在丰富环境研究中所观察到的发展类型。这再次表明，基于经验依赖的大脑发育并不仅限于婴儿期或幼儿期。除此之外，关键期作为神经科学研究成果之一，其重要性也体现在促进人们关注儿童早期的发展方面(Bruer, 1999)。

**关键期(critical periods)**通常被认为是发展的关键阶段，在此阶段缺乏一种特殊的刺激或剥夺这种刺激会导致永久性的、不可逆转的损害，发展过程甚至会停止。换句话说，在一种能力发展的机会窗口中，如视觉能力发展的机会窗口，像视觉刺激这样的体验是保证视觉系统正常发展所必需的(Bruer, 2001)。有一些经典的研究似乎证明了关键期的存在(如，Hubel & Wiesel, 1970)，但更准确地说，可能是证明了**敏感期(sensitive periods)**的存在，即剥夺可能会延缓经验期待的正常发展(Bruer, 2001)。在某种能力发展的敏感期剥夺促进这种能力发展的刺激，有可能会产生持久的影响，但由于基于经验期待的发展包括多个方面，因此发展的机会窗口并没有完全关闭。

## 罗森茨维格的研究与基于大脑的教育方式

读一读下面这篇面向教师和家长提供教育建议的文章，这篇文章虽然文风独特，但却很现实：

**新的大脑发育研究为改善幼儿教育提供了正确的方向**

作者：某某

一些来自神经科学研究领域的令人振奋的新发现，再次证实了父母和教师早就已经知道的东西。大脑研究表明，丰富的环境刺激可以促进大脑的发育，促进树突和神经元的生长，进而促进大脑内部的交流。相反，缺乏刺激则会导致大脑内部这些重要连接和交流的减少。这对教育工作者而言是显而易见的，课堂上的刺激越丰富，学生大脑中的树突则生长得越多。与人工环境相比，自然环境则更有利于大脑的发育，因此教师应该鼓励学生进行基于问题的学习，或者进行发现学习，通过解决现实世界中的问题来自己建构对世界的理解。大脑研究还表明，大脑发育存在一个关键期，在这个关键期内需要接受刺激来促进大脑连接。人类的大脑在10岁之前就已经做好了学习的准备，这种学习的机会窗口并不会永远敞开。除了大脑需要环境刺激之外，大脑研究还表明，大脑左右半球都有其各自特殊的功能，所以教师应该明智地使用文字来刺激左半球，使用图片来刺激右半球。此外，教师还要注意，男孩在记忆方面不如女孩，因为男孩的海马体更小，而海马体是一个对记忆和学习都很重要的区域。因此，过多的死记硬背要求可能会给男孩创造一个不太友好的教育环境。即便不谈记忆的性别差异，坐在课桌前背诵课文也不会让学生产生学习兴趣。最近的神经科学研究表明，走路能够通过影响大脑来改善情绪，因此教师应该让学生在教室里尽可能多地走动。使用大脑扫描技术可以让我们更加深入地认识杏仁核这一大脑区域。当一个人感到情绪低落时，杏仁核区域就会被激活，这可能会影响大脑额叶区域接收信息的能力，而额叶区域则负责推理和解决问题，这将进而影响额叶区域对信息的处理，因此给学生提供一个没有压力的环境是非常重要的。作为一名教师，当你发现你正在和一名心烦意乱的学生进行交谈时，请让他四处走动一下，因为这有利于帮助其提高大脑中与愉悦情绪相关的多巴胺水平，帮助他平静下来。保持大脑杏仁核区域的安静，增强控制快乐的大脑区域，可能会促进学生和教师之间更有效的互动。

这篇文章的作者认为，大脑研究为改善幼儿教育实践提供了正确的方向。考虑到这些大脑研究能够直接促进更好的家庭教育和学校教育，家长和教师对于看

227

到的这些研究感到非常激动是可以理解的。让我们以更加批判的眼光来审视这篇文章中的几项发现。首先，作为一名批判性思维者，我们要意识到，神经科学家的发现所带来的兴奋可能会影响我们的判断。如果大脑研究仅仅是重申了家长和教师已经知道的东西，却没有真正地改善教育实践，那这些研究又有什么好处呢？唯一的好处可能是基于神经科学的发现比基于行为数据的研究结论更加“真实”(Satel & Lilienfeld, 2013)。

文章作者所提及的丰富环境研究，通常会被基于大脑研究的教育相关的文章所引用，但奇怪的是，这项研究既不新鲜，也不与教育直接相关。想一想这个吸引人注意的标题，也就是这个非常受欢迎的基于大脑研究的教育的一本书——《练习表对于树突生长毫无作用！》(*Worksheets Don't Grow Dendrites!*)。在这里，我们需要考虑的是，树突的生长是不是一个合适的教育目标。回忆一下之前我们所讨论的关于突触的内容，突触的消除与生长同样重要。目前，尚未有神经科学家的研究表明树突生长是一个具有意义的教育目标。虽然没有文献认为练习表能够促进树突的生长，但是，练习表却被研究证明是有效的教学工具。详细说明问题解决步骤的练习表，比那些在《练习表对于树突生长毫无作用！》提到的即使是提供最小程度的教育指导技术(如，具体问题具体分析技术)更加有效(Kirschner, Sweller, & Clark, 2006)。作为一名批判性思维者，我们需要在创新学术理念时保持开放的心态，我们也需要知道哪些研究可以用于支持这些理念转化为实践，以及这些研究是否真实地存在。

228

在丰富环境研究持续被引用并始终保持与教育相关的同时，大脑成像技术所带来的新发现也被用于支持基于大脑的教育实践。例如，上面这篇文章的作者就引用了 20 世纪 80 年代使用正电子发射断层扫描(Positron Emission Tomography, PET)技术所进行的一项研究。这项研究表明，葡萄糖代谢(PET 扫描所测量到的数据)与特定大脑区域的突触生长以及这些区域所支持的技能的发展相一致。基于这项研究发现，朱加尼(Chugani, 1998)认为：4—10 岁是人类发展的敏感期，“现在被许多人(包括上文作者)认为是高效学习并且有效习得知识和技能的生物学意义上的‘机会窗口’”(p. 187)。然而，这些技能在突触密度达到顶峰后仍然会继续成熟。此外，更高层次的思维技能，比如抽象推理能力，也会在这个机会窗口之外得到发展。

左右脑教学方法是基于大脑的教育阵营中另外一个流行的说法。这种教育方法也是基于对陈旧观念的错误解读，而不是基于新的神经科学研究提出来的。这项被错误地用于支持左右脑教学方法的研究是在20世纪60年代进行的，研究对象是"裂脑"患者或者**胼胝体（corpus callosum）**（连接左右半球的神经纤维束）被手术切断以试图控制严重癫痫的患者。早期对这些患者的测试显示，他们大脑的左右半球有各自明显的功能。例如，患者能够正确地识别呈现给大脑右半球的物体，但却不能告诉实验者该物体是什么，除非呈现给"会说话"的左半球（Sperry，1982）。

大脑的左半球和右半球有其各自独特的功能，基于大脑的教育倡导者认为这一发现给教育工作者提供了教育依据，可以帮助他们找到方法来区别对待个体在大脑左半球和右半球上的优势和劣势（Alferink & Farmer-Dougan，2010）。大脑左右两个半球的功能是高度专门化的，左半球控制逻辑功能，涉及语言和写作，而右半球则控制视觉性的、创造性的功能。另一种说法是，左半球处理文字，右半球处理图像。玛西娅·泰特（Marcia Tate）（2010）在《练习表对于树突生长毫无作用！》中，使用了这些观点来支持图像式思考辅助工具："当使用图像式思考辅助工具将文字转换为图像时，无论是基于大脑左半球的学习者，还是基于大脑右半球的学习者，都能够理解其中的含义。"（p. 41）神经科学家迈克尔·加扎尼加（Michael Gazzaniga）（1985）认为，对于大脑左半球只参与语言处理，而大脑右半球只参与空间推理的理解过于简单化，并没有得到神经科学研究的支持。

229

认为右半球只处理图像的观点，忽略了加扎尼加关于裂脑患者的研究中的细节。例如，在一项需要人工重构图像的任务中，大脑右半球表现得更好，而在病人只需确认与所显示图像相"匹配"时，大脑左半球表现得同样出色。许多研究证实，这两个半球都能很好地完成许多空间任务和语言任务。区别在于，大脑右半球进行空间推理时需要识别物体之间的精确位置和精确距离，但大脑左半球进行空间推理时仅仅需要知道物体之间的相对位置，而不需要精确位置（Bruer，2008；Chabris & Kosslyn，1998）。一直被认为依赖于大脑左半球所进行的语言理解功能，也遵循同样的功能模式（Bruer，2008）。大脑的左半球和右半球并不是拥有不同功能的集合，而是都具有许多类似的功能，在完成一项任务时，总是能够发挥各个半球的相对优势。根据加扎尼加的研究同伴罗杰·斯佩里（Roger Sperry）

(1982)的说法，大脑两个半球"作为一个整体紧密合作，而不是一个半球在另一个半球空闲时工作"(p. 1225)。考虑到大脑两个半球的协同工作模式，针对大脑某个半球的教育即使是有益的，也似乎不太可能(Alferink & Farmer-Dougan, 2010)。此外，也没有证据证明个体究竟是左脑占优势还是右脑占优势(Nielsen等，2013)。

最后，让我们再来根据神经科学的研究发现仔细看看《新的大脑发育研究为改善幼儿教育提供了正确的方向》这篇文章所提出的观点。作者指出，男孩和女孩在海马体(对记忆起重要作用的大脑区域)大小方面存在差异，因此，记忆任务可能不适合男孩。那么，作者又是如何解释这些差异产生的原因呢？如果某某作者(Jane Doe)认为这些差异是由经验造成的，反而可能会认为男孩需要更多的记忆机会。因此，男孩和女孩在海马体大小上面的差异似乎是先天差异。但是，马奎尔(Maguire)和同事们(2000)却发现，出租车司机在伦敦街道上的驾驶经验越丰富，他们的海马体越大。大脑和行为像是一条双行道。男孩与女孩行为上的差异反映了他们各自的兴趣，以及教师、家长和社会对他们不同的期望(Willingham, 2016)。 230

人们发现散步可以提高一个人的情绪，因此，作者建议情绪低落的学生可以在教室里散散步。但是，我们需要注意的是，有很多方法可以改善一个人的情绪，但却不适合在课堂上使用。在教室里，学习是主要目标，让学生四处走动可能会激发该学生的学习动机，但却可能会分散其他学生的注意力。有可能会促进该学生与其他学生之间的积极互动，但也可能会引发冲突。有可能会帮助学生集中注意力，也有可能会分散学生的注意力，阻碍学生专注于要学的东西。此外，更为重要的是，在教育学生和管理课堂过程中，还有许多需要考虑的其他因素。

作者还提到了有关杏仁核的研究。回想一下我们在这一节刚开始所讨论的有关神经科学研究能够带来哪些好处的内容。杏仁核的发现是否仅仅强化了一些在行为层面上可能已经很明显的事实："当学生承受压力并感到沮丧时，就无法在最大程度上发挥他们的学习潜力。"如果说，这些是我们在没有神经科学的情况下就已经知道的事实，那么应用神经科学研究成果，就相当于换了一种说法，即用神经科学语言重新表述这些说法，精神病学家萨莉·萨特尔(Sally Satel)和心理学家斯考特·利林费尔德(Scott Lilienfeld)将此概括为"神经科学冗余"。即便将类似杏仁核这样的神经科学研究应用于教育实践是合理的，但这也仅仅是进一步支持当前有效的教育实践，而没有起到改善教育的作用（Alferink & Farmer-Dougan，2010）。

重点阅读：Alferink，L. A.，& Farmer-Dougan，V.（2010）. Brain-(not) based education：Dangers of misunderstanding and misapplication of neuroscience research. *Exceptionality*，*18*，42 - 52.

## 审视神经科学方法

除了价值冗余之外，还有一个与神经科学研究本身有关的重要问题。回想一下上面那个例子，作者明确指出，杏仁核参与负面情绪（尤其是恐惧）的体验，激活杏仁核则会扰乱学习，因此需要使杏仁核保持安静。杏仁核一直是认知神经心理学家比较感兴趣的大脑区域，大量的研究都表明该区域与恐惧直接相关，导致该区域被贴上了大脑"恐惧模块"的标签（Cunningham & Brosch，2012）。这些研究通常被称为大脑功能定位研究，会涉及一项在本书中经常提到的研究技术，即**功能性磁共振成像**（**functional Magnetic Resonance Imaging，fMRI**）技术。目前，这项研究技术相对较新，应用于大脑功能定位研究并不多见。早在19世纪早期，弗兰兹·乔瑟夫·高尔（Franz Joseph Gall）和约翰·施普尔茨海姆（Johann Spurzheim）就已经提出头骨的凸起程度能够显示个体的性格和心理能力的说法。虽然**颅相学**（**phrenology**）没有科学依据，但在现代认知神经心理学中存在这样一个基本假设，即大脑掌控独立的心理过程，特定的大脑区域有其独特的功能（Uttal，2001）。

231

在使用功能性磁共振成像技术进行大脑功能定位研究时，研究人员通常会比较两组以上被试的大脑扫描结果。假设研究人员想确定杏仁核是否与恐惧相关，尤其是对个体看到恐惧面孔时杏仁核的反应感兴趣。其中一组实验被试在看带有恐惧面孔的图片时会被扫描大脑，在另外一组被试所完成的实验任务中，存在的唯一区别可能是研究人员试图分离特定的认知过程，简而言之，第二组实验被试则是在看中性表情的面孔图片时会被扫描大脑。两组被试之间大脑活动区域的任何区别都应该揭示了人类在处理恐惧表情时激活的大脑区域。使用研究人员所称的"差减法"，比较以上两种情况下的扫描结果，在大脑三维影像上找出不同脑区血液含氧—脱氧比率的区别(相较于不活跃区域,活跃区域应该有更高比例的血液含氧—脱氧比率)。活跃程度相似的区域基本上相互抵消,而不同的区域则根据信号强度标记颜色(Satel & Lilienfeld, 2013)。正如图 13.5 所示的研究结果,当实验被试看到恐惧面孔时,大脑中只有一个区域——杏仁核是活跃的,而当被试看到中性面孔时,杏仁核就不活跃了。

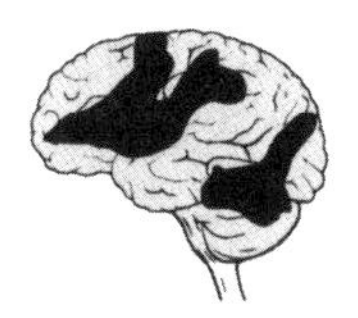


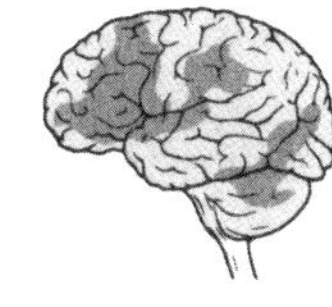


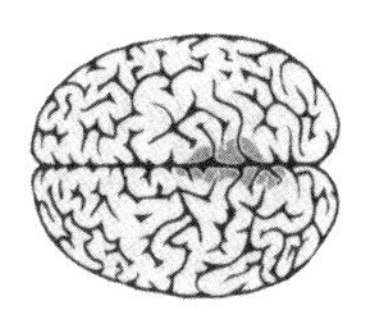


**图 13.5　功能性磁共振成像技术支持的大脑成像**

这些研究结果可以用来说明杏仁核确实是一个恐惧模块。但在对这样的研究结论感到高兴之前,我们需要更加仔细地研究下面这个问题。功能性磁共振成像技术扫描所得到的图片并不是大脑的照片,也不是通过直接测量神经活动所得到的图片。实际上功能性磁共振成像技术测量的是血流量,这与葡萄糖的消耗有关,是表示突触活动的一个指标(Heeger & Ress, 2002)。虽然血流量可能是神经活跃程度的重要指标,但值得注意的是,当我们在媒体报道中看到令人兴奋的脑部扫描图像时,需要记住的是这些功能性磁共振成像技术扫描所得到的图片其实是由研究人员构建的图像。研究人员设定意味着大脑区域被激活的阈值,检测大脑不同区域血液含氧—脱氧比率差异,并使用颜色标记活跃强度(Uttal, 2001)。从左数的前两张扫描图片显示,大脑被广泛地激活了。检测到大脑被广泛地激活意味着这是一次成功的扫描,但需要注意的是,当我们比较不同的图像时,更多地会关注图像之间的区别,而可能会忽视这些被广泛激活的区域。因此,"差减法"导致我们无视了减去活动,最终,我们注意到的仅仅是"激活"的杏仁核。虽然两组被试之间的某个大脑区域的活动可能是相似的,但潜在的神经活动却不一定是相似的(Uttal, 2001)。

232

重点阅读：Satal, S., & Lilienfeld, S. O. (2013). *Brainwashed: The Seductive appeal of mindless neuroscience*. New York: Basic Books.

操作过程可能是另外一个影响人们对扫描到的大脑激活区域成像做出错误解读的因素。一项任务执行的次数越多，意味着大脑需要的氧气就会越少，这就会导致某个大脑区域可能会参与重要的认知过程，但却无法达到研究人员所设定的激活阈值，无法显示在最终呈现的脑成像上(Satal & Lilienfeld, 2013)。此外，还有可能存在对认知过程产生决定性影响的神经元束，但由于该神经元束太小，目前的功能性磁共振成像技术无法检测到(Satal & Lilienfeld, 2013; Uttal, 2001)。对于使用功能性磁共振成像技术扫描到的大范围的大脑激活图像而言，操作过程效应，以及目前技术无法检测到的一些神经活动，可能是功能性磁共振成像研究复制效果较差的原因(Uttal, 2001)。

研究的不一致性也困扰着与杏仁核相关的功能性磁共振成像研究(Boubela 等,2015)。虽然大量的研究证明了杏仁核在恐惧中的作用，但其他研究发现，当人们看到表现悲伤、愤怒、厌恶、甚至惊讶和快乐的面孔时，杏仁核也是活跃的(Whalen 等,2013)。除此之外，其他研究也发现，当向饥饿的人呈现食物，或向外向程度高的人展示令人愉悦的照片时，这些人的杏仁核也是活跃的，这使得人们对杏仁核拥有更广泛的作用的观点得到了支持(Cunningham & Brosch, 2012)。这些研究发现表明，除了最基本的感觉和运动过程之外，对大脑功能进行定位注定会失败。因为大脑是一个具有整合性、功能重叠性和令人印象深刻的可塑性等特征的器官，并没有明确的功能区域分布。大脑所处理的认知任务越复杂，就越不可能停留在特定的功能区域(Uttal, 2001)。

233

## 本章小结

20 世纪 60 年代，马克·罗森茨维格和同事们进行了一系列研究，记录了不同环境条件下大鼠大脑的变化。虽然这些研究被认为证明了丰富环境能够增加大脑皮层的厚度，但后来的研究表明，这些研究更证明了剥夺的不良影响。尽管这些研究结果已经在不同物种的复制研究中得到了证实，但将这些结果应用到人类身上时，必须小心谨慎。特别是丰富环境的研究，以及很多现代的神经成像研究，这些研究结果在佐证“0—3 岁”教养政策、基于大脑的教育和大脑培训方面发挥了重要作用,所有这些都对我们的批判性思维提出了新的要求。无论是丰富环境的研究,还是我们对大脑发育的了解,都不能证明人类生命的最初几年是学习的关键期。虽然没有得到研究支持,但在“0—3 岁”教养倡议和以大脑为基础的教育中,关于突触和树突生长的说法是普遍的。另外一个担忧是关于神经科学研究的作用冗余问题,这些研究结果不仅不能解释更多的心理现象,也不能恰当地应用于教育实践,其作用是有限的。随着神经科学研究越来越受欢迎,媒体和期刊上的脑成像研究结果铺天盖地,因此,对研究过程本身、得出的结论,以及在研究过程中做出的假设、提出批判性的问题变得越来越重要。当我们回顾基于大脑的研究文献,或者评估任何被认为是由神经科学研究支持的流行观点时,我们需要记住以下几个问题:作者是否引用了神经科学研究结论?如果有引用的话,这项研究是否是在动物身上进行的?如果是的话,那又是什么物种呢?研究是否依赖于人类临床案例?作者是否意识到所使用的神经科学工具的局限性?除了脑部扫描技术之外,还有其他研究能支持这些结论吗?神经科学研究的支持是否必要,行为数据是否已经足够?神经科学的结果仅仅是在强化我们已知的东西吗?

## 研究展望

丰富环境的研究的另外一个延伸应用是使用脑力游戏或大脑训练来改善人的认知功能。现在已经有一些商业化的大脑训练项目,研究人员也开发了一些训练项目来提高某项技能,这些训练项目通常会在认知神经心理学领域受到评估(如,工作记忆)。研究结果有好有坏(Green & Seitz, 2015; Owen 等,2010),研究发现一些接受大脑训练的人员获得了长期(3 个月)的有益的效果(Jaeggi 等,2011);一些接受大脑训练的人员没有获得长期的效果,但获得了短期的效果(Jaeggi 等,2014);而另外一些人,尤其是在接受商业化的大脑培训项目的人员中,没有发现任何好处(Lorant-Royer 等,2008; Owen 等,2010; Smith, Stibric, & Smithson, 2013)。在大脑训练研究中有许多方法论上的问题,其中较为重要问题的是**安慰剂效应(placebo effect)**或称预期效应(Foroughi 等,2016; Green & Seitz, 2015)。福鲁吉和同事们(Foroughi 等,2016)研究了大脑训练项目的安慰剂效应,认为大多数大脑训练研究(将近 90%)没有掩盖研究目的(如,招聘广告:

234

招聘“大脑训练研究”被试)。为此,福鲁吉和同事们制作了两个招聘广告,就像表13.1中展示的那样。

表13.1 福鲁吉等人(2016)在大脑训练研究中所使用的广告

| 一些大型州立大学 | 一些大型州立大学 |
| --- | --- |
| 大脑训练与认知增强<br>研究表明:大脑训练可以提高智力。<br>想参加吗?<br>电子邮件:SBSUbraintraining@gmail.com | 今天就发邮件来参加一项研究<br>今天就报名来参加一项研究,获得研究学分。<br>想参加吗?<br>电子邮件:bjohnson@sbsu.edu |

左边的被试招聘广告暗示,工作记忆训练能够产生有益的效果,因此,它有可能产生一种“期望效应”,而这种“期望效应”会干扰训练结果。另一方面,右边的通用广告却没有任何关于认知训练的暗示。对左边广告做出回应的被试,在接受了一个小时的工作记忆训练之后,在流体智力测试中的得分更高(高出5—10分),而对右边广告做出回应的被试得分没有变化。更加让人们对大脑训练研究产生质疑的是,研究人员发现,当他们把两组被试(安慰剂组和对照组)结合在一起时,训练的效果显著!因此,福鲁吉和同事们(2016)的研究结果表明,在没有试图隐藏研究目的的情况下,安慰剂效应可能会干扰先前报告认知训练益处的研究结果。大脑训练领域还存在一些其他问题,包括大脑是否具有任何临床意义上的改善,这种改善是否持续,以及预期能起什么作用。作为批判性思维者,我们不仅要意识到安慰剂效应,还要警惕那些推销这类产品的人所提出来的滑坡论(大脑训练可以提高认知能力,从而促进工作晋升,等等)。

235 我们也应该考虑市场上现有的旨在改善认知功能的大脑游戏或旨在改善认知功能的大脑训练项目的广泛差异,这可以被用来解释各种研究结果的不一致。事实上,这些干预工具通常是为了利润而设计和销售的,这又引入了另一个研究人员难以控制的变量。

在自由市场环境下,聪明的消费者在考虑使用这类益智游戏或益智培训计划时,需要运用批判性思维技巧,并提出以下问题:

- 在使用这些旨在提高认知技能的干预措施时,儿童是否存在潜在的短期和长期风险？如果是这样，父母该如何抵消或消除这些风险呢？

- 是否有基于研究的证据证明这些干预措施的有效性？如果有，是谁进行的研究？（注意：由设计或营销干预措施的企业家所做或资助的有效性研究非常值得怀疑。）
- 一项高质量的干预计划是否会因为成本过高而难以实现？
- 这些广告是否使用了一些朗朗上口、充满感情的表述，比如："在三天之内改变你的大脑！"或者"你怎么能拒绝你的孩子成为学前班优等生的机会？"。

我们生活在这样一个世界里——即批判性思维者需要成为迎合大众需要的研究和项目的明智消费者。快速发展的互联网数字世界令每个人在生活中做出明智和深思熟虑决定的能力变得尤为重要。我们最后的建议是：批判性地思考那些旨在帮助孩子批判性思考的项目。

## 问题与讨论

1. 批评者对斯坦福监狱研究与福鲁吉和同事们（2016）所进行的关于大脑训练中安慰剂效应的研究的实验被试自我选择方面的批评，是否有相似之处？

2. 为什么基于神经科学的研究发现往往会比基于行为科学的研究发现更具有说服力？想一想这两者分别涉及的技术手段等因素，以及我们对这两者的解释能力所做的假设。

# 结　论

236　最后，我们想向读者提供一些总结性的、清晰的建议。正如在写这本书时所思考的那样，可以说我们已经尽力地向读者说明了批判性思维的价值和有用性，而这种价值不仅体现在心理学方面，还体现在日常生活中。学生和学者对这些经典研究和相关思想的兴趣持续不断，这一事实说明了这方面工作的重要性。随着作者们在写作过程中不断参考原始文献，并使用分析技术来评估这些思想在当下的重要性，我们为正在心理学科学研究的进步过程中担当着一个重要的角色而倍受鼓舞。

当回顾我们使用的"应用批判性思维"框架时，我们希望读者发现这些方法是引人入胜、发人深省的，并与正在讨论的主题是相关的。我们不可能把心理学每个子领域的未来发展方向统统勾勒出来，但是我们已经尽了最大的努力，为读者提供了这些研究路线的未来发展方向以及相关思想的未来发展方向。大多数读者在阅读这本书之前会对其中所介绍的这些心理学中的大部分领域有所了解。我们真诚地希望读者不仅会告诉我们，他们从讨论的主题中学到了什么新的东西，而且还会告诉我们，他们现在更能像一个心理学家和批判性思维者那样思考。既然心理学的主干是科学，我们也希望读者现在能对科学家如何进行思考有一些见解。

正如亨特(Hunter, 1982)很久以前所建议的，学生和教师在某种高强度的阅读或学习之后需要"温故知新"。接下来，请你阅读下面这个例子，来测试一下自己的批判性思维技能：

---

假设你和朋友们正在讨论美国的枪支管制问题。最近一所高中发生了校园枪击案，你的一位朋友(朋友 A)认为枪支暴力已经失控了，学校成为了一个危险的地方，学生们应该待在家里，通过网络学习来获得高中学历。另一位朋友(朋友 B)认为枪支管制是对的，他注意到了严格的枪支管制与英国的校园枪击案减少之间的关系。另一位朋友(朋友 C)认为枪支管制

---

**续 表**

| |
|---|
| 是没有必要的,因为他认识的所有枪支拥有者都是负责任的猎手。此外,朋友C还指出,他在《户外表现》*Outdoor Expression*(一本狩猎杂志)上读到的一项调查显示,大多数人不赞成枪支管制。朋友D说到,这个问题很早就已经产生了。他读到的一项研究表明,那些小时候玩玩具枪的人在成年后更有可能具有攻击性,因此,他认为问题可能出在玩具枪上。朋友E也知道这项研究,并批评道因为只有50个孩子参加了这项研究,所以并不能证明什么。朋友F意识到朋友圈中有些人主张不制定枪支管制条例,而有些人主张严格控制枪支,因此他建议解决办法是实施某种有限形式的枪支管制。朋友G气急败坏地辩解说,我们永远无法拿走所有的枪支,也无法阻止所有的暴力行为,所以我们应该"放弃"管制,什么也不做。 |

237

你可以从中识别出以下问题吗?

| 朋友 | 批判性思维问题 | 分析性描述 |
|---|---|---|
| 朋友A | 可得性启发法 | 校园枪击事件其实很少发生,朋友A很可能是因为媒体最近的关注而高估了这种可能性。我们可能会提问:有多少孩子在家里被杀,又有多少孩子在学校里被杀?学校里被杀害的学生占多大比例? |
| 朋友B | 错觉相关 | 朋友B可能是对的,但我们可能会提问:是否存在有枪支管制但枪支暴力仍然高发的情况,或枪支管制较低而暴力高发或者很少的情况?<br>我们也可以提问:美国和英国在文化和法律上的差异可能是造成校园枪击案差异的原因吗? |
| 朋友C | 确认偏误 | 朋友C可以很容易地回忆起那些证实他关于枪支管制的观点的案例,但我们可能会提问:朋友C是否有注意到或记得那些与他的观点相矛盾的案例? |
| 朋友C | 选择性偏差 | 《户外表现》杂志是一本面向猎人的虚构杂志,因此,样本不是随机选择的,也不具有一般人群的代表性。我们可能会提问:这项调查是否有可能过分代表了反对枪支管制的一些人? |
| 朋友D | 天性与教养(教养假设) | 我们认为,年轻人的这种攻击性行为是因为他们以前玩过玩具枪,但我们可能会提问:这种倾向可能是遗传的特征吗?会不会是具有攻击性(先天)的孩子在整个童年期更有可能玩玩具枪,更有可能接触暴力媒体,从而强化了这些攻击性的倾向? |
| 朋友E | 样本数量和样本的代表性 | 虽然样本数量与样本的代表性有关,但并不是代表性的同义词。我们可能会提问:样本的哪些特征可能与被调查的变量相关?<br>我们也可以提问:这项研究被复制了吗? |

238

续 表

| 朋友 | 批判性思维问题 | 分析性描述 |
| --- | --- | --- |
| 朋友F | 中庸谬误 | 认为解决办法总是位于两种对立观点的中间地带是不合逻辑的。我们可能会提问：如果一种解决方案导致许多人死于枪支，而另一种解决方案没有导致一个人死于枪支，那么倡导会导致一些人（处于没有人和许多人之间）死于枪支的解决方案有意义吗？ |
| 朋友G | 完美主义谬误 | 朋友G成了完美主义谬论的牺牲品。我们可能会提问：期望任何解决方案都能达到完美的标准，这合理吗？ |

总之，我们希望通过阅读这本书，你能够对海明威所说的"胡说八道"有一个更好的理解，并能够为你的立场和观点提供逻辑依据。如果你还在怀疑你是否已经完成了我们所希望的一切，想想前面几页的参考文献，这些文献讨论了确认偏误、心理捷径、逻辑谬误、糟糕的统计意义上的理解和推理，以及伪科学等内容。学会批判性思维并不是通过阅读一本书就能够实现的——即使是这本书！正如威灵汉姆（Willingham，2007）所提醒的："批判性思维并不是一套可以在任何时候、任何情况下都能使用的技能。这是一种即使是3岁的小孩也能使用的思维，即使是训练有素的科学家也可能无法成功运用的思维。"（p. 10）换句话说，批判性思维并不是从大学学习或研究生学习才开始或结束的。

这样的认知技能是需要我们在一生中不断学习、提炼和提高的。请回想一下，霍华德·加德纳告诉我们，"我花了十年时间才得以像心理学家那样思考"（Gardner，2006，p. 5）。我们真诚地希望，这本书已经将你的批判性思维技能提高了好几个档次，并"提升了你的研究能力"。

# 关键术语

240

**ABA 单一被试设计（ABA single-case design）**

通过比较基线期和干预后的数据来评估对单一被试干预成功与否的实验设计。

**先验假设（A priori）**

在研究开始之前就已经形成的假设。

**人身攻击（Ad hominem attack）**

参见，人身攻击谬误（Ad hominem fallacy）。

**人身攻击谬误（Ad hominem fallacy）**

对论点的反驳包含了对研究人员个人的攻击。

**类比模型（Analogous model）**

研究人员试图创造的一种模拟环境对人类影响的动物模型。

**模拟研究（Analogue study）**

研究人员尝试模拟现实生活中的场景或情境的研究方法。

**轶事证据（Anecdotal evidence）**

参见，轶事（Anecdotes）。

**轶事（Anecdotes）**

将个人对经历的陈述作为不可靠的证据来源。

**诉诸自然谬误（Appeal to nature fallacy）**

一种不合逻辑的推理，声称自然的就是好的。

**诉诸权威谬误（Argument from authority fallacy）**

一种错误的推理，即论点的质量取决于提出该论点的人的权威性。

**诉诸无知谬误（Argument from ignorance fallacy）**

一种不合逻辑的推理，认为某一命题或理论正确是因为还没有证明它是错误的。

**同化偏误（Assimilation bias）**

使用模棱两可的研究结果来支持自己的立场观点的倾向。

**依恋（Attachment）**

孩子与照料者之间的一种情感联结，经历分离焦虑的孩子从照料者处寻求安慰时即可见。

241

**注意力控制（Attention control）**

药物试验中的对照组虽然没有接受实际的治疗但是得到了医生相同的治疗时间和关注。

**自传式记忆（Autobiographical memory）**

对个人生活经历的记忆。

**可得性启发法（Availability heuristic）**

一种错误的判断，因为已有关于某事的印象而高估该事件发生的可能性。

**巴纳姆效应（Barnum effect）**

相信符合大多数人的模糊的或者自相矛盾的描述是专门适用于自己的描述的倾向。

**基线期（Baseline）**

在干预前对行为的记录。

**行为遗传学（Behavior genetics）**

在此研究领域中，会使用双生子研究或领养研究来区分基因和环境对个体差异的影响。

**背叛创伤理论（Betrayal trauma theory）**

一种理论，认为如果创伤是由关系亲近的人造成的，那么这种创伤记忆可能会被抑制。

**优于常人谬误（Better-than-average bias）**

认为自己在比较的属性上优于普通人的倾向。

**群体之间的对比（Between-group contrasts）**

群体认同会强调甚至扩大与别的群体之间的差异的过程。

**组间设计（Between-subjects design）**

两组或两组以上被试接受不同实验条件处理的研究设计。

**生物心理社会模型（Biopsychosocial model）**

一种精神病理学模型，用于解释生物、心理和社会因素的影响。

**延滞效应（Carryover effects）**

先前的实验阶段或条件下的经验会对后面的实验阶段或条件下的经验产生影响。

**个案研究（Case study）**

对一名被试进行深入研究的研究方法。

**催化剂模型（Catalyst model）**

一种攻击性解释模型，认为暴力媒体与攻击性没有因果关系，但强调人格和家庭暴力在其中的作用。

242

**经典条件反射（Classical conditioning）**

当先前的中性刺激引发了无条件反射时，学习就发生了。

**临床显著性（Clinical significance）**

反映研究结果是否有意义或者在治疗过程中是否具有实践意义的指标。

**认知失调（Cognitive dissonance）**

由个体态度和行为的不一致而导致心理上的不适状态。

**队列差异（Cohort differences）**

在截面数据中，由不同年代群组的共同经历所导致的差异。

**共同方法变异（Common method variance）**

由测量方法而不是被测量的变量本身所造成的变异。

**伴随疾病（Comorbidity）**

个体身上同时存在两种或两种以上的失调症状或情况。

**比较试验（Comparator trial）**

一种临床试验，将实验中试验组药物的效果与另一种药物而非安慰剂的效果进行比较。

条件反射(Conditioned response)

通过条件反射习得的对条件刺激的反应。

条件刺激(Conditioned stimulus)

通过条件反射激发条件反应的刺激物。

实验同伙(Confederate)

实验者的合作者,在心理学实验中扮演被试。

确认偏误(Confirmation bias)

参见,确认偏误(Confirmatory bias)。

确认偏误(Confirmatory bias)

选择性地注意能够验证已有假设或已有认知的信息的倾向。

混淆变量(Confounds)

除自变量外其他可能对因变量产生影响的变量。

合取谬误(Conjunction fallacy)

在个体假定多种条件同时发生的可能性高于某种条件单独发生时出现的谬误。

243 构念(Construct)

一种能够解释心理现象的假设变量,但不能被直接观测到。

建构效度(Construct validity)

工具或测验能够在多大程度上测量某个心理构念或心理特征。

语境去除(Contextomy)

去除语境导致引文陈述或观点被误解的谬误。

时间邻近导致的因果错误(Contiguity-causation error)

一种逻辑谬误,认为偶然的接近性事件同时发生表明因果关系的存在。

控制条件(Control condition)

参见,控制组(Control group)。

**控制组（Control group）**

不接受实验处理的被试组。

**方便样本（Convenience sample）**

容易获取的研究样本。

**聚合效度（Convergent validity）**

同一构念不同形式的测量方式之间的相关性。

**胼胝体（Corpus callosum）**

一束连接和沟通大脑两个半球的神经纤维。

**相关关系（Correlation）**

反映两个变量共变程度或相关程度的指标。

**平衡（Counterbalance）**

一种实验程序，通过区分不同被试接受实验处理条件的顺序来控制延滞效应。

**掩饰故事（Cover story）**

对研究目的进行的可信的虚构解释。

**关键期（Critical periods）**

发展中的特定时期，在这一时期中某种特定刺激对大脑的正常发展十分重要。

**截面数据（Cross-sectional data）**

研究中，在同一时间测量不同年龄组所获得的数据。

**适当的解释（Debriefing）**

研究（尤其是涉及欺骗的研究）结束后的步骤，研究人员告知被试研究的真实目的。

244

**需求特征（Demand characteristics）**

研究人员的行为会不经意地引起被试产生符合假说的行为。

**树突（Dendrite）**

神经元延伸出的树状物，能够接收来自其他细胞的冲动并传递至细胞体。

**否认（Denial）**

一种防御机制，个体将痛苦或不愉快的事件排除在意识之外。

**因变量（Dependent variable）**

研究中实验者需要测量的结果变量或被试的反应。

**决定论（Determinism）**

一种哲学观点，认为人类的行为是由外部因素而非个人意志决定的。

**发展心理学（Developmental psychology）**

对人的一生中生理、认知和情绪变化的研究。

**素质—应激模型（Diathesis-stress model）**

精神病学通过基因、认知、社会易感性（素质）和压力的相互作用解释精神疾病成因的模型。

**区分效度（Discriminant validity）**

证明某一测量与理论上无关的概念之间没有相关性。

**分离（Dissociation）**

一种干扰记忆提取的人格解体的感觉。

**双盲程序（Double-blind procedure）**

在临床试验中令研究人员和被试都不知晓被试分组情况的操作程序。

**生态效度（Ecological validity）**

实验营造的环境与目标行为真实发生的环境之间的相似程度。

**效应量（Effect size）**

一种统计学概念，是比较不同研究的效果和结果的标准化度量单位。

**心血辩护效应（Effort justification）**

为了达成某件事而付出的努力越多，就会越珍视其结果。

**脑电图（Electroencephalogram， EEG）**

一种能够记录大脑皮层电活动的非侵入式技术。

**经验性的（Empirical）**

可通过观察证明的。

245 **期望效应（Expectancy effects）**

在心理治疗情境中，患者对改变的期望对治疗结果产生积极的影响时所产生的效应。

**经验依赖的大脑发育（Experience-dependent brain development）**

由突触的加强或新突触的产生带来的大脑发育。

**经验期待的大脑发育（Experience-expectant brain development）**

由现有突触或突触的修剪带来的大脑发育。

**实验（Experiment）**

一种研究范式，研究人员通过操纵一个变量来检验其对另一个变量的影响。

**实验组（Experimental group）**

分配到实验或处理条件组的被试。

**实验现实性（Experimental realism）**

实验情境的真实程度以及能在多大程度上激发被试的参与。

**外部效度（External validity）**

研究能够推广或应用于实验情境之外的程度。

**无关变量（Extraneous variable）**

除自变量之外可能会对研究结果产生影响的变量。

**唤起的基因—环境相关（Evocative gene-environment correlation）**

一种基因与环境的相互关系，他人对个体行为的反应部分受到个体基因影响的特征的影响。

**进化心理学（Evolutionary psychology）**

心理学中的一种观点，重点关注自然选择导致的行为以及心理过程的适应。

**2×2 因子设计（2×2 Factorial design）**

有两个自变量，并且两个自变量各有两个水平的实验设计。

**古老智慧谬误（Fallacy of ancient wisdom）**

仅仅因为一种实践或信念长期存在而认定其是正确的。

**分歧谬误（Fallacy of bifurcation）**

一种不符合逻辑的论断，将选择局限在两个选择极端之间。

**假两难推理（False dilemmas）**

有更多选择的情况下，当一个人声称只有两种选择和结果时就会发生。

**可证伪性（Falsifiability）**

一个理论或研究假设应该可以被证伪。

246

**现场研究（Field study）**

在自然场景中进行的研究，且参与研究的被试通常不知情。

**文件抽屉问题（File drawer problem）**

研究人员往往会放弃而不是发表数据不理想的结果。

**闪光灯记忆（Flashbulb memories）**

对由情绪主导的事件的生动记忆。

**功能性磁共振成像（Functional Magnetic Resonance Imaging， fMRI）**

一种神经科学工具，能够测试大脑不同区域的血液含氧—脱氧比率。

**赌徒谬误（Gambler's fallacy）**

一种错误的信念，通过先前的事情认定某件随机事件发生的可能性会增加或降低。

**基因—环境相关（Gene-environment correlations）**

一种表面上受环境影响的特征，实际上可能是由遗传差异造成的。

**一般攻击模型（General Aggression Model， GAM）**

一种社会认知理论，用以解释攻击性是由接触暴力媒体所导致的。

**胶质细胞（Glial cells）**

在中枢神经系统中起到支持性作用的细胞，能够维持神经元的生存和健康。

**中庸谬误（Golden mean fallacy）**

认为解决办法或真理介于对立双方中间时会产生的谬误。

**好被试效应（Good-subject effect）**

研究中被试按照他们所理解的研究人员的期望行动的倾向。

**引导性想象法（Guided imagery）**

一种记忆恢复的方法，病人在治疗师的引导下想象与过去某一场景相关的细节。

**后视偏差(Hindsight bias)**

在某件事情发生后觉得这件事情是可以预知的。

**历史(History)**

影响研究内部效度的生活经历。

**催眠法(Hypnosis)**

一种记忆恢复方法,病人处于放松状态并听从治疗师的指示。

247

**假设(Hypothesis)**

一种可以检验的预测。

**控制错觉(Illusion of control)**

个体过度估计自身对事件控制能力的倾向。

**错觉相关(Illusory correlation)**

在两个变量之间不存在相关性的情况下认为两个变量之间存在相关关系。

**想象膨胀(Imagination inflation)**

想象一件未发生的事情让一个人更加确信这件事情真实发生过。

**内隐记忆(Implicit memory)**

无意识记忆或无法被意识察觉到的记忆。

**自变量(Independent variable)**

研究中通过操纵该变量导致相应的结果或引发相应的变化。

**知情同意(Informed consent)**

研究中的一个步骤,研究人员告知被试研究的性质,并向被试发放知情同意书。

**机构审查委员会(Institutional Review Board, IRB)**

大学中设立的委员会,负责评估研究计划是否符合伦理规范。

**内部效度(Internal validity)**

研究中观测到的因变量的变化在多大程度上取决于自变量而非外部变量的变化。

**评分者间信度(Inter-rater reliability)**

通过计算不同观察者结果的一致性得出的一种信度。

**干预相关的因果谬误（Intervention-causation fallacy）**

一种错误的假设，认为如果一种干预方式有效，它一定是对导致疾病或问题的原因进行了干预。

**内省（Introspection）**

观察和汇报自身主观感受和经历的研究方法。

**李克特量表（Likert Scale）**

社会科学中常用的量表形式，参与者在一系列连续量中选择他们同意或不同意的程度（例如，五点量表涵盖从非常不同意到非常同意）。

**操作检查（Manipulation checks）**

实验者尝试确认自变量被成功操纵的过程。

248

**成熟（Maturation）**

在调查过程中机体的发展变化，可能会影响研究的内部效度。

**元分析（Meta-analysis）**

综合多项研究的结果对效应量的大小进行估计的统计方法。

**误导信息效应（Misinformation effect）**

一件事情发生后，提供的信息干扰了个体对这件事情的回忆。

**道德脱离理论（Moral disengagement theory）**

一种认为人们用包括最小化行为对他人的影响在内的心理机制来避免由不道德行为导致的自我惩罚的模型。

**现实真实性（Mundane realism）**

研究人员创设的研究场景在多大程度上与实验室外的场景一致。

**自然主义谬误（Naturalistic fallacy）**

认为某一行为符合道德是因为它与我们的本能情绪一致的论断。

**自然观察（Naturalistic observation）**

在目标行为经常发生的场景中研究人员不被发现地进行观察的研究方法。

**神经元（Neurons）**

大脑中的神经细胞。

**神经科学（Neuroscience）**

研究大脑结构与功能的跨学科领域。

**非共享的环境（Non-shared environment）**

行为遗传学研究中导致家庭成员存在差异的因素。

**零假设（Null hypothesis）**

假设两者之间不存在差异，这一假设经试验检验，并根据结果拒绝或接受该假设。

**教养假设（Nurture assumption）**

一种广为人知的假设，认为孩子的人格是由父母塑造的。

**单尾检验（One-tailed test）**

对单侧的分布进行数据检验。

**操作性定义（Operational definitions）**

明确心理学研究中变量如何被操作和测量。

**乐观偏误（Optimism bias）**

心理治疗研究中认为新的疗法比已有疗法更有效果的信念。

**超心理学（Parapsychology）** 249

探究超自然或超一般现象的研究领域。

**亲代投资（Parental investment）**

进化心理学的一种理论，从他们对后代投资的时间和精力上解释了男性与女性的差异。

**偏相关（Partial correlation）**

在数据上控制其他变量的影响从而更好地判断另外两个变量之间关系而得出来的相关性。

**参与式观察研究（Participant observer study）**

研究人员或观察人员积极参与到所研究的环境中的一种自然观察。

**完美主义谬误（Perfectionistic fallacy）**

拒绝或忽视不符合完美标准的观点或解决方案。

**颅相学（Phrenology）**

关于大脑区域功能定位的学说，认为头盖骨隆起的程度能够反映特定脑区的优势并能够解释人格特质和心智能力。

**预研究（Pilot study）**

在全面开展研究之前，旨在发现和解决研究设计中存在的问题而开展的初步研究。

**安慰剂对照试验（Placebo-controlled trial）**

一种将药物治疗与安慰剂进行比较的临床试验。

**安慰剂效应（Placebo effect）**

当研究中的效果是由于被试的期望而非对自变量的操作所导致的时候发生的现象。

**后此谬误（Post hoc fallacy）**

一种逻辑错误，在两个事件相继发生时，认为前一事件导致了后一事件。

**创伤后应激障碍（Post-traumatic stress disorder， PTSD）**

一种精神障碍，发生在一段创伤或压力事件后，其特征是情绪易唤起、有负面想法或感受以及对事件的持续再体验。

**预感（Precognition）**

能够预测未来事件的超能力。

**预测不变性（Predictive invariance）**

反映一项测试的得分是否能够对所有的群体起到同样的预测作用的指标。

**预测效度（Predictive validity）**

测验能够在多大程度上预测未来与测验相关的表现。

250

**现代主义（Presentism）**

用现代的价值观来评价过去事件的倾向。

**修剪（Pruning）**

消除大脑中多余和未使用的突触的过程。

**伪科学（Pseudoscience）**

由一系列收集证据以支持论点的经验构成，但是这些经验与恰当的科学方法相悖。

**心理逆反（Psychological reactance）**

当个体感受到自由受到限制，希望重获自由的动机状态。

**心理真实性（Psychological realism）**

实验情境中的心理机制与实验室外情境中的心理机制的匹配程度。

**心理治疗（Psychotherapy）**

对精神疾病的心理治疗。

**随机分配（Random assignment）**

一种被试的分配方法，所有的被试都有均等的机会被分配到任意一组。

**合理化（Rationalization）**

一种防御机制，个体为行为提供一种有逻辑但却自我欺骗的解释。

**还原论（Reductionism）**

用更加简单和更加精炼的生物术语来解释复杂心理现象的尝试。

**趋均数回归（Regression to the mean）**

一种统计现象，一个异常大的测量结果之后会跟随一个较小的结果或趋于平均数的结果。

**信度（Reliability）**

在临床心理学中，指诊断的一致性。

**复制（Replication）**

为了重新得到已有研究的实验结果，采取与已有研究相同的方法进行的研究。

**抑制（Repression）**

无意识地阻断记忆。

**全距限制（Restriction of range）**

在变量可能的得分受到局限或限制时发生的现象。

**丰富的错误记忆（Rich false memory）**

对过去事件的详细的错误记忆。

251 **选择性偏差（Selection bias）**

在被试并非从人群中随机选择时发生。

**自我决定理论（Self-determination theory）**

关于人类动机的理论，假定心理健康取决于基本心理需求的满足，如自主、关系与能力等。

**自我实现预言（Self-fulfilling prophecy）**

由于人们会按照他人所期望的方式行事因此期望能够成真。

**半结构化访谈（Semi-structured interview）**

访谈者向受访者询问一系列开放式问题的访谈形式。

**敏感度（Sensitivity）**

测试能够识别出某种疾病的能力。

**共享的环境（Shared environment）**

行为遗传学研究中导致家庭成员彼此相似的因素。

**显著性水平（Significance level）**

结果随机出现的可能性。

**单一被试设计（Single-case design）**

用来检验对单一被试干预成功与否的实验设计。

**滑坡谬误（Slippery slope fallacy）**

认为一个小的举动就会引发严重的后果的论述。

**社会认同理论（Social identity theory）**

认为个体在一个群体中的行为受到个体在多大程度上认同这一群体的影响。

**社会心理学（Social psychology）**

心理学的一个分支，研究他人如何影响个体的想法、行为和情绪情感。

**特异度（Specificity）**

测试能够识别出未患有疾病的人群的能力。

**统计显著性（Statistical significance）**

反映研究结果是否能可靠地重现或发生的概率。

稻草人谬误（Straw man fallacy）

一种为了更容易地反驳对方观点而歪曲对方观点的论述。

斯特鲁普任务（Stroop task）

一种心理学测试，被试需要说出单词书写的颜色，而词义所指的颜色与书写的颜色不同。

主观主义谬误（Subjective fallacy）

252

一种不合逻辑的论证，尽管已经有经验证明了某些东西是存在的，但仍然坚持这些东西对一个人而言是正确的，对另一个人而言是错误的。

突触（Synapses）

神经元之间的间隙或节点。

理论（Theory）

针对心理现象提出的模型，这一模型能够描述这一现象或进行预测，从而使其能够被证实或证伪。

治疗师期望（Therapist allegiance）

用来解释在比较不同治疗方法的研究中治疗师支持研究人员偏好的结果的一种偏误。

第三者效应（Third person effect）

认为媒体信息对他人的影响比对自己的影响更大的倾向。

时间序列设计（Time-series design）

基线期建立后，在目标变量被操纵的情况下，在不同时间进行多次测量的研究方法。

你也一样谬误（Tu quoque fallacy）

个体声称论点提出者言行不一从而怀疑其论点时出现的谬误。

双尾检验（Two-tailed test）

对两侧的分布进行数据检验。

积非成是谬误（Two wrongs make a right fallacy）

因为别人也做了同样的事情而为某个错误行为进行辩护的不符合逻辑的尝试。

**Ⅰ型错误（Type I error）**

在零假设被拒绝但是假设仍然正确时发生的错误。

**无条件反射（Unconditioned response）**

对无条件刺激的自动反应。

**无条件刺激（Unconditioned stimulus）**

能够自然地激发无条件反应的刺激物。

**效度（Validity）**

在临床心理学中，是指被诊断患有疾病和未患有疾病的人之间存在显著差异；在测量心理学中，是指用来检验测试是否能够测试其目标行为的指标。

**等待治疗对照组（Wait-list control）**

在临床试验中的对照组，只在实验组得到积极结果或实验结束后得到干预或治疗。

253

**群体内部的同化（Within-group assimilation）**

由对群体的认同带来的需要遵守群体规范压力的过程。

**群体内部的差异（Within-group differentiation）**

由对群体的认同衍生出在群体中的独特身份和职业的过程。

**组内设计（Within-subjects design）**

所有被试都需要接受自变量各个水平的处理的研究设计。

# 参考文献

Abramson, C. I. (2013). Problems of teaching the behaviorist perspective in the cognitive revolution. *Behavioral Sciences, 3*, 55–71.

Adachi, P. J., & Willoughby, T. (2011). The effect of video game competition and violence on aggressive behavior: Which characteristic has the greatest influence? *Psychology of Violence, 1*, 259–274.

Adachi, P. J., & Willoughby, T. (2013). Demolishing the competition: The longitudinal link between competitive video games, competitive gambling, and aggression. *Journal of Youth and Adolescence, 42*, 1090–1104.

Alcock, J. E. (2003). Give the null hypothesis a chance: Reasons to remain doubtful about the existence of psi. *Journal of Consciousness Studies, 10*, 29–50.

Alcock, J. E. (January, 2011). Back from the future: Parapsychology and the Bem affair. *Skeptical Inquirer*. Retrieved from www.csicop.org/specialarticles/show/back_from_the_future

Alferink, L. A., & Farmer-Dougan, V. (2010). Brain-(not) based education: Dangers of misunderstanding and misapplication of neuroscience research. *Exceptionality, 18*, 42–52.

American Psychiatric Association. (2013). *Diagnostic and statistical manual of mental disorders: DSM-5*. Washington, DC: American Psychiatric Association.

American Psychological Association (2018). *Memories of childhood abuse*. Retrieved from www.apa.org/topics/trauma/memories.aspx

Anderson, C. A., & Bushman, B. J. (2001). Effects of violent video games on aggressive behavior, aggressive cognition, aggressive affect, physiological arousal, and prosocial behavior: A meta-analytic review of the scientific literature. *Psychological Science, 12*, 353–359.

Anderson, C. A., & Carnagey, N. L. (2004). Violent evil and the general aggression model. In A. Miller (ed.), *The social psychology of good and evil* (pp. 168–192). New York: Guilford.

Anderson, C. A., Carnagey, N. L., Flanagan, M., Benjamin, A. J., Eubanks, J., & Valentine, J. C. (2004). Violent video games: Specific effects of violent content on aggressive thoughts and behavior. *Advances in Experimental Social Psychology, 36*, 199–249.

Anderson, C. A., & Dill, K. E. (2000). Video games and aggressive thoughts, feelings, and behavior in the laboratory and in life. *Journal of Personality and Social Psychology, 78*, 772–790.

Anderson, C. A., Lindsay, J. J., & Bushman, B. J. (1999). Research in the psychological laboratory: Truth or triviality? *Current Directions in Psychological Science, 8*, 3–9.

Anderson, C. A., Shibuya, A., Ihori, N., Swing, E. L., Bushman, B. J., Sakamoto, A., Rothstein, H. R., & Saleem, M. (2010). Violent video game effects on aggression, empathy, and prosocial behavior in eastern and western countries: A meta-analytic review. *Psychological Bulletin, 136*, 151–173.

Angell, M. (2011, July 4). The illusions of psychiatry. *The New York Review of Books*. Retrieved from www.nybooks.com

Antony, M. M., Orsillo, S. M., & Roemer, L. (eds.). (2001). *Practitioner's guide to empirically based measures of anxiety*. New York: Springer.

Arkowitz, H., & Lilienfeld, S. O. (2006, October). Do self-help books help? *Scientific American Mind, 17*(5), 78–79.

Aunola, K., & Nurmi, J. E. (2005). The role of parenting styles in children's problem behavior. *Child Development, 76*, 1144–1159.

Baggini, J. (2009). *The duck that won the lottery: 100 new experiments for the armchair philosopher*. New York: Penguin.

Bandura, A. (1965). Influence of models' reinforcement contingencies on the acquisition of imitative responses. *Journal of Personality and Social Psychology, 1*, 589–595.

Bandura, A. (1999). Moral disengagement in the perpetration of inhumanities. *Personality and Social Psychology Review, 3*, 193–209.

Bandura, A., Ross, D., & Ross, S. A. (1963). Imitation of film-mediated aggressive models. *Journal of Abnormal and Social Psychology, 66*, 3–11.

Bandura, A., Barbaranelli, C., Caprara, G. V., & Pastorelli, C. (1996). Mechanisms of moral disengagement in the exercise of moral agency. *Journal of Personality and Social Psychology, 71*, 364–374.

Banuazizi, A., & Movahedi, S. (1975). Interpersonal dynamics in a simulated prison. *American Psychologist, 30*, 152–160.

Bartels, J. M. (2015). The Stanford prison experiment in introductory psychology textbooks: A content analysis. *Psychology Learning & Teaching, 14*, 36–50.

Bartels, J. M., Fischer, T., Granfors, S., & Kerwin, S. (2018, May). *Revisiting the Stanford prison experiment: Examining the influence of demand characteristics in the guard orientation*. Presented at Association for Psychological Science Annual Convention, San Francisco, CA.

Bartels, J. M., Milovich, M., & Moussier, S. (2016). Coverage of the Stanford prison experiment in introductory psychology courses. *Teaching of Psychology, 43*, 136–141.

Bartels, J. M., & Peters, D. (2017). Coverage of Rosenhan's "On being sane in insane places" in abnormal psychology textbooks. *Teaching of Psychology, 44*, 169–173.

Bartels, J. M., & Ruei, Z. (2018, January). *Addressing the placebo effect and antidepressant drug trials in abnormal psychology*. Presented at National Institute for the Teaching of Psychology Convention, St. Pete Beach, FL.

Bass, E., & Davis, L. (1994). *The courage to heal: A guide for women survivors of child sexual abuse* (3rd edn). New York: HarperPerennial.

Baumeister, R. F., Masicampo, E. J., & DeWall, N. C. (2009). Prosocial benefits of feeling free: Disbelief in free will increases aggression and reduces helpfulness. *Personality and Social Psychology Bulletin, 35*, 260–268.

Baumrind, D. (1964). Some thoughts on ethics of research: After reading Milgram's "Behavioral study of obedience." *American Psychologist, 19*, 421–423.
Baumrind D. (1985). Research using intentional deception: Ethical issues revisited. *American Psychologist, 40*, 165–174.
Beaver, K. M., Schwartz, J. A., Connolly, E. J., Al-Ghamdi, M. S., & Kobeisy, A. N. (2015). The role of parenting in the prediction of criminal involvement: Findings from a nationally representative sample of youth and a sample of adopted youth. *Criminology and Criminal Justice Faculty Publications*, Paper 19. *51*, 301.
Beck, D. M. (2010). The appeal of the brain in the popular press. *Perspectives on Psychological Science, 5*, 762–766.
Beck, H. P., Levinson, S., & Irons, G. (2009). Finding little Albert: A journey to John B. Watson's infant laboratory. *American Psychologist, 64*, 605–614.
Bègue, L., Duke, A., Courbet, D., & Oberlé, D. (2017). Values and indirect noncompliance in a Milgram-like paradigm. *Social Influence, 12*, 29–40.
Bem, D. J. (2011). Feeling the future: Experimental evidence for anomalous retroactive influences on cognition and affect. *Journal of Personality and Social Psychology, 100*, 407–425.
Benedetti, F., Mayberg, H. S., Wager, T. D., Stohler, C. S., & Zubieta, J. (2005). Neurobiological mechanisms of the placebo effect. *The Journal of Neuroscience, 25*, 10390–10402.
Bennett, B. (2015). *Logically fallacious: The ultimate collection of over 300 logical fallacies*. Sudbury, MA: Archieboy Holdings.
Bergsma, A. (2008). Do self-help books help? *Journal of Happiness Studies, 9*, 341–360.
Berinsky, A., Quek, K., & Sances, M. (2012). Conducting online experiments on Mechanical Turk. *Newsletter of the APSA Experimental Section, 3*, 2–6.
Berkowitz, L. (1989). Frustration-aggression hypothesis: Examination and reformulation. *Psychological Bulletin, 106*, 59–73.
Bernstein, D. M., & Loftus, E. F. (2009). The consequences of false memories for food preferences and choices. *Perspectives on Psychological Science, 4*, 135–139.
Bhattacharjee, Y. (2012, March). Paranormal circumstances: One influential scientist's quixotic mission to prove ESP exists. *Discover Magazine*. Retrieved from http://discovermagazine.com/2012/mar/09-paranormal-circumstances-scientist-mission-esp
Bigelow, K. M., & Morris, E. K. (2001). John B. Watson's advice on child rearing: Some historical context. *Behavioral Development Bulletin, 1*, 26–30.
Blakeley, K. (2015, September, 14). Woman, 46, lives next door to man for 10 years before suddenly realizing he had "sexually abused her 40 years ago." *DailyMail.com*. Retrieved from www.dailymail.co.uk
Blakemore, J. E., Berenbaum, S. A., & Liben, L. S. (2009). *Gender development*. New York: Psychology Press.
Blakemore, S., & Troscianko, T. (1985). Belief in the paranormal: Probability judgements, illusory control, and the 'chance baseline shift.' *British Journal of Psychology, 76*, 459–468.
Blass, T. (2004). *The man who shocked the world: The life and legacy of Stanley Milgram*. New York: Basic Books.

Blum, B. (2018, June). The lifespan of a lie. *Medium*. Retrieved from https://medium.com.

Blume, E. S. (1990). *Secret survivors: Uncovering incest and its aftereffects in women.* New York: Ballantine Books.

Boccia, M. L., & Pedersen, C. (2001). Animal models of critical and sensitive periods in social and emotional development. In D. B. Bailey, J. T. Bruer, F. J. Symons, & J. W. Lichtman (eds.), *Critical thinking about critical periods* (pp. 107–127). Baltimore, MD: Paul H. Brookes.

Boubela, R. N., Kalcher, K., Huf, W., Seidel, E. M., Derntl, B., Pezawas, L., ... & Moser, E. (2015). fMRI measurements of amygdala activation are confounded by stimulus correlated signal fluctuation in nearby veins draining distant brain regions. *Scientific Reports, 5*, 10499.

Bouvet, R., & Bonnefon, J. F. (2015). Non-reflective thinkers are predisposed to attribute supernatural causation to uncanny experiences. *Personality and Social Psychology Bulletin, 41*, 955–961.

Bowlby, J. (1982). *Attachment and loss: Vol. 1. Attachment* (2nd edn.). New York: Basic Books.

Brabeck, M. M., & Shore, E. L. (2002). Gender differences in intellectual and moral development? The evidence that refutes the claim. In J. Demick, & C. Andreoletti (eds.), *Handbook of adult development* (pp. 351–368). New York, NY: Plenum Press.

Braun, K. A., Ellis, R., & Loftus, E. F. (2002). Make my memory: How advertising can change our memories of the past. *Psychology & Marketing, 19*, 1–23.

Bregman, E. O. (1934). An attempt to modify the emotional attitudes of infants by the conditioned response technique. *Journal of Genetic Psychology, 45*, 169–198.

Brehm, J. W., Stires, L. K., Sensenig, J., & Shaban, J. (1966). The attractiveness of an eliminated choice alternative. *Journal of Experimental Social Psychology, 2*, 301–313.

Breitmeyer, B. G. (2017). What's all the recent free-will ado about? *Psychology of Consciousness: Theory, Research, and Practice, 4*, 330–333.

Brescoll, V. L. & LaFrance, M. (2004). The correlates and consequences of newspaper reports of research on gender differences. *Psychological Science, 15*, 515–521.

Brewer, M. B. (2000). Research design and issues of validity. In H. T. Reis & J. M. Charles (eds.), *Handbook of research methods in social and personality psychology* (pp. 3–16). New York: Cambridge University Press.

Brewin, C. R. (2007). Autobiographical memory for trauma: Update on four controversies. *Memory, 15*, 227–248.

Bridgeman, B. (1985). Free will and the functions of consciousness. *The Behavioral and Brain Sciences, 8*, 540.

Brotherton, R., & French, C. C. (2014). Belief in conspiracy theories and susceptibility to the conjunction fallacy. *Applied Cognitive Psychology, 28*, 238–248.

Bruer, J. T. (1999). *The myth of the first three years: A new understanding of early brain development and lifelong learning*. New York: Free Press.

Bruer, J. T. (2001). A critical and sensitive period primer. In D. B. Bailey, J. T. Bruer, F. J. Symons, & J. W. Lichtman (eds.), *Critical thinking about critical periods* (pp. 3–26). Baltimore, MD: Paul H. Brookes.

Bruer, J. T. (2008). In search of...brain-based based education. In *The Jossey-Bass reader on the brain and learning*. San Francisco, CA: Jossey-Bass.

Bryck, R. L., & Fischer, P. A. (2012). Training the brain: Practical applications of neural plasticity from the intersection of cognitive neuroscience, developmental psychology, and prevention science. *American Psychologist, 67*, 87–100.

Bunge, M. (1984). What is pseudoscience? *The Skeptical Inquirer, 9*, 36–46.

Burger, J. M. (2009). Replicating Milgram: Would people still obey today? *American Psychologist, 64*, 1–11.

Burger, J. M., Girgis, Z. M., & Manning, C. C. (2011). In their own words: Explaining obedience to authority through an examination of participants' comments. *Social Psychological and Personality Science, 2*, 460–466.

Bushman, B. J. (2002). Does venting anger feed or extinguish the flame? Catharsis, rumination, distraction, anger, and aggressive responding. *Personality and Social Psychology Bulletin, 28*, 724–731.

Bushman, B. J. (2016). *Blood, gore, and video games: Effects of violent content on players*. Presented at 2016 National Institute on the Teaching of Psychology, St. Pete Beach, FL.

Bushman, B. J., & Anderson, C. A. (1998). Methodology in the study of aggression: Integrating experimental and nonexperimental findings. In R. Geen, & E. Donnerstein (eds.), *Human aggression: Theories, research and implications for policy* (pp. 23–48). San Diego, CA: Academic Press.

Bushman, B. J., & Anderson, C. A. (2002). Violent video games and hostile expectations: A test of the general aggression model. *Personality and Social Psychology Bulletin, 28*, 1679–1686.

Bushman, B. J., & Anderson, C. A. (2009). Comfortably numb: Desensitizing effects of violent media on helping others. *Psychological Science, 20*, 273–277.

Bushman, B. J. & Huesmann, L. R. (2001). Effects of televised violence on aggression. In D. Singer, & J. Singer (eds.), *Handbook of children and the media* (pp. 223–254). Thousand Oaks, CA: Sage Publications.

Bushman, B. J., & Huesmann, L. R. (2014). Twenty-five years of research on violence in digital games and aggression revisited: A reply to Elson and Ferguson (2013). *European Psychologist, 19*, 47–55.

Cacioppo, J. T., Semin, G. R., & Berntson, G. G. (2004). Realism, instrumentalism, and scientific symbiosis. *American Psychologist, 59*, 214–223.

Camel, J. E., Withers, G. S., & Greenough, W. T. (1986). Persistence of visual cortex dendritic alterations induced by postweaning exposure to a "superenriched" environment in rats. *Behavioral Neuroscience, 100*, 810–813.

Caplan, P. J., & Caplan, J. (1994).*Thinking critically about research on sex and gender* (3rd edn.). New York: Routledge.

Capuzzi, D., & Stauffer, M. D. (2016). *Counseling and psychotherapy: Theories and interventions* (6th edn.). Alexandria, VA: American Counseling Association.

Carnahan, T., & McFarland, S. (2007). Revisiting the Stanford prison experiment: Could participant self-selection have led to the cruelty? *Personality and Social Psychology Bulletin, 33*, 603–614.

Carothers, B. J., & Reis, H. T. (2013). Men and women are from Earth: Examining the latent structure of gender. *Journal of Personality and Social Psychology, 104*, 385–407.

Carroll, R. T. (2003). *The skeptic's dictionary: A collection of strange beliefs, amusing deceptions, and dangerous delusions*. Hoboken, NJ: Wiley.

Carvalho, C., Caetano, J. M., Cunha, L., Rebouta, P., Kaptchuk, T. J., & Kirsch, I. (2016). Open-label placebo treatment in chronic low back pain: a randomized controlled trial. *Pain, 157*, 2766–2772.

Chabris, C. F., & Kosslyn, S. M. (1998). How do the cerebral hemispheres contribute to encoding spatial relations? *Current Directions in Psychological Science. 7*, 8–14.

Chalmers, I., & Matthews, R. (2006). What are the implications of optimism bias in clinical research? *Lancet, 367*, 449–450.

Chambless, D. L. et al. (1998). Update on empirically validated therapies, II. *The Clinical Psychologist, 51*, 3–16.

Chao, Y., Cheng, Y., & Chiou, W. (2011). The psychological consequence of experiencing shame: Self-sufficiency and mood-repair. *Motivation and Emotion 35*, 202–210.

Christensen, L. B., Johnson, R. B., & Turner, L. A. (2014). *Research methods: Design and analysis* (12th edn.). Upper Saddle River, NJ: Pearson.

Chua, A. (2011). *Battle hymn of the tiger mother*. New York: Penguin Press.

Chugani, H. T. (1998). A critical period of brain development: Studies of cerebral glucose utilization with PET. *Preventative Medicine, 27*, 184–188.

Cipriani, A., Furukawa, T. A., Salanti, G., Chaimani, A., Atkinson, L. Z., Ogawa, Y., ... Geddes, J. R. (2018). Comparative efficacy and acceptability of 21 antidepressant drugs for the acute treatment of adults with major depressive disorder: A systematic review and network meta-analysis. *The Lancet, 391*, 1357–1366.

Clark, S. E., & Loftus, E. F. (1996). The construction of space alien abduction memories. *Psychological Inquiry, 7*, 140–143.

Cobb, N. J. (2010). *Adolescence: Continuity, change, and diversity* (7th edn.). Sunderland, MA: Sinauer Associates.

Cochrane, A., Barnes-Holmes, D., & Barnes-Holmes, Y. (2008). The perceived-threat behavioral approach test (PT-BAT): Measuring avoidance in high-, mid-, and low-spider fearful participants. *The Psychological Record, 58*, 585–596.

Cohen, J. (1988). *Statistical power analysis for the behavioral sciences* (2nd edn.). Hillsdale, NJ: Erlbaum.

Cohen, J. (1994). The Earth is round (p < . 05). *American Psychologist, 49*, 997–1003.

Colby, A., Kohlberg, L., Gibbs, J., Lieberman, M., Fischer, K., & Saltzstein, H. (1983). A longitudinal study of moral judgment. *Monographs of the Society for Research in Child Development, 48*, 1–124.

Collins, W. A., Maccoby, E. E., Steinberg, L., Hetherington, E. M., Bornstein, M. H. (2000). Contemporary research on parenting: The case for nature and nurture. *American Psychologist, 55*, 218–232.

Comer, R. J. (2015). *Abnormal psychology* (9th edn.). New York: Worth.

Constantino, M. J., Arnkoff, D. B., Glass, C. R., Ametrano, R. M., & Smith, J. Z. (2011). Expectations. *Journal of Clinical Psychology, 67*, 184–192.

Cook, M., Mineka, S., Wolkenstein, B., & Laitsch, K. (1985). Observational conditioning of snake fear in unrelated Rhesus monkeys. *Journal of Abnormal Psychology, 94*, 591–610.

Cooper, H. M. (2017). *Research synthesis and meta-analysis: A step-by-step approach* (5th edn.). Thousand Oaks, CA: Sage.

Cooper, H. M., & Rosenthal, R. (1980). Statistical versus traditional procedures for summarizing research findings. *Psychological Bulletin, 87*, 442–449.
Cooper, J. (1980). Reducing fears and increasing assertiveness: The role of dissonance reduction. *Journal of Experimental Social Psychology 16*, 199–213.
Cornwell, D., & Hobbs, S. (1976). The strange saga of little Albert. *New Society, 35*, 602–604.
Cornwell, D., Hobbs, S., & Prytula, R. C. (1980). Little Albert rides again. *American Psychologist, 35*, 216–217.
Corsini, R. J., & Wedding, D. (2005). *Current psychotherapies* (7th edn.). Belmont, CA: Brooks/Cole.
Cramer, K. M. (2013). Six criteria of a viable theory: Putting reversal theory to the test. *Journal of Motivation, Emotion, and Personality, 1*, 9–16.
Crawford, M. (2004). Mars and Venus collide: A discursive analysis of marital self-help psychology. *Feminism & Psychology, 14*, 63–79.
Crook, L. S., & Dean, M. C. (1999). "Lost in a shopping mall" – A breach of professional ethics. *Ethics & Behavior, 9*, 39–50.
Cunningham, P. F. (1996). Revealing animal experiments in general psychology texts: Opening Pandora's box. *American Psychologist, 51*, 734–735.
Cunningham, W. A., & Brosch, T. (2012). Motivational salience: Amygdala tuning from traits, needs, values, and goals. *Current Directions in Psychological Science, 21*, 54–59.
Cushing, E. (2013). *Amazon Mechanical Turk: The digital sweatshop.* January/February, UTNE Reader.
Dallal, G. E. (2002). *Is statistics hard?* Retrieved from www.jerrydallal.com/lhsp/hard.htm
Danquah, A., Farrell, M. J., & O'Boyle, D. J. (2008). Biases in the subjective timing of perceptual events: Libet et al. (1983) revisited. *Consciousness and Cognition, 17*, 616–627.
Danziger, K. (1980). The history of introspection reconsidered. *Journal of the History of the Behavioral Sciences, 16*, 241–262.
Davis, D. A. (1979). What's in a name? A Bayesian rethinking of attributional biases in clinical judgment. *Journal of Consulting and Clinical Psychology, 47*, 1109–1114.
DeAngelis, T. (2010). "Little Albert" regains his identity. *Monitor on Psychology, 41*, 10.
Dennett, D. (2003). *Freedom evolves.* London: Penguin.
Denson, T. F., DeWall, C. N., & Finkel, E. J. (2012). Self-control and aggression. *Current Directions in Psychological Science, 21*, 20–25.
Dewey, J. (1910/1998). *How we think.* Boston: D.C. Heath and Company.
Di Bonaventura, L., Jacobs, G., Burns, S. Z. (Producers), & Soderbergh, S. (Director). (2013). *Side effects* [Motion picture].US: Endgame Entertainment.
Dias, B. G., & Ressler, K. J. (2014). Parental olfactory experience influences behavior and neural structure in subsequent generations. *Nature Neuroscience, 17*, 89–96.
Dickson, D. H., & Kelly, I. W. (1985). The "Barnum effect" in personality assessment: A review of the literature. *Psychological Reports, 57*, 367–382.
Digdon, N., Powell, R., & Harris, B. (2014). Little Albert's alleged neurological impairment: Watson, Rayner, and historical revision. *History of Psychology, 17*, 312–324.
Dodes, J. E. (1997). The mysterious placebo. *Skeptical Inquirer, 21*, 44–45.
Doliński, D., Grzyb, T., Folwarczny, M., Grzybała, P., Krzyszycha, K., Martynowska, K., & Trojanowski, J. (2017). Would you deliver an electric shock in 2015? Obedience

in the experimental paradigm developed by Stanley Milgram in the 50 years following the original studies. *Social Psychological and Personality Science, 8*, 927–933.

Domjan, M., & Purdy, J. E. (1995). Animal research in psychology: More than meets the eye of the general psychology student. *American Psychologist, 50*, 496–503.

Donenberg, G. R., & Hoffman, L. W. (1988). Gender differences in moral development. *Sex Roles, 18*, 701–717.

Doogan, S., & Thomas, G. V. (1992). Origins of fear of dogs in adults and children: The role of conditioning processes and prior familiarity with dogs. *Behaviour Research and Therapy, 30*, 387–394.

Dragioti, E., Dimoliatis, I., Fountoulakis, K. N., & Evangelou, E. (2015). A systematic appraisal of allegiance effect in randomized controlled trials of psychotherapy. *Annals of General Psychiatry, 14*, 1–9.

Duran, M., Hőft, M., Lawson, D. B., Medjahed, B., & Orady, E. A. (2013). Urban High School Students' IT/STEM Learning: Findings from a collaborative inquiry- and design- based afterschool program. *Journal of Science Education and Technology, 23*(1), 116–137.

Eagly, A. H., & Wood, W. (1999). The origins of sex differences in human behavior: Evolved dispositions versus social roles. *American Psychologist, 54*, 408–423.

Eagly, A. H., & Wood, W. (2013). The nature-nurture debates: 25 years of challenges in the psychology of gender. *Perspectives on Psychological Science, 8*, 340–357.

Ellis, A. (1987). The impossibility of achieving consistently good mental health. *American Psychologist, 42*, 364–375.

Elmes, D. G., Kantowitz, B. H., & Roediger, H. L. (1999). *Research methods in psychology*. Pacific Grove, CA: Brooks/Cole Publishing Company.

Emery, C. L., & Lilienfeld, S. O. (2004). The validity of childhood sexual abuse checklists in the popular psychology literature: A Barnum effect? *Professional Psychology: Research and Practice, 35*, 268–274.

English, H. B. (1929). Three cases of the 'conditioned fear response'. *Journal of Abnormal and Social Psychology, 34*, 221–225.

Erickson, S. K. (2010). Blaming the brain. *Minnesota Journal of Law, Science & Technology, 11*, 27–77.

Every-Palmer, S., & Howick, J. (2014). How evidence-based medicine is failing due to biased trials and selective publication. *Journal of Evaluation in Clinical Practice, 20*, 908–914.

FeldmanHall, O., Dalgleish, T., Evan, D., Navrady, L., Tedeschi, L., & Mobbs, D. (2016). Moral chivalry: Gender and harm sensitivity predict costly altruism. *Social Psychological and Personality Science, 7*, 542–551.

Ferguson, C. J. (2007a). Evidence for publication bias in video game violence effects literature: A meta-analytic review. *Aggression and Violent Behavior, 12*, 470–482.

Ferguson, C. J. (2007b). The good, the bad and the ugly: A meta-analytic review of positive and negative effects of violent video games. *Psychiatric Quarterly, 78*, 309–316.

Ferguson, C. J. (2008). Violent video games: How hysteria and pseudoscience created a phantom public health crisis. *Paradigm, 12*, 12–13, 22.

Ferguson, C. J. (2013). Violent video games and the Supreme Court: Lessons for the scientific community in the wake of Brown v. Entertainment Merchants Association. *American Psychologist, 68*, 57–74.

Ferguson, C. J. (2015a). Do angry birds make for angry children? A meta-analysis of video game influences on children's and adolescents' aggression, mental health, prosocial behavior, and academic performance. *Perspectives on Psychological Science, 10*, 646–666.

Ferguson, C. J. (2015b). Everybody knows psychology is not a real science. *American Psychologist, 70*, 527–542.

Ferguson, C. J., & Dyck, D. (2012). Paradigm change in aggression research: The time has come to retire the General Aggression Model. *Aggression and Violent Behavior, 17*, 220–228.

Ferguson, C. J., & Kilburn, J. (2009). The public health risk of media violence: A meta-analytic review. *The Journal of Pediatrics, 154*, 759–763.

Ferguson, C. J., & Konijn, E. A. (2015). She said/he said: A peaceful debate on video game violence. *Psychology of Popular Media Culture, 4*, 397–411.

Ferguson, C. J., & Rueda, S. M. (2009). Examining the validity of the Modified Taylor Competitive Reaction Time Test of aggression. *Journal of Experimental Criminology, 5*, 121–137.

Ferguson, C. J., Rueda, S. M., Cruz, A. M., Ferguson, D. E., Fritz, S., & Smith, S. M. (2008). Violent video games and aggression: Causal relationship or byproduct of family violence and intrinsic violence motivation? *Criminal Justice and Behavior, 35*, 311–332.

Fernandez-Duque, D., Evans, J., Christian, C., & Hodges, S. D. (2015). Superfluous neuroscience information makes explanations of psychological phenomena more appealing. *Journal of Cognitive Neuroscience, 27*, 926–944.

Field, A. P. (2005). *Discovering statistics using SPSS* (2nd edn.). Thousand Oaks, CA: Sage.

Field, A. P., & Nightingale, Z. C. (2009). Test of time: What if little Albert had escaped? *Clinical Child Psychology and Psychiatry, 14*, 311–319.

Fischer, B. A. (2006). On rethinking the psychology of tyranny: The BBC prison study. *British Journal of Social Psychology, 45*, 47–53.

Fiske, S. T. (2010). Venus and Mars or down to Earth: Stereotypes and realities of gender differences. *Perspectives on Psychological Science, 5*, 688–692.

Fitzgerald, F. S. (2008). *The curious case of Benjamin Button and other jazz age stories*. New York: Penguin.

Fitzpatrick, M., Carr, A., Dooley, B., Flanagan-Howard, R., Flanagan, E., Tierney, K., ... & Egan, J. (2010). Profiles of adult survivors of severe sexual, physical and emotional institutional abuse in Ireland. *Child Abuse Review, 19*, 387–404.

Fleeson, W. (2004). Moving personality beyond the person-situation debate: The challenge and the opportunity of within-person variability. *Current Directions in Psychological Science, 13*, 83–87.

Forer, B. R. (1949). The fallacy of personal validation: A classroom demonstration of gullibility. *Journal of Abnormal and Social Psychology, 44*, 118–123.

Foroughi, C. K., Monfort, S. S., Paczynski, M., McKnight, P. E., & Greenwood, P. M. (2016). Placebo effects in cognitive training. *Proceedings of the National Academy of Sciences, 113*, 7470–7474.

Fountoulakis, K. N., McIntyre, R. S., & Carvalho, A. F. (2015). From randomized controlled trials of antidepressant drugs to the meta-analytic synthesis of evidence: Methodological aspects lead to discrepant findings. *Current Neuropharmacology, 13*, 605–615.

Fournier, J. C., DeRubeis, R. J., Hollon, S. D., Dimidjian, S., Amsterdam, J. D., Shelton, & R. C., Fawcett, J. (2010). Antidepressant drug effects and depression severity: A patient-level meta-analysis. *JAMA, 303*, 47–53.

Fox, N. A., Calkins, S. D., & Bell, M. A. (1994). Neural plasticity and development in the first two years of life: Evidence from cognitive and socioemotional domains of research. *Development and Psychopathology, 6*, 677–696.

Frances, A. (2013). *Saving normal: An insider's revolt against out-of-control psychiatric diagnosis, DSM-5, big pharma, and the medicalization of ordinary life.* New York: HarperCollins.

Franklin, M. S., Baumgart, S. L., & Schooler, J. W. (2014). Future directions in precognition research: More research can bridge the gap between skeptics and proponents. *Frontiers in Psychology, 5*, 1–4.

Freedland, K. E., Mohr, D. C., Davidson, K. W., & Schwartz, J. E. (2011). Usual and unusual care: Existing practice control groups in randomized controlled trials of behavioral interventions. *Psychosomatic Medicine, 73*, 323–335.

Freyd, J. J. (1994). Betrayal-trauma: Traumatic amnesia as an adaptive response to childhood abuse. *Ethics & Behavior, 4*, 307–329.

Freyd, J. J., DePrince, A. P., & Gleaves, D. H. (2007). The state of betrayal trauma theory: Reply to McNally-conceptual issues and future directions. *Memory, 15*, 295–311.

Fridlund, A. J., Beck, H. P., Goldie, W. D., & Irons, G. (2012). Little Albert: A neurologically impaired child. *History of Psychology, 15*, 302–327.

Friesdorf, R., Conway, P., & Gawronski, B. (2015). Gender differences in responses to moral dilemmas: A process dissociation analysis. *Personality and Social Psychology Bulletin, 41*, 696–713.

Fromm, E. (1973). *The anatomy of human destructiveness.* New York, NY: Henry Holt & Company.

Galak, J., LeBoeuf, R. A., Nelson, L. D., & Simmons, J. P. (2012). Correcting the past: Failures to replicate psi. *Journal of Personality and Social Psychology, 103*, 933–948.

Galambos, N. L., Barker, E. T., & Almeida, D. M. (2003). Parents do matter: Trajectories of change in externalizing and internalizing problems in early adolescence. *Child Development, 74*, 578–594.

Gallup. (2001, June 8). *Americans' belief in psychic and paranormal phenomena is up over last decade.* Retrieved from www.gallup.com/poll/4483/americans-belief-psychic-paranormal-phenomena-over-last-decade.aspx?version=print

Gao, Y., Raine, A., Venables, P. H., Dawson, M. E., & Mednick, S. A. (2010). Association of poor childhood fear conditioning and adult crime. *American Journal of Psychiatry, 167*, 56–60.

Gardner, H. (2006). *Five minds for the future.* Boston, MA: Harvard Business School Press.

Garry, M., Manning, C. G., Loftus, E. F., & Sherman, S. J. (1996). Imagination inflation: Imagining a childhood event inflates confidence that it occurred. *Psychonomic Bulletin & Review, 3*, 208–214.

Gaultney, J. F., & Peach, H. D. (2016). *How to do research: 15 labs for the social and behavioral sciences.* Thousand Oaks, CA: Sage.

Gauvrit, N. (2011). Precognition or pathological science? An analysis of Daryl Bem's controversial "feeling the future" paper. *Skeptic Magazine, 16*, 54–57.

Gazzaniga, M. S., Ivry, R. B., & Mangun, G. R. (2002). *Cognitive neuroscience: The biology of the mind* (2nd edn.). New York: W. W. Norton & Company.

Gilbert, S. J. (1981). Another look at the Milgram obedience studies: The role of the gradated series of shocks. *Personality and Social Psychology Bulletin, 7*, 690–695.

Gilligan, C. (1982). *In a different voice: Psychological theory and women's development.* Cambridge, MA: Harvard University Press.

Gilovich, T., Vallone, R., & Tversky, A. (1985). The hot hand in basketball: On the misperception of random sequences. *Cognitive Psychology, 17*, 295–314.

Goff, L. M., & Roediger, H. L. (1998). Imagination inflation for action events: Repeated imaginings lead to illusory recollections. *Memory & Cognition, 26*, 20–33.

Goldstein, E., & Farmer, K. (1993). *True stories of false memories.* Boca Raton, FL: Upton Books.

Goldstein, E., & Farmer, K. (1994). *Confabulations: Creating false memories-destroying families.* Boca Raton, FL: Upton Books.

Gottlieb, G. (2007). Probabilistic epigenesist. *Developmental Science, 10*, 1–11.

Gray, J. (1992). *Men are from Mars, women are from Venus: A practical guide for improving communication and getting what you want in your relationship.* New York: HarperCollins.

Green, C. S., & Seitz, A. R. (2015). The impacts of video games on cognition (and how the government can guide the industry). *Policy Insights from the Behavioral and Brain Sciences, 2*, 101–110.

Greenberg, G. (2013). *The book of woe: The DSM and the unmaking of psychiatry.* New York: Blue Rider Press.

Greeno, C. G., & Maccoby, E. E. (1986). How different is the "different voice"? *Signs, 11*, 310–316.

Greenough, W. T., Black, J. E., & Wallace, C. S. (1987). Experience and brain development. *Child Development, 58*, 539–559.

Griggs, R. A. (2014). The continuing saga of little Albert in introductory psychology textbooks. *Teaching of Psychology, 41*, 309–317.

Griggs, R. A., & Whitehead, G. I. (2014). Coverage of the Stanford prison experiment in introductory social psychology textbooks. *Teaching of Psychology, 41*, 318–324.

Gunnell, B. (2004, September 6). The happiness industry. *New Statesman.* Retrieved from www.newstatesman.com

Haidt, J. (2001). The emotional dog and its rational trail: A social intuitionist approach to moral judgment. *Psychological Review, 108*, 814–834.

Haidt, J. (2013). Moral psychology for the twenty-first century. *Journal of Moral Education, 42*, 281–297.

Haig, B. D. (2009). Inference to the best explanation: A neglected approach to theory appraisal in psychology. *American Journal of Psychology, 122*, 219–234.

Hair, E. C., Moore, K. A., Garrett, S. B., Ling, T., & Cleveland, K. (2008). The continued importance of quality parent-adolescent relationships during late adolescence. *Journal of Research on Adolescence, 18*, 187–200.

Hall, H. (2016). "It worked for my Aunt Tillie" is not enough. *Skeptic Magazine, 20*, 7–8.

Halpern, D. F., et al. (2011). The pseudoscience of single-sex schooling. *Science, 333*, 1706–1707.

Haney, C., Banks, C., & Zimbardo, P. (1973). Interpersonal dynamics in a simulated prison. *International Journal of Criminology and Penology, 1*, 69–97.

Haney, C., & Zimbardo, P. G. (2009). Persistent dispositionalism in interactionist clothing: Fundamental attribution error in explaining prison abuse. *Personality and Social Psychology Bulletin, 35*, 807–814.

Harmon-Jones, E., Amodio, D. M., & Zinner, L. R. (2007). Social psychological methods in emotion elicitation. In J. A. Coan, & J. J. B. Allen (eds.), *Handbook of emotion elicitation and assessment* (pp. 91–105). New York: Oxford University Press.

Harris, B. (1979). Whatever happened to little Albert? *American Psychologist, 34*, 151–160.

Harris, B. (2011). Letting go of little Albert: Disciplinary memory, history, and the uses of myth. *Journal of the History of the Behavioral Sciences, 47*, 1–17.

Harris, J. R. (1995). Where is the child's environment? A group socialization theory of development. *Psychological Review, 102*, 458–489.

Harris, J. R. (2009). *The nurture assumption: Why children turn out the way they do, revised and updated.* New York: Free Press.

Hasan, Y., Bégue, L., Scharkow, M., & Bushman, B. J. (2013). The more you play, the more aggressive you become: A long-term experimental study of cumulative violent video game effects on hostile expectations and aggressive behavior. *Journal of Experimental Social Psychology, 49*, 224–227.

Haslam, S. A., & McGarty, C. (2014). *Research methods and statistics in psychology* (2nd edn). Thousand Oaks, CA: Sage.

Haslam, S. A., & Reicher, S. (2007). Beyond the banality of evil: Three dynamics of an interactionist social psychology of tyranny. *Personality and Social Psychology Bulletin, 33*, 615–622.

Haslam, S. A., Reicher, S., & Millard, K. (2015). Shock treatment: Using immersive digital realism to restage and re-examine Milgram's "obedience to authority" research. *PLoS ONE, 10*, 1–10.

Haynes, J. D. (2011). Decoding and predicting intentions. *Annals of the New York Academy of Sciences, 1224*, 9–21.

Heeger, D. J., & Ress, D. (2002). What does fMRI tell us about neuronal activity? *Nature Reviews, 3*, 142–151.

Henry, J. P. (2008). College sophomores in the laboratory redux: Influences of a narrow data base on social psychology's view of the nature of prejudice. *Psychological Inquiry, 19*, 49–71.

Herbert, J. D., Lilienfeld, S. O., Lohr, J. M., Montgomery, R. W., O'Donohue, W. T., Rosen, G. M., & Tolin, D. F. (2000). Science and pseudoscience in the development of eye movement desensitization and reprocessing. *Implications for Clinical Psychology, 20*, 945–971.

Hillman, S. J., Zeeman, S. I., Tilburg, C. E., & List, H. E. (2016). My attitudes toward science (MATS): The development of a multidimensional instrument measuring students' science attitudes. *Learning Environments Research, 19*, 203–219.

Hobbs, S. (2010). Little Albert: Gone but not forgotten. *History and Philosophy of Psychology, 12*, 79–83.

Hoffrage, U., Hertwig, R., & Gigerenzer, G. (2000). Hindsight bias: A by-product of knowledge-updating? *Journal of Experimental Psychology: Learning, Memory, and Cognition, 26*, 566–581.

Hubel, D. H., & Wiesel, T. N. (1970). The period of susceptibility to the physiological effects of unilateral eye closure in kittens. *The Journal of Physiology, 206*, 419–436.

Hunt, M. (1993). *The story of psychology*. New York: Anchor Books.

Hunt, E., & Carlson, J. (2007). Considerations relating to the study of group differences in intelligence. *Perspectives on Psychological Science, 2*, 194–213.

Hunter, M. (1982). *Mastery learning*. El Segundo, CA: Tip Publication.

Hyde, J. S. (2005). The gender similarities hypothesis. *American Psychologist, 60*, 581–592.

Imhoff, R. (2016). Zeroing in on the effect of the schizophrenia label on stigmatizing attitudes: A large-scale study. *Schizophrenia Bulletin, 42*, 456–463.

Ioannidis, J. P. (2008). Effectiveness of antidepressants: An evidence myth constructed from a thousand randomized trials? *Philosophy, Ethics, and Humanities in Medicine, 3*, 1–9.

Jaccard, J, & Becker, M. (2002). *Statistics for the behavioral science* (4th edn.). Belmont, CA: Wadsworth.

Jaeggi, S. M., Buschkuehl, M., Jonides, J., & Shah, P. (2011). Short-and long-term benefits of cognitive training. *Proceedings of the National Academy of Sciences, 108*, 10081–10086.

Jaeggi, S. M., Buschkuehl, M., Shah, P., & Jonides, J. (2014). The role of individual differences in cognitive training and transfer. *Memory & Cognition, 42*, 464–480.

Jaffee, S., & Hyde, J. S. (2000). Gender differences in moral orientation: A meta-analysis. *Psychological Bulletin, 126*, 703–726.

Jarrett, C. (2008). Foundations of sand? *The Psychologist, 21*, 756–759.

Jason Heyward. (n. d.). In *Baseball reference*. Retrieved from www.baseball-reference.com/players/h/heywaja01.shtml

Johnson, M. H. (2001). Functional brain development during infancy. In J. G. Bremner, & A. Fogel (eds.), *Blackwell handbook of infant development* (pp. 169–190). Oxford: Blackwell.

Jones, M. C. (1924). A laboratory study of fear: The case of Peter. *Pedagogical Seminary, 31*,308–315.

Joyce, N., & Baker, D. B. (April, 2008). ESPecially intriguing. *Monitor on Psychology, 39*. Retrieved from www.apa.org/monitor/2008/04/zener.aspx

Kagan, J. (1998, November/December). A parent's influence is peerless. *Harvard Education Letter*, 14. Retrieved from http://hepg.org/hel-home/issues/14_6/helarticle/a-parent-s-influence-is-peerless_340

Kaptchuk, T. J., Friedlander, E., Kelley, J. M., Sanchez, M. N., Kokkotou, E., Singer, J. P., ... & Lembo, A. J. (2010). Placebos without deception: A randomized controlled trial in Irritable Bowel Syndrome. *PLoS ONE, 5*, 1–7.

Kelly, R. E., Cohen, L. J., & Semple, R. J., Bialer, P., Lau, A., Bodenheimer, A., ... & Galynker, I. I. (2006). Relationship between drug company funding and outcomes of clinical psychiatric research. *Psychological Medicine, 36*, 1647–1656.

Kerber, L., Greeno, G. C., Maccoby, E. E., Luria, Z., & Stack, C. (1986). On in a different voice: An interdisciplinary forum. *Signs, 11*, 304–324.

Kesey, K. (1962). *One flew over the cuckoo's nest*. New York: Viking.

Kida, T. (2006). *Don't believe everything you think: The 6 basic mistakes we make in thinking*. Amherst, NY: Prometheus Books.

Kilpatrick, W. (1992). *Why Johnny can't tell right from wrong and what we can do about it.* New York: Touchstone.
Kirsch, I. (2005). Placebo psychotherapy: Synonym or oxymoron? *Journal of Clinical Psychology, 61,* 791–803.
Kirsch, I. (2010). *The emperor's new drugs: Exploding the antidepressant myth.* New York: Basic Books.
Kirsch, I. (2014). Antidepressants and the placebo effect. *Zeitschrift für Psychologie, 222,* 128–134.
Kirsch, I. (2016). The placebo effect in the treatment of depression. *Verhaltenstherapie, 26,* 1–6.
Kirsch, I., Deacon, B. J., Huedo-Medina, T. B., Scoboria, A., Moore, T. J., & Johnson, B. T. (2008). Initial severity and antidepressant benefits: A meta-analysis of data submitted to the Food and Drug Administration. *PLoS Medicine, 5,* 260–268.
Kirsch, I., & Sapirstein, G. (1998). Listening to Prozac but hearing placebo: A meta-analysis of antidepressant medication. *Prevention and Treatment, 1,* article 0002a.
Kirsch, I., & Weixel, L. J. (1998). Double-blind versus deceptive administration of a placebo. *Behavioral Neuroscience, 102,* 319–323.
Kirschner, P. A., Sweller, J., & Clark, R. E. (2006). Why minimal guidance during instruction does not work: An analysis of the failure of constructivist, discovery, problem-based, experiential, and inquiry-based teaching. *Educational Psychologist, 41,* 75–86.
Kohlberg, L. (1975). Moral education for a society in moral transition. *Educational Leadership, 33,* 46–54.
Kohlberg, L. (1976). Moral stages and moralization: The cognitive developmental approach. In T. Lickona (Ed.), *Moral development and behavior: Theory, research, and social issues* (pp. 31–53). New York: Holt, Rinehart and Winston.
Le Texier, T. (in press). Debunking the Stanford prison experiment. *American Psychologist.*
Luckona (ed.), *Moral development and behavior: Theory, research, and social issues.* New York: Holt.
Kohlberg, L., & Hersh, R. H. (1977). Moral development: A review of the theory. *Theory into Practice, 16,* 53–59.
Konijn, E. A., Nije Bijvank, M., & Bushman, B. J. (2007). I wish I were a warrior: The role of wishful identification in the effects of violent video games on aggression in adolescent boys. *Developmental Psychology, 43,* 1038–1044.
Kravitz, R. L., Epstein, R., Feldman, M. D., Franz, C. E., Azari, R., Wilkes, M. S., ... & Franks, P. (2005). Influence of patients' requests for directly advertised antidepressants: A randomized controlled trial. *JAMA, 293,* 1–15.
Kuhl, J., & Koole, S. L. (2004). Workings of the will: A functional approach. In J. Greenberg, S. L. Koole, & T. Pyszczynski (eds.), *Handbook of experimental existential psychology* (pp. 411–430). New York: The Guilford Press.
Kutchins, H., & Kirk, S. A. (1997). *Making us crazy: DSM: The psychiatric bible and the creation of mental disorders.* New York: The Free Press.
Lacasse, J. R., & Leo, J. (2005). Serotonin and depression: A disconnect between the advertisements and the scientific literature. *PLoS Medicine, 2,* 1211–1216.
Landers, R. N., & Behrend, T. S. (2015). An inconvenient truth: Arbitrary distinctions between organizational, Mechanical Turk, and other convenience samples. *Industrial and Organizational Psychology, 8,* 142–164.

Langer, E. J. (1975). The illusion of control. *Journal of Personality and Social Psychology, 32*, 311–328.

Langer, E. J., & Abelson, R. P. (1974). A patient by any other name ...: Clinician group difference in labeling bias. *Journal of Consulting and Clinical Psychology, 42*, 4–9.

Lau, H. C., Rogers, R. D., Haggard, P., & Passingham, R. E. (2004). Attention to intention. *Science, 303*, 1208–1210.

Lenroot, R. K., & Giedd, J. N. (2007). The structural development of the human brain as measured longitudinally with magnetic resonance imaging. In D. Coch, K. W. Kischer, & G. Dawson (eds.), *Human behavior, learning, and the developing brain: Typical development* (pp. 50–73). New York: Guilford.

Leo, J., & Lacasse, J. R. (2007). The media and the chemical imbalance theory of depression. *Society, 45*, 35–45.

Lerner, J. S., Li, Y., Valdesolo, P., Kassam, K. S. 2015. Emotion and decision making. *Annual Review of Psychology, 66*, 799–823.

Le Texier, T. (2018). *Histoire d'un mensonge: enquête sur l'expérience de Stanford.* Paris: La Découverte.

Levy, D. A. (2010). *Tools of critical thinking: Metathoughts for psychology* (2nd edn.). Long Grove, IL: Waveland Press.

Libet, B. (1985). Unconscious cerebral initiative and the role of conscious will in voluntary action. *The Behavioral and Brain Sciences, 8*, 529–566.

Libet, B. (1999). Do we have free will? *Journal of Consciousness Studies, 6*, 47–57.

Lieberman, J. D., Solomon, S., Greenberg, J., & McGregor, H. A. (1999). A hot new way to measure aggression: Hot sauce allocation. *Aggressive Behavior, 25*, 331–348.

Lilienfeld, S. O., Lynn, S. J., Ruscio, J., & Beyerstein, B. L. (2010). *Great myths of popular psychology: Shattering widespread misconceptions about human behavior.* West Sussex: Wiley-Blackwell.

Lilienfeld, S. O., Sauvigne, K. C., Lynn, S. J., Cautin, R. L., Latzman, R. D., & Waldman, I. D. (2015). Fifty psychological and psychiatric terms to avoid: A list of inaccurate, misleading, misused, ambiguous, and logically confused words and phrases. *Frontiers in Psychology, 6*, 1–15.

Lindblom, K. M. & Gray, M. J. (2010). Relationship closeness and trauma narrative detail: A critical analysis of betrayal trauma theory. *Applied Cognitive Psychology, 24*, 1–19.

Link, B. G., & Phelan, J. C. (2013). Labeling and stigma. In C. Aneshensel, J. Phelan, & A. Bierman (eds.), *Handbook of the Sociology of Mental Health* (2nd edn., pp. 525–541). New York: Springer.

Locke, E. A. (2009). It's time we brought introspection out of the closet. *Perspectives on Psychological Science, 4*, 24–25.

Loehlin, J C. (1997). A test of J. R. Harris's theory of peer influences on personality. *Journal of Personality and Social Psychology, 72*, 1197–1201.

Loftus, E. F. (1993). The reality of repressed memories. *American Psychologist, 48*, 518–537.

Loftus, E. F. (2005). Planting misinformation in the human mind: A 30-year investigation of the malleability of memory. *Learning & Memory, 12*, 361–366.

Loftus, E. F., & Davis, D. (2006). Recovered memories. *Annual Review of Clinical Psychology, 2*, 469–498.

Loftus, E. F. & Ketcham, K. (1994). *The myth of repressed memory*. New York: St. Martin's Press.

Loftus, E. F., & Loftus, G. R. (1980). On the permanence of stored information in the human brain. *American Psychologist, 35*, 108–120.

Loftus, E. F., Miller, D. G., & Burns, H. J. (1978). Semantic integration of verbal information into a visual memory. *Journal of Experimental Psychology: Human Learning and Memory, 4*, 19–31.

Loftus, E. F., & Pickrell, J. E. (1995). The formation of false memories. *Psychiatric Annals, 25*, 720–725.

Lorant-Royer, S., Munch, C., Mesclé, H., & Lieury, A. (2010). Kawashima vs "Super Mario"! Should a game be serious in order to stimulate cognitive aptitudes? *Revue Européenne de Psychologie Appliquée/European Review of Applied Psychology, 60*, 221–232.

Lord, C. G., Ross, L., & Lepper, M. R. (1979). Biased assimilation and attitude polarization: The effects of prior theories on subsequently considered evidence. *Journal of Personality and Social Psychology, 37*, 2098–2109.

Lovibond, S. H., Mithiran, X., & Adams, W. G. (1979). The effects of three experimental prison environments on the behavior of non-convict volunteer subjects. *Australian Psychologist, 14*, 273–287.

Lull, R. B., & Bushman, B. J. (2016). Immersed in violence: Presence mediates the effect of 3D violent video gameplay on angry feelings. *Psychology of Popular Media Culture, 5*, 133–144.

Luria, Z. (1986). A methodological critique. *Signs, 11*, 316–321.

Lynn S. J., Evans J., Laurence J. R., & Lilienfeld, S. O. (2015). What do people believe about memory? Implications for the science and pseudoscience of clinical practice. *Canadian Journal of Psychiatry, 60*, 541–547.

Lynn, S. J., Lilienfeld, S. O., Merckelbach, H., Giesbrecht, T., & van der Kloet, D. (2012). Dissociation and dissociative disorders: Challenging conventional wisdom. *Current Directions in Psychological Science, 21*, 48–53.

Lynn, S. J., Lilienfeld, S. O., Merckelbach, H., Giesbrecht, T., McNally, R. J., Loftus, E. F., Bruck, M., Garry, M., & Malaktaris, A. (2014). The trauma model of dissociation: Inconvenient truths and stubborn fictions. Comment on Dalenberg et al. (2012). *Psychological Bulletin, 140*, 896–910.

Maguire, E. A., Gadian, D. G., Johnsrude, I. S., Good, C. D., Ashburner, J., Frackowiak, R. S., & Frith, C. D. (2000). Navigation-related structural change in the hippocampi of taxi drivers. *Proceedings of the National Academy of Sciences, 97*, 4398–4403.

Malmquist, C. P. (1986). Children who witness parental murder: Posttraumatic aspects. *Journal of American Academy of Child Psychiatry, 25*, 320–325.

Marsh, E. J., & Tversky, B. (2004). Spinning the stories of our lives. *Applied Cognitive Psychology, 18*, 491–503.

Martinez, A., Piff, P. K., Mendoza-Denton, R., & Hinshaw, S. (2011). The power of a label: Mental illness diagnoses, ascribed humanity, and social rejection. *Journal of Social and Clinical Psychology, 30*, 1–23.

McCabe, D. P., & Castel, A. D. (2008). Seeing is believing: The effect of brain images in judgements of scientific reasoning. *Cognition, 107*, 343–352.
McNally, R. J. (2007). Betrayal trauma theory: A critical appraisal. *Memory, 15*, 280–294.
McNally, R. J., Ristuccia, C. S., & Perlman, C. A. (2005). Forgetting of trauma cues in adults reporting continuous or recovered memories of childhood sexual abuse. *Psychological Science, 16*, 336–340.
Mead, S. (2007, April). Million dollars babies: Why infants can't be hardwired for success. *Education Sector*. Retrieved from www.educationsector.org
Mednick, M. T. (1989). On the politics of psychological constructs: Stop the bandwagon, I want to get off. *American Psychologist, 44*, 1118–1123.
Meehl, P. E. (1990). Why summaries of research on psychological theories are often uninterpretable. *Psychological Reports, 66*, 195–244.
Mehr, S. A. (2015). Miscommunication of science: Music cognition research in the popular press. *Frontiers in Psychology, 6*, 1–3.
Mehr, S. A., Schachner, A., Katz, R. C., & Spelke, E. S. (2013). Two randomized trials provide no consistent evidence for nonmusical cognitive benefits of brief preschool music enrichment. *PLoS ONE, 8*, 1–12.
Mendel, R., Traut-Mattausch, E., Jonas, E., Leucht, S., Kane, J. M., Maino, K., ... & Hamann, J. (2011). Confirmation bias: Why psychiatrists stick to wrong preliminary diagnoses. *Psychological Medicine, 41*, 2651–2659.
Menzies, R. G., & Clarke, J. C. (1995). The etiology of phobias: A nonassociative account. *Clinical Psychology Review, 15*, 23–48.
Meredith, R. (1996, May 10). Parents convicted for a youth's misconduct. *New York Times*. Retrieved from www.nytimes.com/1996/05/10/us/parents-convicted-for-a-youth-s-misconduct.html
Milevsky, A., Schlechter, M., Netter, S., & Keehn, D. (2007). Maternal and paternal parenting styles in adolescents: Associations with self-esteem, depression and life-satisfaction. *Journal of Child and Family Studies, 16*, 39–47.
Milgram, S. (1974). *Obedience to authority: An experimental view*. New York: HarperCollins.
Miller, G. A. (2010). Mistreating psychology in the decades of the brain. *Perspectives on Psychological Science, 5*, 716–743.
Miller, J., & Schwarz, W. (2014). Brain signals do not demonstrate unconscious decision making: An interpretation based on graded conscious awareness. *Consciousness and Cognition, 24*, 12–21.
Millon, T. (1975). Reflections of Rosenhan's "On being sane in insane places." *Journal of Abnormal Psychology, 84*, 456–461.
Mineka, S., Davidson, M., Cook, M., & Keir, R. (1984). Observational conditioning of snake fear in Rhesus monkeys. *Journal of Abnormal Psychology, 93*, 355–372.
Mischel, W. (1968). *Personality and assessment*. London: Wiley.
Moghaddam, M. F., Assareh, M., Heidaripoor, A., Eslami Rad, R., & Pishjoo, M. (2013). The study comparing parenting styles of children with ADHD and normal children. *Archives of Psychiatry and Psychotherapy, 15*, 45–49.
Morling, B. (2014, April). Guides your students to become better research consumers. *APS Observer*. Retrieved from www.psychologicalscience.org/observer/teach-your-students-to-be-better-consumers#.WMgbeG_yu00

Moss, M., Hewitt, S., Moss, L., & Wesnes, K. (2008). Modulation of cognitive performance and mood by aromas of peppermint and ylang-ylang. *International Journal of Neuroscience, 118, 59–77.*

Moulton, S. T., Kosslyn, S. M. (2008). Using neuroimaging to resolve the psi debate. *Journal of Cognitive Neuroscience, 20,* 182–192.

Muris, P., & Field, A. P. (2008). Distorted cognition and pathological anxiety in children and adolescents. *Cognition and Emotion, 22,* 395–421.

Muris, P., Merckelbach, H., de Jong, P. J., & Ollendick, T. H. (2002). The etiology of specific fears and phobias in children: A critique of the non-associative account. *Behaviour Research and Therapy, 40,* 185–195.

Muris, P., van Zwol, L., Huijding, J., & Mayer, B. (2010). Mom told me scary things about this animal: Parents installing fear beliefs in their children via the verbal information pathway. *Behavior Research and Therapy, 48,* 341–346.

National Alliance on Mental Illness (NAMI) – Illinois. (2017, November 10). Retrieved from http://il.nami.org/facts.html

Nelson, H. (2005). AR 15-6 investigation – Allegations of detainee abuse at Abu Ghraib. In K. J. Greenberg, & J. L. Dratel (2005) *The torture papers: The road to Abu Ghraib* (pp. 448–450). New York: Cambridge University Press.

Neuroskeptic. (2012). The nine circles of scientific hell. *Perspectives on Psychological Science, 7,* 643–644.

Newby, J. (Producer). (2010). False memories [Television series episode]. In I. Arnott (Executive producer), *Catalyst.* Sydney: Australian Broadcasting Corporation.

Nichols, A. L., & Maner, J. K. (2008). The good-subject effect: Investigating participant demand characteristics. *Journal of General Psychology, 135,* 151–165.

Nickerson, R. S. (1998). Confirmation bias: A ubiquitous phenomenon in many guises. *Review of General Psychology, 2,* 175–220.

Nicodemo, A., & Petronio, L. (2018, February). Schools are safer than they were in the 90s, and school shootings are not more common than they used to be, researchers say. *News@Northeastern.* Retrieved from https://news.northeastern.edu/2018/02/26/schools-are-still-one-of-the-safest-places-for-children-researcher-says/

Nielsen, J. A., Zielinski, B. A., Ferguson, M. A., Lainhart, J. A., & Anderson, J. S. (2013). An evaluation of the left-brain vs. right-brain hypothesis with resting state functional connectivity magnetic resonance imaging. *PLOS ONE, 8,* 1–11.

Nutt, D. J., & Malizia, A. L. (2008). Why does the world have such a "down" on antidepressants? *Journal of Psychopharmacology, 22,* 223–226.

Ofri, D. (2011, October 20). When doing nothing is the best medicine.

*New York Times.* Retrieved from www.nytimes.com

Olatunji, B. O., Parker, L. M., Lohr, J. M. (2005). Pseudoscience in contemporary psychology: Professional issues and implications. *The Scientific Review of Mental Health Practice, 4,* 19–36.

Ollendick, T. H., & Muris, P. (2015). The scientific legacy of little Hans and little Albert: Future directions for research on specific phobias in youth. *Journal of Clinical Child & Adolescent Psychology, 44,* 689–706.

Orne, M. T. (1962). On the social psychology of the psychological experiment: With particular reference to demand characteristics and their implications. *American Psychologist, 17,* 776–783.

Orne, M. T., & Holland, C. H. (1968). On the ecological validity of laboratory deceptions. *International Journal of Psychiatry, 6*, 282–293.

Oswald, M. E., & Grosjean, S. (2004). Confirmation bias. In R. F. Pohl (ed.), *Cognitive illusions: A handbook on fallacies and biases in thinking, judgment and memory* (pp. 79–96). New York: Psychology Press.

Owen, A. M., Hampshire, A., Grahn, J. A., Stenton, R., Dajani, S., Burns, A. S., ... & Ballard, C. G. (2010). Putting brain training to the test. *Nature, 465*, 775–778.

Packer, D. J. (2008). Identifying systematic disobedience in Milgram's obedience experiments: A meta-analytic review. *Perspectives on Psychological Science, 3*, 301–304.

Paddock, J. R., Noel, M., Terronova, S., Eber, H. W., Manning, C. G., & Loftus, E. F. (1999). Imagination inflation and the perils of guided visualization. *Journal of Psychology, 133*, 581–595.

Papanicolaou, A. C. (2017). The claim "the will is determined" is not based on evidence. *Psychology of Consciousness: Theory, Research, and Practice, 4*, 334–336.

Passingham, R. (2009). How good is the macaque monkey model of the human brain? *Current Opinion in Neurobiology, 19*, 6–11.

Patihis, L., Ho, L. Y., Tingen, I. W., Lilienfeld, S. O., & Loftus, E. F. (2014). Are the "memory wars" over? A scientist-practitioner gap in beliefs about repressed memory. *Psychological Science, 25*, 519–530.

Paul, D. B., & Blumenthal, A. L., (1989). On the trail of little Albert (1989). *The Psychological Record, 39*, 547–553.

Pendergrast, M. (1996). *Victims of memory: Sex abuse accusations and shattered lives* (2nd edn.). Hinesburg, VT: Upper Access.

Perry, G. (2012). *Behind the shock machine: The untold story of the notorious Milgram psychology experiments*. New York: The New Press.

Plimpton, G. (1958). The Art of Fiction XXI: Ernest Hemingway. *Paris Review, 18*, 60–89.

Plomin, R., DeFries, J. C., Knopik, V. S., & Neiderhiser, J. M. (2013). *Behavior genetics* (6th edn.). New York: Worth.

Podsakoff, P. M., Mackenzie, S. B., Lee, J. Y., & Podsakoff, N. P. (2003). Common method biases in behavioral research: A critical review of the literature and recommended remedies. *Journal of Applied Psychology, 88*, 879–903.

Pope, K. S., & Vasquez, M. (2005). *How to survive and thrive as a therapist: Information, ideas, and resources for psychologists in practice*. Washington, DC: American Psychological Association.

Porto, P. R., Oliveira, L., Mari, J., Volchan, E., Figueira, I., & Ventura, P. (2009). Does cognitive behavioral therapy change the brain? A systematic review of neuroimaging in anxiety disorders. *The Journal of Neuropsychiatry and Clinical Neurosciences, 21*, 114–125.

Poulton, R., Davies, S., Menzies, R. G., Langley, J. D., & Silva, P A. (1998). Evidence for a non-associative model of the acquisition of a fear of heights. *Behaviour Research and Therapy, 36*, 537–544.

Pound, N., & Price, M. E. (2013). Human sex differences: Distributions overlap but the tails sometimes tell a tale. *Psychological Inquiry, 24*, 224–230.

Powell, R. A., Digdon, N., Harris, B., & Smithson, C. (2014). Correcting the record on Watson, Rayner, and little Albert: Albert Barger as "psychology's lost boy". *American Psychologist, 69*, 600–611.

Pratkanis, A. R. (1995). How to sell a pseudoscience. *Skeptical Inquirer, 19*, 19–25.

Pratt, M. W., Skoe, E. E., & Arnold, M. L. (2004). Care reasoning development and family socialization patterns in later adolescence: A longitudinal analysis. *International Journal of Behavioral Development, 28*, 139–147.

Pratkanis, A. R. (2017). The (partial but) real crisis in social psychology: A social influence analysis of the causes and solutions. In S. O. Lilienfeld & I. D. Waldman (eds.), *Psychological science under scrutiny: Recent challenges and proposed solutions* (pp. 141–163). West Sussex: Wiley.

Preuss, T. M. (2000). What's human about the human brain? In M. S. Gazzaniga (ed.), *The new cognitive neurosciences* (2nd edn). Cambridge, MA: MIT Press.

Preuss, T. M., & Robert, J. S. (2014). Animal models of the human brain: Repairing the paradigm. In M. S. Gazzaniga, & G. Mangun (eds.), *The cognitive neurosciences* (5th edn). Cambridge, MA: MIT Press.

Pronin, E., Lin, D. Y., & Ross, L. (2002). The bias blind spot: Perceptions of bias in self versus others. *Personality and Social Psychology Bulletin, 28*, 369–381.

Ramos, R. A., Ferguson, C. J., Frailing, K., & Romero-Ramirez, M. (2013). Comfortably numb or just yet another movie? Media violence exposure does not reduce viewer empathy for victims of real violence among primarily Hispanic viewers. *Psychology of Popular Media Culture, 2*, 2–10.

Ranganathan, P., Pramesh, C. S., & Buyse, M. (2015). Common pitfalls in statistical analysis: Clinical versus statistical significance. *Perspectives in Clinical Research, 6*, 169–170.

Reber, R., & Unkelbach, C. (2010). The epistemic status of processing fluency as source for judgments of truth. *Review of Philosophy and Psychology, 1*, 563–581.

Reeve, J. (2001). *Understanding motivation and emotion* (3rd edn.). New York: Wiley.

Reicher, S., & Haslam, S. A. (2006). Rethinking the psychology of tyranny: The BBC prison study. *British Journal of Social Psychology, 45*, 1–40.

Reicher, S. D., Haslam, S. A. (2011). After shock? Towards a social identity explanation of the Milgram 'obedience' studies. *British Journal of Social Psychology, 50*, 163–169.

Reicher, S. D., Haslam, S. A., & Smith, J. R. (2012). Working toward the experiment: Reconceptualizing obedience within the Milgram paradigm as identification-based followership. *Perspectives on Psychological Science, 7*, 315–324.

Rest, J. R. (1979). *Development in judging moral issues*. Minneapolis, MN: University of Minnesota Press.

Richardson, R., Richards D. A., & Barkham, M. B. (2008). Self-help books for people with depression: A scoping review. *Journal of Mental Health, 17*, 543–552.

Riege, W. H. (1971). Environmental influences on brain and behavior of old rats. *Developmental Psychobiology, 4*, 157–167.

Rigdon, A. R. (2008). Dangerous data: How disputed research legalized public single-sex education. *Stetson Law Review, 37*, 527–578.

Risen, J. L., & Gilovich, T. (2007). Target and observer differences in the acceptance of questionable apologies. *Journal of Personality and Social Psychology, 92*, 418–433.

Ritchie, S. J., Wiseman, R., & French, C. C. (2012). Failing the future: Three unsuccessful attempts to replicate Bem's "retroactive facilitation of recall" effect. *PLoS ONE, 7,* 1–4.

Robinson, E. (2009). Extra-sensory perception – a controversial debate. *The Psychologist, 22,* 590–593.

Rochet, F., & Blass, T. (2014). Milgram's unpublished obedience variation and its historical relevance. *Journal of Social Issues, 70,* 456–472.

Roediger, H. L., & Bergman, E. T. (1998). The controversy over recovered memories. *Psychology, Public Policy and Law, 4,* 1091–1109.

Rollman, G. B. (1985). Sensory events with variable central latencies provide inaccurate clocks. *The Behavioral and Brain Sciences, 8,* 551–552.

Rosen, G. M., Glasgow, R. E., Moore, T. E., & Barrera, M. (2015). Self-help therapy: Recent developments in the science and business of giving psychology away. In S. O. Lilienfeld, S. J. Lynn, & J. M. Lohr (eds.), *Science and pseudoscience in clinical psychology* (2nd edn., pp. 245–274). New York: Guilford Press.

Rosenhan, D. L. (1968). Some origins of concern for others. *ETS Research Bulletin Series, 1,* 1–43.

Rosenhan, D. L. (1973). On being sane in insane places. *Science, 179,* 250–258.

Rosenthal, R. (1979). The 'file drawer problem' and tolerance for null results. *Psychological Bulletin, 86,* 638–641.

Rosenthal, R. C. (1994). Parametric measures of effect size. In H. Cooper, & L. V. Hedges (eds.), *The handbook of research synthesis* (pp. 231–244). New York: Russell Sage Foundation.

Rosenthal, R., & Jacobson, L. (1966). Teachers' expectancies: Determinates of pupils' IQ gains. *Psychological Reports, 19,* 115–118.

Rosenzweig, M. R. (1999). Effects of differential experience on brain and cognition throughout the life span. In S. H. Broman, & J. M. Fletcher (eds.), *The changing nervous system: Neurobehavioral consequences of early brain disorders* (pp. 25–50). New York: Oxford University Press.

Rosenzweig, M. R. (2007). Modification of brain circuits through experience. In F. Bermúdez-Rattoni (ed.), *Neural plasticity and memory: From genes to brain imaging.* Boca Raton, FL: Taylor & Francis.

Rosenzweig, M. R., & Bennett, E. L. (1996). Psychobiology of plasticity: Effects of training and experience on brain and behavior. *Behavioural Brain Research, 78,* 57–65.

Rosenzweig, M. R., Bennett, E. L., & Diamond, M. C. (1972). Brain changes in response to experience. *Scientific American, 226,* 22–29.

Rubenstein, C. (1982). Psychology's fruit flies. *Psychology Today, 16,* 83–84.

Rudski, J. M. (2003). Hindsight and confirmation biases in an exercise in telepathy. *Psychological Reports, 91,* 899–906.

Rugg, M. D. (1985). Are the origins of any mental process available to introspection? *The Behavioral and Brain Sciences, 8,* 552.

Ruscio, J. (2004). Diagnosis and the behaviors they denote: A critical evaluation of the labeling theory of mental illness. *The Scientific Review of Mental Health Practice, 3,* 5–22.

Ruscio, J. (2015). Rosenhan pseudopatient study. In R. L. Cautin, & S. O. Lilienfeld (eds.), *The encyclopedia of clinical psychology* (pp. 2496–2499). West Sussex: Wiley-Blackwell.

Russell, D., & Jones, W. H. (1980). When superstition fails: Reactions to disconfirmation of paranormal beliefs. *Personality and Social Psychology Bulletin, 6*, 83–88.

Ryan, R. M., & Deci, E. L. (2004). Autonomy is no illusion: Self-determination theory and the empirical study of authenticity, awareness, and will. In J. Greenberg, S. L. Koole, & T. Pyszcynski (eds.), *Handbook of experimental existential psychology* (pp. 449–479). New York: Guilford Press.

Sagan, C. (1995). *The demon-haunted world: Science as a candle in the dark*. New York: Random House.

Salomone, R. (2013). Rights and wrongs in the debate over single-sex schooling. *Boston University Law Review, 93*, 971–1027.

Samelson, F. (1980). J.B. Watson's little Albert, Cyril Burt's twins, and the need for a critical science. *American Psychologist, 35*, 619–625.

Sanderson, W. C., & Rego, S. A. (2002). Empirically supported treatment for panic disorder: Research, theory, and application of cognitive behavioral therapy. In R. L. Leahy, & T. E. Dowd (eds.), *Clinical advances in cognitive psychotherapy: Theory and application*. New York: Springer.

Satel, S., & Lilienfeld, S. (2013). *Brainwashed: The seductive appeal of mindless neuroscience*. New York: Basic Books.

Scharrer, E., & Leone, R. (2008). First-person shooters and the third-person effect. *Human Communication Research, 34*, 210–233.

Schiffman, H. R. (2001). *Sensation and perception: An integrated approach* (5th edn.). New York: John Wiley & Sons.

Schmaltz, R., & Lilienfeld, S. O. (2014). Hauntings, homeopathy, and the Hopkinsville Goblins: Using pseudoscience to teach scientific thinking. *Frontiers in Psychology, 5*, 1–5.

Schmeing, J., Kehyayan, A., Kessler, H., Do Lam, A., Fell, J., Schmidt, A., & Axmacher, N. (2013). Can the neural basis of repression be studied in the MRI scanner? New insights from two free association paradigms. *PLoS ONE, 8*, 1–13.

Schurger, A., Sitt, J. D., & Dehaene, S. (2012). An accumulator model for spontaneous neural activity prior to self-initiated movement. *PNAS, 109*, E2904–E2913.

Schwartz, S. J., Lilienfeld, S. O., Meca, A., & Sauvigne, K. C. (2015). The role of neuroscience within psychology: A call for inclusiveness over exclusiveness. *American Psychologist, 71*, 52–70.

Schweitzer, N. J., Saks, M. J., Murphy, E. R., Roskies, A. L., & Sinnott-Armstrong, W., & Gaudet, L. (2011). Neuroimages as evidence in a mens rea defense: No impact. *Psychology, Public Policy and Law 17*, 357–393.

Scott, C. L., Resnick, P. J. (2013). Evaluating psychotic patients' risk of violence: A practical guide. *Current Psychiatry, 12*, 29–33.

Sears, D. O. (1986). College sophomores in the laboratory: Influences of a narrow data base on social psychology's view of human nature. *Journal of Personality and Social Psychology, 51*, 515–530.

Shay, G. (Producer), & Mitchell, M. (2016). *Trolls* [Motion Picture]. US: DreamWorks Animation.
Sheperis, C. J., Young, J. S., & Daniels, M. H. (2010). *Counseling research: Quantitative, qualitative, and mixed methods*. Upper Saddle River, NJ: Pearson.
Sheridan, C. L., & King, R. G. (1972). Obedience to authority with an authentic victim. *Proceedings of the Annual Convention of the American Psychological Association, 7*(Pt. 1), 165–166.
Shermer, M. (1997). *Why people believe weird thing: Pseudo-science, superstition, and bogus notions of our time*. New York: MJF Books.
Silverman, W. K., Ollendick, T. H. (2005). Evidence-based assessment of anxiety and its disorders in children and adolescents. *Journal of Clinical Child and Adolescent Psychology, 34*, 380–411.
Simons, D. J., & Chabris, C. F. (2011). What people believe about how memory works: Arepresentative survey of the U.S. population. *PLoS ONE, 6*, 1–7.
Skoe, E. E. (1998). The ethic of care: Issues in moral development. In E. E. Skoe, & A. von der Lippe (eds.), *Personality development in adolescence: A crossnational and life-span perspective*. London: Routledge.
Skoe, E. A. (2014). Measuring care-based moral development: The Ethic of Care Interview. *Behavioral Development Bulletin, 19*, 95–104.
Slade, P. D., & Bentall, R. P. (1988). *Sensory deception: A scientific analysis of hallucination*. London: Croom Helm.
Slater, L. (2004). *Opening Skinner's box: Great psychological experiments of the twentieth century*. New York: W. W. Norton & Company.
Slater, M., Antley, A., Davidson, A., Swapp, D., Guger, C., Barker, C., ... & Sanchez-Vives, M. V. (2006). A virtual reprise of the Stanley Milgram obedience experiments. *PLoS ONE, 1*, 1–10.
Smith, G. (2016). *What the Luck?: The Surprising Role of Chance in Our Everyday Lives.* New York: Peter Mayer Publishers.
Smith, R. A., & Davis, S. F. (2013). *The psychologist as detective: An introduction to conducting research in psychology* (6th edn.). Upper Saddle River, NJ: Pearson.
Smith, S. P., Stibric, M., & Smithson, D. (2013). Exploring the effectiveness of commercial and custom-built games for cognitive training. *Computers in Human Behavior, 29*, 2388–2393.
Smolin, L. (2006). *The trouble with physics: The rise of string theory, the fall of a science, and what comes next*. Boston: Houghton Mifflin Company.
Sommers, C. H. (2001). *The war against boys: How misguided feminism is harming our young men*. New York: Touchstone.
Sommers, T. (2009). *A very bad wizard: Morality behind the curtain*. San Francisco, CA: McSweeney's.
Soon, C. S., He, A. H., Bode, S., & Haynes, J. D. (2013). Predicting free choices for abstract intentions. *PNAS, 110*, 6217–6222.
Spear, L. (2007). The developing brain and adolescent-typical behavior pattern: An evolutionary approach. In D. Romer & E. F. Walker (eds.), *Adolescent psychopathology and the developing brain: Integrating brain and preventative science* (pp. 9–30). New York: Oxford University Press.

Sperry, R. (1982). Some effects of disconnecting the cerebral hemispheres. *Science, 217*, 1223–1226.

Spitzer, R. L. (1975). On pseudoscience in science, logic in remission, and psychiatric diagnosis: A critique of Rosenhan's "On being sane in insane places." *Journal of Abnormal Psychology, 84*, 442–452.

Spitzer, R. L., Lilienfeld, S. O., & Miller, M. B. (2005). Rosenhan revisited: The scientific credibility of Lauren Slater's pseudopatient diagnosis study. *The Journal of Nervous and Mental Disease, 193*, 734–739.

Sroufe, L. A., Egeland, B., Carlson, E., & Collins, W. A. (2005). *The development of the person: The Minnesota study of risk and adaptation from birth to adulthood.* New York: Guilford.

Stangor, C., Lynch, L., Duan, C., & Glass, B. (1992). Categorization of individuals on the basis of multiple social features. *Journal of Personality and Social Psychology, 62*, 207–218.

Stearns, L. M., Morgan, J., Capraro, M. M., & Capraro, R. M. (2012). A teacher observation instrument for PBL Classroom Instruction. *Journal of STEM Education: Innovations & Research, 13*, 7–16.

Stern, C. (2016, January 27). Tiger Mom's tough love worked! Five years after Amy Chua published her 'Battle Hymn', her Ivy League-educated kids are proof the strict upbringing pays off (and both say they plan to raise their children the same way). *Dailymail.com*. Retrieved from www.dailymail.co.uk/femail/article-3419677

Stern, J. D. (Producer), & Soderbergh, S. (Director). (2013). *Side effects* [Motion picture]. US: Open Road Films.

Sunstein, C. R., & Vermeule, A. (2009). Conspiracy theories: Causes and cures. *The Journal of Political Philosophy, 17*, 202–227.

Szasz, T. (2002). *Liberation by oppression: A comparative study of slavery and psychiatry.* New Brunswick, NJ: Transaction Publishers.

Szasz, T. (2008). *Psychiatry: The science of lies.* Syracuse, NY: Syracuse University Press.

Talarico, J. M., & Rubin, D. C. (2003). Confidence, not consistency, characterizes flashbulb memories. *Psychological Science, 14*, 455–461.

Tancredi, L. (2010). *Hardwired behavior: What neuroscience reveals about morality.* New York: Cambridge University Press.

Tate, M. L. (2010). *Worksheets don't grow dendrites: Twenty instructional strategies that engage the brain* (2nd edn.). Thousand Oaks, CA: Corwin.

Tavris, C. (2012). *A skeptical look at pseudoneuroscience.* Presented at The Amazing Meeting (TAM) convention, Las Vegas, NV.

Tavris, C., & Aronson, E. (2015). *Mistakes were made (but not by me): Why we justify foolish beliefs, bad decisions, and hurtful acts.* New York: Houghton Mifflin Harcourt.

Taylor, S., et al. (2000). Biobehavioral Responses to stress in females: Tend-and-befriend, not fight-or-flight. *Psychological Review, 107*, 411–429.

Tedeschi, J. T., & Quigley, B. M. (1996). Limitations of laboratory paradigms for studying aggression. *Aggression and Violent Behavior: A Review Journal, 1*, 163–177.

Terr, L. C. (1991). Childhood traumas: An outline and overview. *The American Journal of Psychiatry, 148*, 10–20.
Thoma, S. J. (1986). Estimating gender differences in the comprehension and preference of moral issues. *Developmental Review, 6*, 165–180.
Tunnell, G. B. (1977). Three dimensions of naturalness: An expanded definition of field research. *Psychological Bulletin, 84*, 426–437.
Turkheimer, E., & Waldron, M. (2000). Nonshared environment: A theoretical, methodological, and quantitative review. *Psychological Bulletin, 126*, 78–108.
Turner, E. H., Matthews, A. M., Linardatos, E., Tell, R. A., & Rosenthal, R. (2008). Selective publication of antidepressant trials and its influence on apparent efficacy. *The New England Journal of Medicine, 358*, 252–260.
Tversky, A., & Kahneman, D. (1973). Availability: A heuristic for judging frequency and probability. *Cognitive Psychology, 5*, 207–232.
Tversky, A., & Kahneman, D. (1974). Judgment under uncertainty: Heuristics and biases. *Science, 185*, 1124–1131.
Tversky, B., & Marsh, E. J. (2000). Biased retellings of events yield biased memories. *Cognitive Psychology, 40*, 1–38.
Tybur, J. M., Bryan, A. D., Magnan, R. E., & Hooper, A. E. (2011). Smells like safe sex: Olfactory pathogen primes increase intentions to use condoms. *Psychological Science, 22*, 478–480.
Uttal, W. R. (2001). *The new phrenology: The limits of localizing cognitive processes in the brain*. Cambridge, MA: MIT Press.
Valentine, C. W. (1930). The innate bases of fear. *The Journal of Genetic Psychology, 37*, 394–420.
Van Prooijen, J-W., & Acker, M. (2015). The influence of control on belief in conspiracy theories: Conceptual and applied extensions. *Applied Cognitive Psychology, 29*, 753–761.
Van Vleet, J. E. (2011). *Informal logical fallacies: A brief guide*. Lanham, MD: University Press of America.
Vandell, D. L. (2000). Parents, peer groups, and other socializing influences. *Developmental Psychology, 36*, 699–710.
Volkmar, F. R. & Greenough, W. T. (1972). Rearing complexity affects branching of dendrites in the visual cortex of the rat. *Science, 176*, 1445–1447.
Vul, E., Harris, C., Winkielman, P., & Pashler, H. (2009). Puzzlingly high correlations in fMRI studies of emotion, personality, and social cognition. *Perspectives on Psychological Science, 4*, 274–290.
Wagenmakers, E., Wetzels, R., Borsboom, D., & van der Maas, H. (2011). Why psychologists must change the way they analyze their data: The case of psi: Comment on Bem (2011). *Journal of Personality and Social Psychology, 100*, 426–432.
Wagenmakers, E., Wetzels, R., Borsboom, D., van der Maas, H., & Kievit, R. A. (2012). An agenda for purely confirmatory research. *Perspectives on Psychological Science, 7*, 632–638.
Walach, H., & Kirsch, I. (2015). Herbal treatments and antidepressant medication: Similar data, divergent conclusions. In S. O., Lilienfeld, S. J. Lynn, & J. M. Lohr (eds.), *Science and pseudoscience in clinical psychology* (2nd edn., pp. 364–388). New York: Guilford Press.

Walker, L. J. (1984). Sex differences in the development of moral reasoning: A critical review. *Child Development, 55*, 677–691.

Wampold, B. E., Minami, T., Baskin, T. W., & Tierney, S. C. (2002). A meta-(re)analysis of the effects of cognitive therapy versus 'other therapies' for depression. *Journal of Affective Disorders, 68*, 159–165.

Watson, J. B. (1913). Psychology as the behaviorist views it. *Psychological Review, 20*, 158–177.

Watson, J. B. (1930). *Behaviorism* (Rev. ed.). Chicago, IL: University of Chicago Press.

Watson, J. B., & Rayner, R. (1920). Conditioned emotional reactions. *Journal of Experimental Psychology, 3*, 1–14 (Reprinted in *American Psychologist, 55*, 313–317, 2000).

Watson, J. B., & Watson, R. R. (1921). Studies in infant psychology. *The Scientific Monthly, 13*, 493–515.

Watts, F. N., McKenna, F. P., Sharrock, R., & Trezise, L. (1986). Colour naming of phobia-related words. *British Journal of Psychology, 77*, 97–108.

Wegner, D. M. (2002). The mind's compass. In D. M. Wegner (ed.), *The illusion of conscious will* (pp. 317–342). Cambridge, MA: MIT Press.

Wegner, D. M. (2003). The mind's best trick: How we experience conscious will. *Trends in Cognitive Sciences, 7*, 65–69.

Weidman, A., Conradi, A., Groger, K., Fehm, L., & Fydrich, T. (2009). Using stressful films to analyze risk factors for PTSD in analogue experimental studies-which film works best? *Anxiety, Stress and Coping, 22*, 549–569.

Weiner, B. (1975). "On being sane in insane places": A process (attributional) analysis and critique. *Journal of Abnormal Psychology, 84*, 433–441.

Weisberg, D. S., Keil, F. C., Goodstein, J., Rawson, E., & Gray, J. R. (2008). The seductive allure of neuroscience explanations. *Journal of Cognitive Neuroscience, 20*, 470–477.

Weisberg, D. S., Taylor, J. C. V., & Hopkins, E. J. (2015). Deconstructing the seductive allure of neuroscience explanations. *Judgment and Decision Making, 10*, 429–441.

Whalen, P. J., Raila, H., Bennett, R., Mattek, A., Brown, A., Taylor, J., ... & Palmer, A. (2013). Neuroscience and facial expressions of emotion: The role of amygdala–prefrontal interactions. *Emotion Review, 5*, 78–83.

Wiederman, M. W. (1999). Volunteer bias in sexuality research using college student participants. *The Journal of Sex Research, 36*, 59–66.

Willingham, D. T. (2007). Critical thinking: Why is it so hard to teach? *American Educator, 31*, 8–19.

Willingham, D. T. (2016). *"Brain-based" learning: More fiction than fact.* Retrieved from www.aft.org/periodical/american-educator/fall-2006/ask-cognitive-scientist

Wilson, T. D., Aronson, E., & Carlsmith, K. (2010). The art of laboratory experimentation. In S. Fiske, D. Gilbert, & G. Lindzey (eds.), *The handbook of social psychology* (5th edn., pp. 49–79). New York: Wiley.

Wilson, T. D., DePaulo, B. M., Mook, D. G., & Klaaren, K. J. (1993). Scientists' evaluations of research: The biasing effects of the importance of the topic. *Psychological Science, 4*, 322–325.

Wispe, L. G., & Freshley, H. B. (1971). Race, sex, and sympathetic helping behavior: The broken bag caper. *Journal of Personality and Social Psychology, 17*, 59–65.
Wolitzky, D. L. (1973). Insane versus feigned insane: A reply to Dr. D. L. Rosenhan. *Journal of Psychiatry and Law, 1*, 463–473.
Wolitzky-Taylor, Horowitz, J. D., Powers, M. B., & Telch, M. J. (2008). Psychological approaches in the treatment of specific phobias: A meta-analysis. *Clinical Psychology Review, 28*, 1021–1037.
Wolpe, N., & Rowe, J. B. (2014). Beyond the "urge to move": Objective measures for the study of agency in the post-Libet era. *Frontiers in Human Neuroscience, 8*, 1–13.
Wood, W., Wong, F. Y., & Chachere, J. G. (1991). Effects of media violence on viewers' aggression in unconstrained social interaction. *Psychological Bulletin, 109*, 371–383.
Zhu, S., Henninger, K., McGrath, B. C., & Cavener, D. R. (2016). PERK regulates working memory and protein synthesis-dependent memory flexibility. *PLoS ONE, 11*, 1–15.
Zimbardo, P. G. (1971, August 14). *Tape F* [sound recording-nonmusical], Philip G. Zimbardo Papers (SC0750). Department of Special Collections and University Archives, Stanford University Libraries, Stanford, CA.
Zimbardo, P. G. (2004). Does psychology make a significant difference in our lives? *American Psychologist, 59*, 339–351.
Zimbardo, P. G. (2006). On rethinking the psychology of tyranny: The BBC prison study. *British Journal of Social Psychology, 45*, 47–53.
Zimbardo, P. G. (2007). *The Lucifer effect: Understanding how good people turn evil.* New York: Random House.
Zuckerman, M. (1999). *Vulnerability in psychopathology: A biosocial model.* Washington, DC: American Psychological Association Press.

# 索　引[1]



[1] 索引中页码为原版书页码,请参照中文版边码检索。——编辑注

**B**

**E**

# 后　记

经典值得敬畏，但经典也同样值得重新审视，甚至是挑战。

本书对十二个具有里程碑意义的心理学研究重新进行了审视。这些研究长期以来被我们奉为经典，读者往往不会再度去查阅原始文献，也甚少对其进行批判性反思。这些研究固然是历史的丰碑，但借助批判性思维重新对其进行审读也是必要的、有益的。本书创造性地将批判性思维与心理学研究相融合，通过提出一系列反思性问题，辅以一系列批判性思维练习，重新评估这些经典研究的研究设计、研究具体方法及应用等，鼓励读者能在阅读后批判性地看待已有研究过程及观点，并勇于也善于发出不同的声音，形成自己独特的视角。

值得强调的是，本书尝试从逻辑的角度解构研究中可能存在的谬误，为读者理解心理学经典研究提供了有益的思维工具，提醒了我们在设计与实施研究过程中避免落入逻辑陷阱。具体地，书中各章均涵盖了批判性思维问题、对章节的简要概括以及对核心概念的定义等，能够很好地帮助读者把握住每一项研究的重点并进行深入思考。

我们需要传授给学生的不仅是思考什么问题，更需要启发他们如何进行思考。在这个网络信息充斥的时代，独立思考的能力尤其重要。面对新的信息环境，掌握批判性思维后更具创造性地学习、思考和发展，这正是本书最重要的意义之所在。

本书由我的两位博士生和我共同翻译完成，其中何婷完成了第二章、第五章和第七章的翻译，曹娟完成了第三章、第四章和第十三章的翻译。全书的统稿由我和曹娟完成。张艺捷编辑为本书的引进、审阅和顺利出版付出了辛勤的劳动，衷心表示感谢。

本书适合作为心理学、教育学相关学科的本科生、研究生教学参考资料，热忱推荐。

郭力平

2020 年 8 月于上海